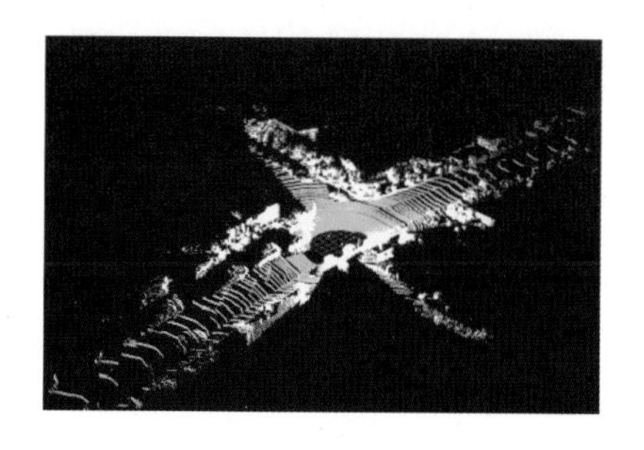

（a）俯视图

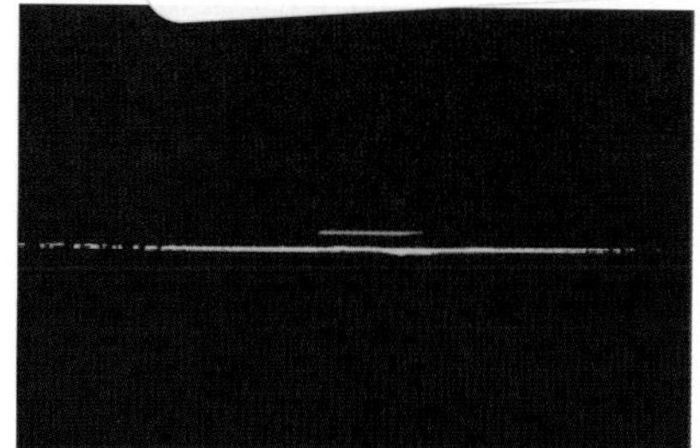

（b）侧视图

图 5-7　高度阈值法路面分割结果示意图(绿色为路面点,白色为其他障碍物点)

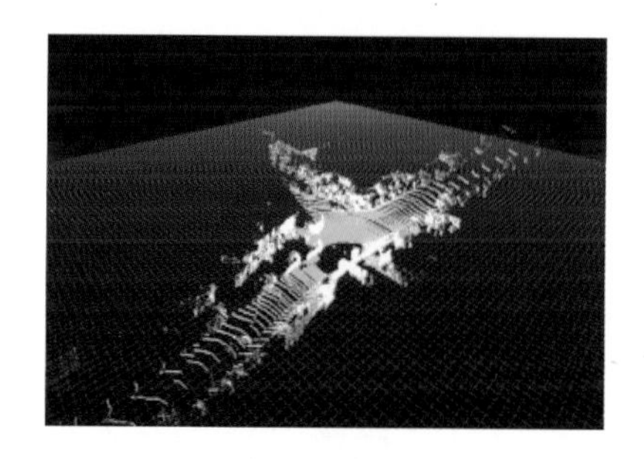

（a）俯视图

（b）侧视图

图 5-8　法向量法路面分割结果示意图(绿色为路面点,白色为其他障碍物点)

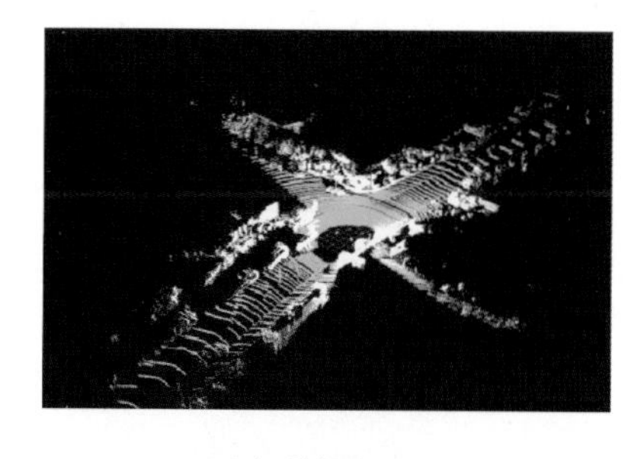

（a）俯视图

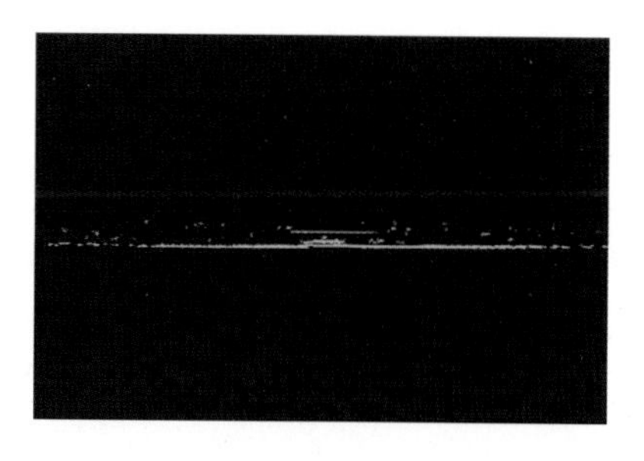

（b）侧视图

图 5-9　栅格法路面分割结果示意图(绿色为路面点,白色为其他障碍物点)

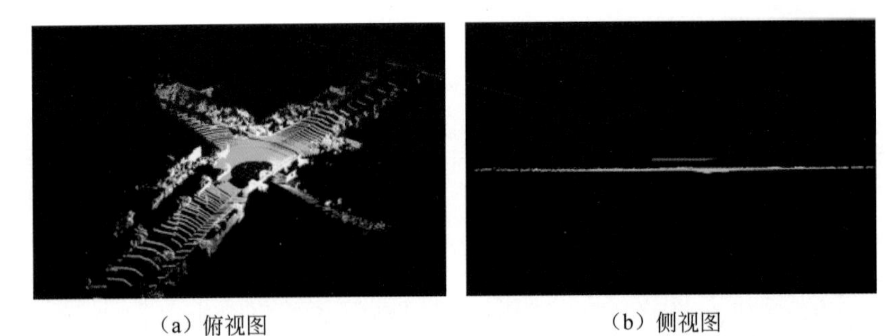

（a）俯视图　　（b）侧视图

图 5-10　平均高度法路面分割结果示意图(绿色为路面点,白色为其他障碍物点)

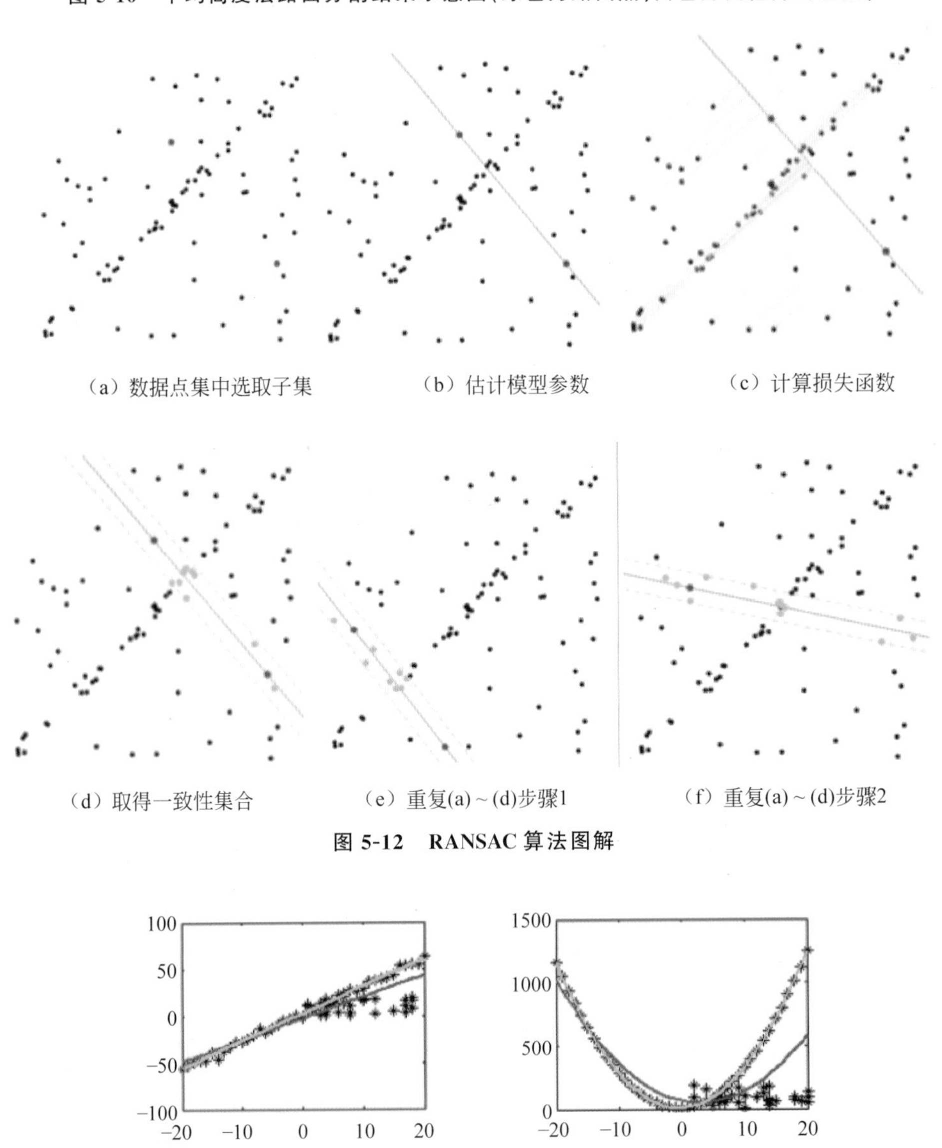

（a）数据点集中选取子集　　（b）估计模型参数　　（c）计算损失函数

（d）取得一致性集合　　（e）重复(a)~(d)步骤1　　（f）重复(a)~(d)步骤2

图 5-12　RANSAC 算法图解

图 5-13　最小二乘法和 RANSAC 法拟合效果的比较

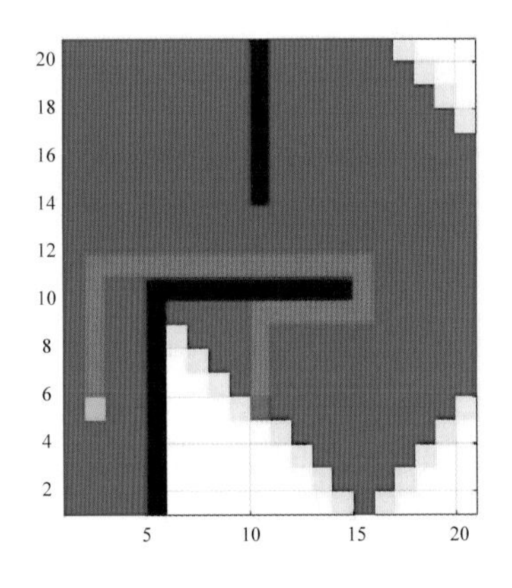

(a) Dijkstra 算法

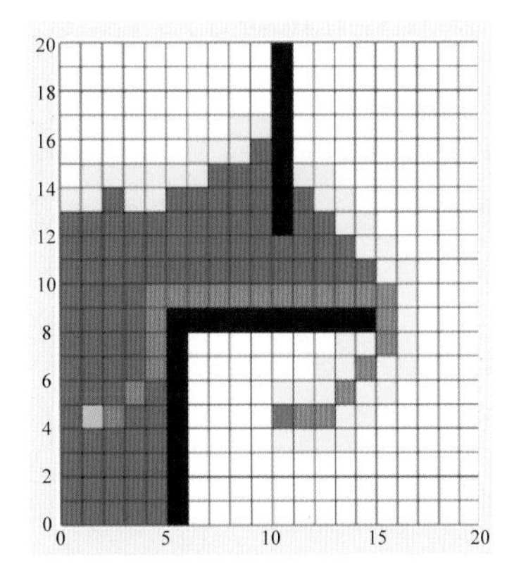

(b) A* 算法

图 7-3　Dijkstra 算法与 A* 算法的对比

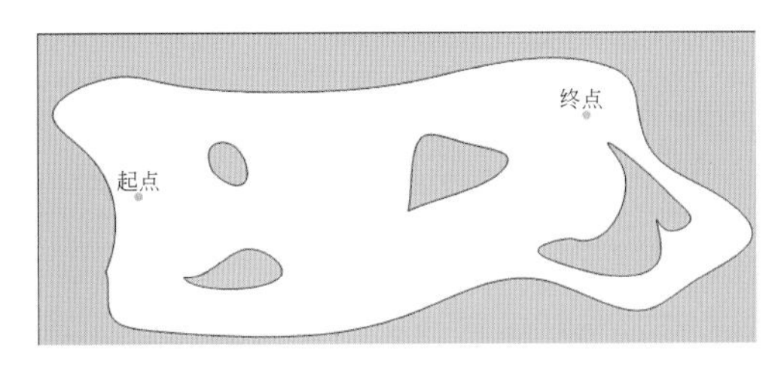

(a) 确定起始点和终点

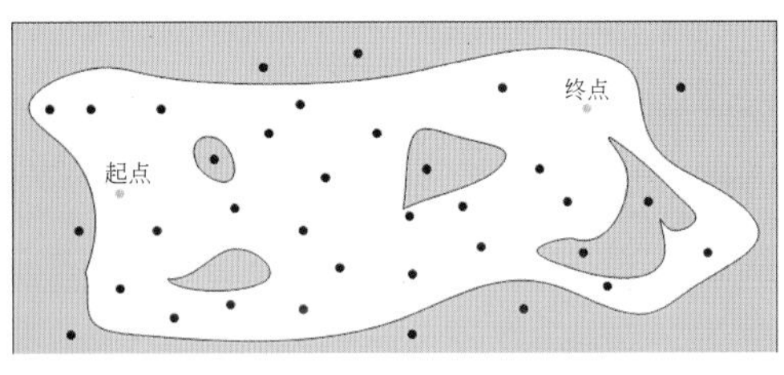

(b) 在位姿空间中随机采样

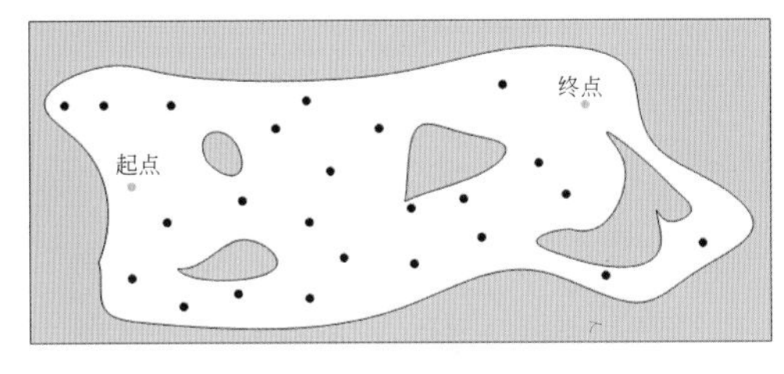

(c) 测试采样是否在自由空间中

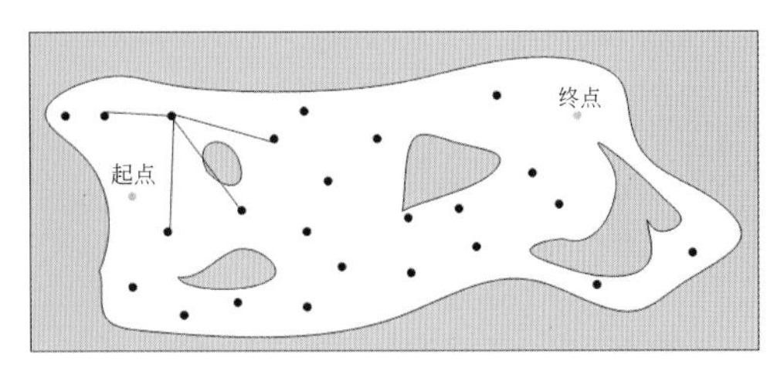

(d) 将环境中的可达空间与其邻近节点连接起来

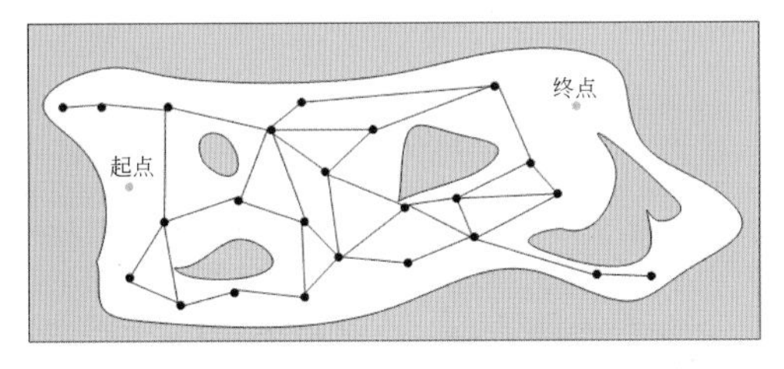

(e) 连接所有的位姿节点得到概率路图

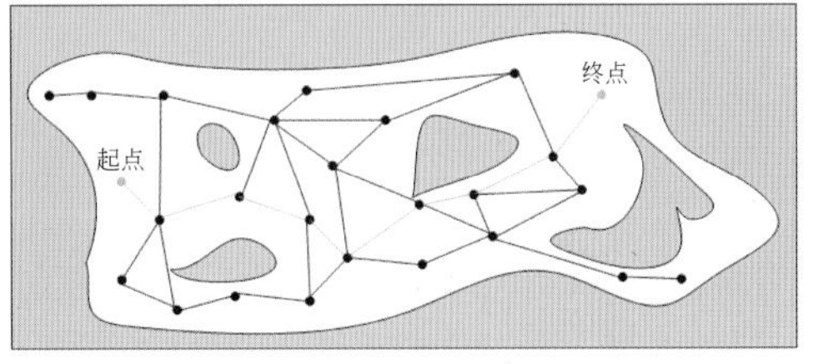

(f) 找寻最短路径

图 7-11　PRM 路径规划示意图

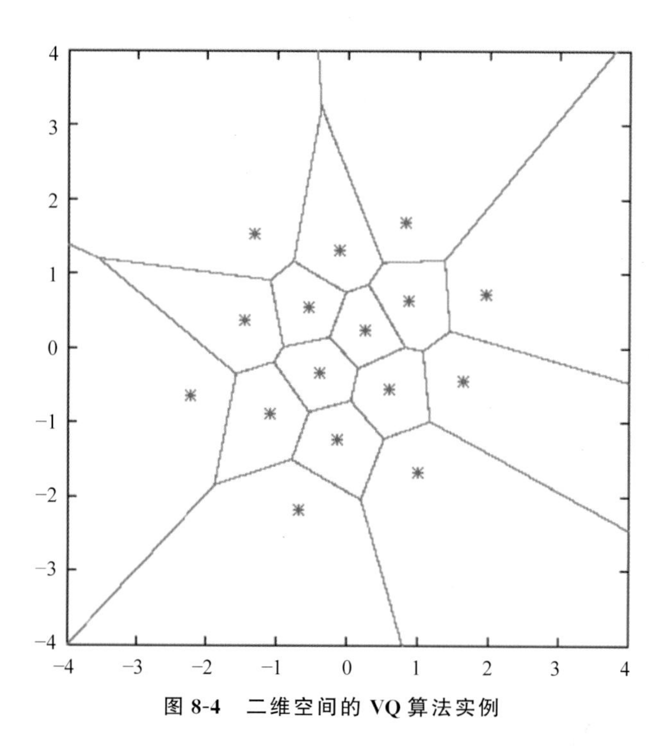

图 8-4　二维空间的 VQ 算法实例

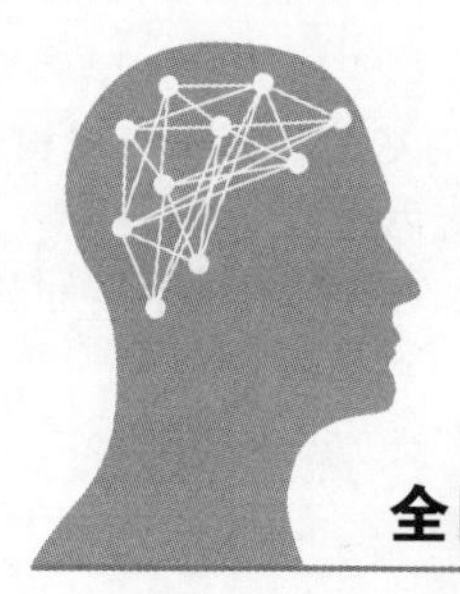

全国高等学校智能科学与技术/人工智能专业规划教材

移动机器人

陈白帆　宋德臻　编著

清华大学出版社
北京

内 容 简 介

本书由硬件到算法、由基本功能到高级应用，逐步介绍了移动机器人的基本概念、硬件机构、常用的内部和外部传感器、运动控制与避障、环境感知与定位、路径规划、人机交互等内容。

本书可作为大专院校人工智能、智能科学与技术、机器人工程、自动化、计算机、物联网等相关专业的教材，也可作为专业技术人员的参考书或培训教材。

图书在版编目(CIP)数据

移动机器人/陈白帆，宋德臻编著. —北京：清华大学出版社，2021.1(2025.1重印)
全国高等学校智能科学与技术/人工智能专业规划教材
ISBN 978-7-302-56661-8

Ⅰ.①移… Ⅱ.①陈… ②宋… Ⅲ.①人工智能－高等学校－教材 Ⅳ.①TP242

中国版本图书馆 CIP 数据核字(2020)第 203678 号

责任编辑：张　玥　常建丽
封面设计：常雪影
责任校对：焦丽丽
责任印制：宋　林

出版发行：清华大学出版社
网　　址：https://www.tup.com.cn, https://www.wqxuetang.com
地　　址：北京清华大学学研大厦 A 座　　**邮　　编**：100084
社 总 机：010-83470000　　**邮　　购**：010- 62786544
投稿与读者服务：010-62776969，c-service@tup.tsinghua.edu.cn
质量反馈：010-62772015，zhiliang@tup.tsinghua.edu.cn
课件下载：https://www.tup.com.cn，010-83470236
印 装 者：三河市君旺印务有限公司
经　　销：全国新华书店
开　　本：185mm×260mm　　**印　张**：13.5　　**彩插**：2　　**字　　数**：333 千字
版　　次：2021 年 3 月第 1 版　　**印　　次**：2025 年 1 月第 6 次印刷
定　　价：49.50 元

产品编号：079222-01

全国高等学校智能科学与技术/人工智能专业规划教材

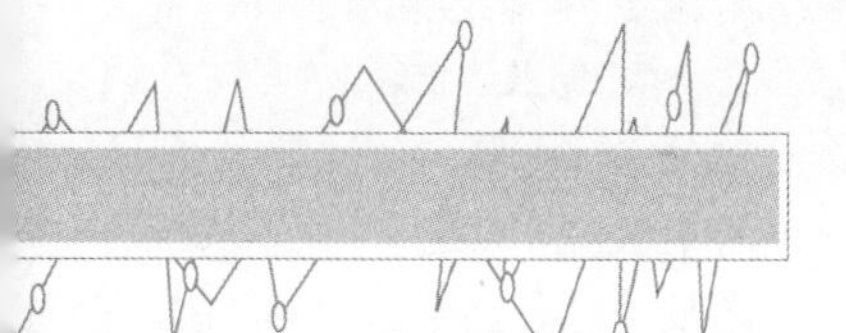

编审委员会

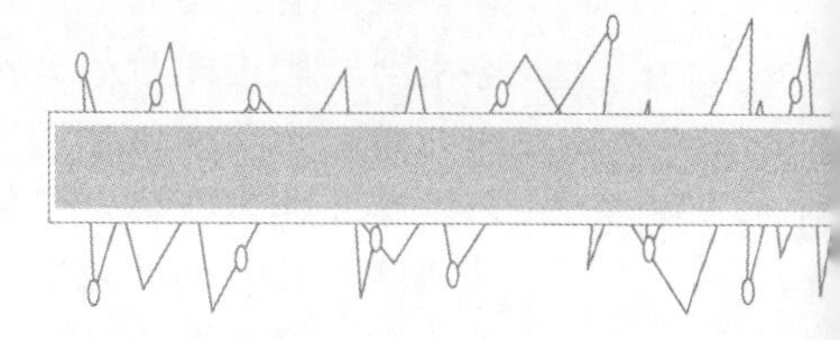

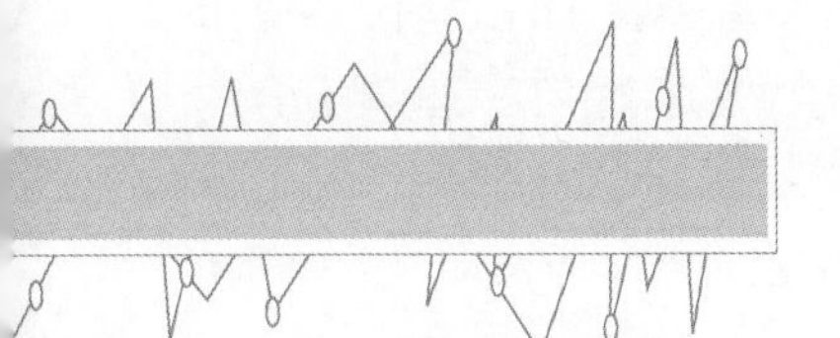

出版说明

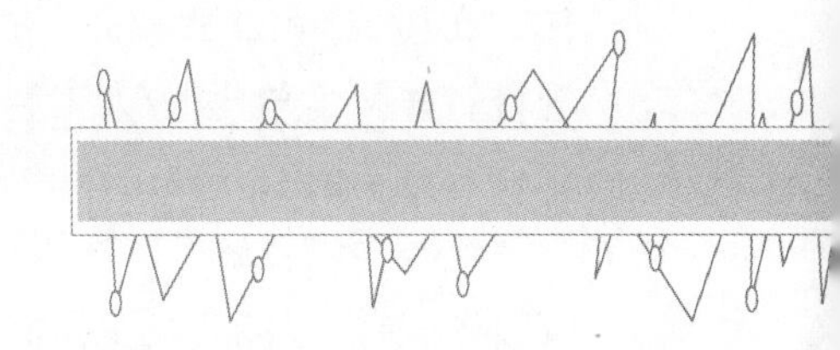

当今时代，以互联网、云计算、大数据、物联网、新一代器件、超级计算机等，特别是新一代人工智能为代表的信息技术飞速发展，正深刻地影响着我们的工作、学习与生活。

随着人工智能成为引领新一轮科技革命和产业变革的战略性技术，世界主要发达国家纷纷制定了人工智能国家发展计划。2017 年 7 月，国务院正式发布《新一代人工智能发展规划》(以下简称《规划》)，将人工智能技术与产业的发展上升为国家重大发展战略。《规划》要求“牢牢把握人工智能发展的重大历史机遇，带动国家竞争力整体跃升和跨越式发展”，提出要“开展跨学科探索性研究”，并强调“完善人工智能领域学科布局，设立人工智能专业，推动人工智能领域一级学科建设”。

为贯彻落实《规划》，2018 年 4 月，教育部印发了《高等学校人工智能创新行动计划》，强调了“优化高校人工智能领域科技创新体系，完善人工智能领域人才培养体系”的重点任务，提出高校要不断推动人工智能与实体经济(产业)深度融合，鼓励建立人工智能学院/研究院，开展高层次人才培养。早在 2004 年，北京大学就率先设立了智能科学与技术本科专业。为了加快人工智能高层次人才培养，教育部又于 2018 年增设了“人工智能”本科专业。2020 年 2 月，教育部、国家发展改革委、财政部联合印发了《关于“双一流”建设高校促进学科融合，加快人工智能领域研究生培养的若干意见》的通知，提出依托“双一流”建设，深化人工智能内涵，构建基础理论人才与“人工智能＋X”复合型人才并重的培养体系，探索深度融合的学科建设和人才培养新模式，着力提升人工智能领域研究生培养水平，为我国抢占世界科技前沿，实现引领性原创成果的重大突破提供更加充分的人才支撑。至今，全国共有超过 400 所高校获批智能科学与技术或人工智能本科专业，我国正在建立人工智能类本科和研究生层次人才培养体系。

教材建设是人才培养体系工作的重要基础环节。近年来，为了满足智能专业的人才培养和教学需要，国内一些学者或高校教师在总结科研和教学成果的基础上编写了一系列教材，其中有些教材已成为该专业必选的优秀教材，在一定程度上缓解了专业人才培养对教材的需求，如由南京大学周志华教授编写、我社出版的《机器学习》就是其中的佼佼者。同时，我们应该看到，目前市场上的教材还不能完全满足智能专业的教学需要，突出的问题主要表现在内容比较陈旧，不能反映理论前沿、技术热点和产业应用与趋势等；缺乏系统性，基础教材多、专业教材少，理论教材多、技术或实践教材少。

为了满足智能专业人才培养和教学需要，编写反映最新理论与技术且系统化、系列化的教材势在必行。早在 2013 年，北京邮电大学钟义信教授就受邀担任第一届“全国高等学校智能科学与技术/人工智能专业规划教材编委会”主任，组织和指导教材的编写工作。2019年，第二届编委会成立，清华大学陆建华院士受邀担任编委会主任，全国各省市开设智能科学与技术/人工智能专业的院系负责人担任编委会成员，在第一届编委会的工作基础上继续开展工作。

编委会认真研讨了国内外高等院校智能科学与技术/人工智能专业的教学体系和课程设置，制定了编委会工作简章、编写规则和注意事项，规划了核心课程和自选课程。经过编委会全体委员及专家的推荐和审定，本套丛书的作者应运而生，他们大多是在本专业领域有深厚造诣的骨干教师，同时从事一线教学工作，有丰富的教学经验和功底。

本套教材是我社针对智能科学与技术/人工智能专业策划的第一套规划教材，遵循以下编写原则：

(1) 智能科学技术/人工智能既具有十分深刻的基础科学特性(智能科学)，又具有极其广泛的应用技术特性(智能技术)。因此，本专业教材面向理科或工科，鼓励理工融通。

(2) 处理好本学科与其他学科的共生关系。要考虑智能科学与技术/人工智能与计算机、自动控制、电子信息等相关学科的关系问题，考虑把“互联网+”与智能科学联系起来，体现新理念和新内容。

(3) 处理好国外和国内的关系。在教材的内容、案例、实验等方面，除了体现国外先进的研究成果，一定要体现我国科研人员在智能领域的创新和成果，优先出版具有自己特色的教材。

(4) 处理好理论学习与技能培养的关系。对理科学生，注重对思维方式的培养；对工科学生，注重对实践能力的培养。各有侧重。鼓励各校根据本校的智能专业特色编写教材。

(5) 根据新时代教学和学习的需要，在纸质教材的基础上融合多种形式的教学辅助材料。鼓励包括纸质教材、微课视频、案例库、试题库等教学资源的多形态、多媒质、多层次的立体化教材建设。

(6) 鉴于智能专业的特点和学科建设需求，鼓励高校教师联合编写，促进优质教材共建共享。鼓励校企合作教材编写，加速产学研深度融合。

本套教材具有以下出版特色：

(1) 体系结构完整，内容具有开放性和先进性，结构合理。

(2) 除满足智能科学与技术/人工智能专业的教学要求外，还能够满足计算机、自动化等相关专业对智能领域课程的教材需求。

(3) 既引进国外优秀教材，也鼓励我国作者编写原创教材，内容丰富，特点突出。

(4) 既有理论类教材，也有实践类教材，注重理论与实践相结合。

(5) 根据学科建设和教学需要，优先出版多媒体、融媒体的新形态教材。

(6) 紧跟科学技术的新发展，及时更新版本。

为了保证出版质量，满足教学需要，我们坚持成熟一本，出版一本的出版原则。在每本书的编写过程中，除作者积累的大量素材，还力求将智能科学与技术/人工智能领域的最新成果和成熟经验反映到教材中，本专业专家学者也反复提出宝贵意见和建议，进行审核定稿，以提高本套丛书的含金量。热切期望广大教师和科研工作者加入我们的队伍，并欢迎广大读者对本系列教材提出宝贵意见，以便我们不断改进策划、组织、编写与出版工作，为我国智能科学与技术/人工智能专业人才的培养做出更多的贡献。

我们的联系方式是：

联系人：张玥

联系电话：010-83470175

电子邮件：jsjjc_zhangy@126.com。

清华大学出版社

2020年夏

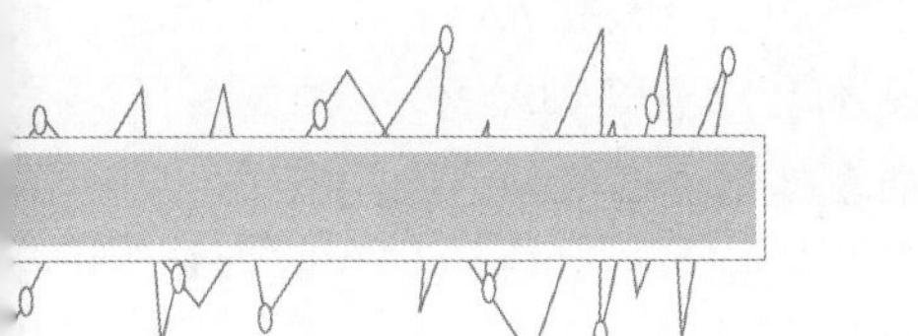

总　　序

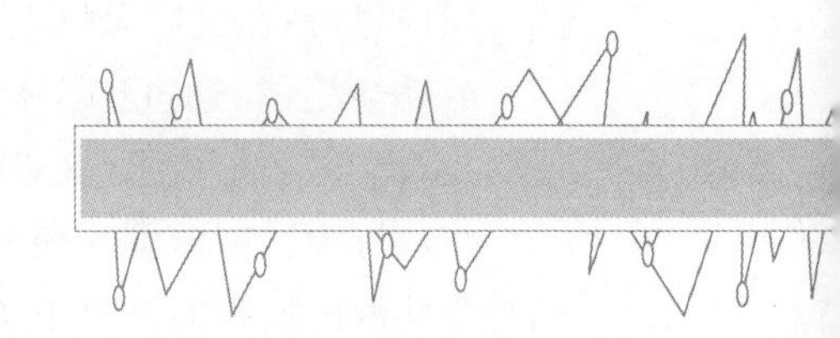

以智慧地球、智能驾驶、智慧城市为代表的人工智能技术与应用迎来了新的发展热潮，世界主要发达国家和我国都制定了人工智能国家发展计划，人工智能现已成为世界科技竞争新的制高点。另一方面，智能科技/人工智能的发展也面临新的挑战，首先是其理论基础有待进一步夯实，其次是其技术体系有待进一步完善。抓基础、抓教材、抓人才，稳妥推进智能科技的发展，已成为教育界、科技界的广泛共识。我国高校也积极行动、快速响应，陆续开设了智能科学与技术、人工智能、大数据等专业方向。截至2020年底，全国共有超过400所高校获批智能科学与技术或人工智能本科专业，面向人工智能的本、硕、博人才培养体系正在形成。

教材乃基础之基础。2013年10月，“全国高等学校智能科学与技术/人工智能专业规划教材”第一届编委会成立。编委会在深入分析我国智能科学与技术专业的教学计划和课程设置的基础上，重点规划了《机器智能》等核心课程教材。南京大学、西安电子科技大学、西安交通大学等高校陆续出版了人工智能专业教育培养体系、本科专业知识体系与课程设置等专著，为相关高校开展全方位、立体化的智能科技人才培养起到了示范作用。

2019年10月，第二届（本届）编委会成立。在第一届编委会教材规划工作的基础上，编委会通过对斯坦福大学、麻省理工学院、加州大学伯克利分校、卡内基·梅隆大学、牛津大学、剑桥大学、东京大学等国外高校和国内相关高校人工智能相关的课程和教材的跟踪调研，进一步丰富和完善了本套专业规划教材。同时，本届编委会继续推进专业知识结构和课程体系的研究及教材的出版工作，期望编写出更具创新性和专业性的系列教材。

智能科学技术正处在迅速发展和不断创新的阶段，其综合性和交叉性特征鲜明，因而其人才培养宜分层次、分类型，且要与时俱进。本套教材的规划既注重学科的交叉融合，又兼顾不同学校、不同类型人才培养的需要，既有强化理论基础的，也有强化应用实践的。编委会为此将系列教材分为基础理论、实验实践和创新应用三大类，并按照课程体系将其分为数学与物理基础课程、计算机与电子信息基础课程、专业基础课程、专业实验课程、专业选修课程和“智能＋”课程。该规划得到了相关专业的院校骨干教师的共识和积极响应，不少教师/学者也开始组织编写各具特色的专业课程教材。

编委会希望，本套教材的编写，在取材范围上要符合人才培养定位和课程要求，体现学科交叉融合；在内容上要强调体系性、开放性和前瞻性，并注重理论和实践的结合；在章节安排上要遵循知识体系逻辑及其认知规律;在叙述方式上要能激发读者兴趣,引导读者积极思考;在文字风格上要规范严谨,语言格调要力求亲和、清新、简练。

编委会相信,通过广大教师/学者的共同努力,编写好本套专业规划教材,可以更好地满足智能科学与技术/人工智能专业的教学需要,更高质量地培养智能科技专门人才。

饮水思源。在全国高校智能科学与技术/人工智能专业规划教材陆续出版之际,我们对为此做出贡献的有关单位、学术团体、老师/专家表示崇高的敬意和衷心的感谢。

感谢中国人工智能学会及其教育工作委员会对推动设立我国高校智能科学与技术本科专业所做的积极努力;感谢清华大学、北京大学、南京大学、西安电子科技大学、北京邮电大学、南开大学等高校,以及华为、百度、腾讯等企业为发展智能科学与技术/人工智能专业所做出的实实在在的贡献。

特别感谢清华大学出版社对本系列教材的编辑、出版、发行给予高度重视和大力支持。清华大学出版社主动与中国人工智能学会教育工作委员会开展合作,并组织和支持了该套专业规划教材的策划、编审委员会的组建和日常工作。

编委会真诚希望,本套规划教材的出版不仅对我国高校智能科学与技术/人工智能专业的学科建设和人才培养发挥积极的作用,还将对世界智能科学与技术的研究与教育做出积极的贡献。

另一方面,由于编委会对智能科学与技术的认识、认知的局限,本套系列教材难免存在错误和不足,恳切希望广大读者对本套教材存在的问题提出意见建议,帮助我们不断改进,不断完善。

全国高等学校智能科学与技术/人工智能专业规划教材编委会主任

陆建华

2021年元月

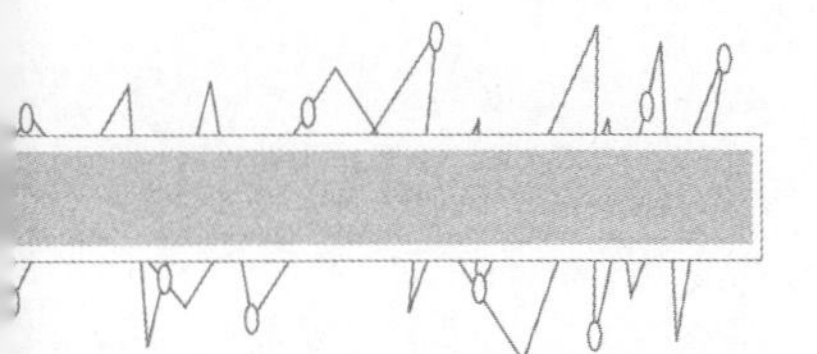

序

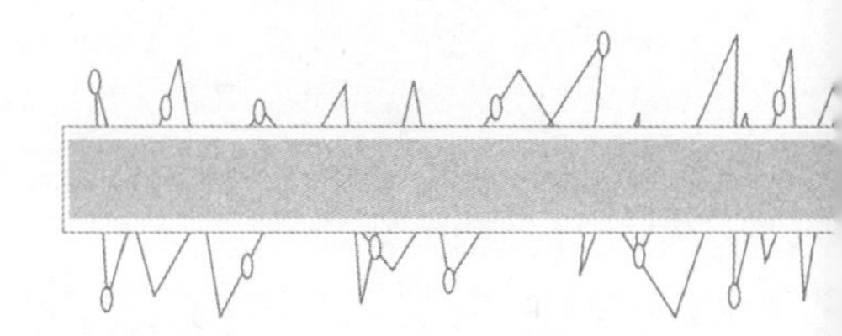

现代移动机器人的发展可以回溯到研发于1966年的美国斯坦福大学的Shake机器人。移动机器人领域的科学研究已经有了超过半个世纪的积累。云计算和移动计算的迅猛发展，5G互联网和人工智能的深入应用，现代物流和电子商务的结合，电池技术的成熟，传感器价格的下降，都为移动机器人的研究和应用提供了极大的发展空间。高密度、高频度、近距离的人际社交活动将会减少，移动机器人将成为为人们服务的媒介。移动平台的形式多种多样，包括地表、飞行、水下、水面、太空平台，仅地表移动机器人就包括轮式、履带、腿足式等。作为轮式移动机器人的代表，无人驾驶技术在汽车和信息行业的强力推动下急速发展。其他具有巨大应用潜力的行业涉及清扫、制造、货运、巡检、自动采矿、农业服务、森林防护、军事防卫、公共安全等。在可以预见的将来，移动机器人将会迎来新一轮的迅猛发展，彻底从实验室走向工厂乃至世界。与此同时，我们将需要为这样的发展提供扎实的基础教育。机器人的未来还是在于学机器人学的人。此书即可为此发展添砖加瓦。

这是一本全新设计的、面向理工科学生的移动机器人课程教材。作为移动机器人领域的入门教材，本书以基础理论为主，包含了移动机器人的基本概念、硬件机构、传感器、运动、感知、定位、路径规划和人机交互，符合移动机器人的搭建和学习的思路。本书涉及技术宽泛，内容新颖，尤其覆盖了基于激光点云和基于视觉的最新环境感知技术和SLAM技术、人机交互等内容。

本书非常适合作为移动机器人教学的教材，也可作为科技人员、高等学校师生和对此感兴趣的人员关于移动机器人入门的读物。

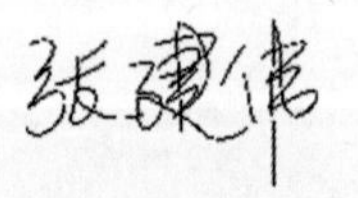

德国汉堡科学院院士

德国汉堡大学多模态智能系统研究所所长

清华大学杰出访问教授

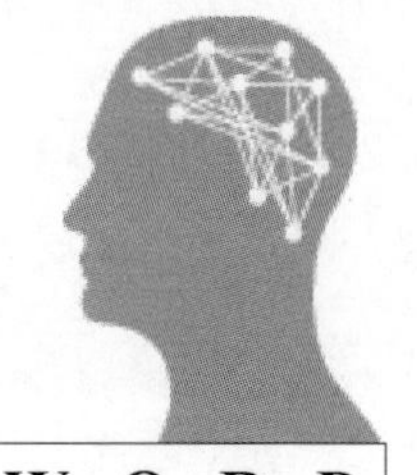

前　言

FOREWORD

移动机器人是一个非常迷人的研究领域。可以想象一下，人类能按照自己的设想创造出一种类似甚至某方面超越自然界生物外形和能力的装置，帮助人类完成太空漫步、海洋探索，代替人类的各种劳作，辅助人类监测环境、预警灾害，陪伴人类生活和学习，是不是非常有趣呢？正是因为这种吸引力，我从最初便选择了这个领域开始研究。移动机器人涉及的知识非常宽泛，从数学、物理到电路、传感器，从底层的电机、控制器到信号处理、通信，再到上层的感知、规划决策与控制。此外，移动机器人还是人工智能应用最好的载体，人工智能的各项技术，包括智能搜索、机器学习、智能规划与决策、语音识别、自然语言处理、机器视觉等都可以在移动机器人上进行淋漓尽致的应用和展现。因此，学习移动机器人的理论需要一定的基础知识，加之国内移动机器人的教材和书籍比较少，系统地学习会比较困难。随着智能科学与技术专业、人工智能专业的出现，自动化、电子与信息技术等传统专业的智能化转型，移动机器人课程已逐渐在众多高校中开设。一部合适的移动机器人教材显得非常有必要和紧迫了，这便是编写和出版这本书的初衷。

在研究初期，我非常有幸参与了导师蔡自兴教授的各项国家科研项目，从而参与了中南移动一号机器人 MORCS-Ⅰ的设计和开发、中南移动二号机器人 MORCS-Ⅱ的改造、奇骏无人车的设计和开发。访学期间，在导师宋德臻教授的指导下，我了解了更多移动机器人先进的技术和移动机器人更为广泛的应用，如桥梁检测、医疗手术、无人驾驶等。近期还参与了中车时代电动无人大巴、中车智能轨道列车以及深兰扫地机器人群的研发，目前中车时代电动无人大巴已在长沙湘江新区示范运营。这些经历让我有机会对移动机器人有了比较全面的了解和认识。

本书主要根据移动机器人涉及的技术流向编写，包括移动机器人的基本概念、硬件机构、传感器、运动、感知、定位、路径规划和人机交互。一般认为先有感知再有运动，然而，本书为了实现感知和定位，需要先进行移动机器人的坐标系和运动模型的建立，因此把运动放在了感知的前面。此外，考虑到硬件机构和传感器是上层技术的基础，所以将其编排在第2、3章。读者可根据自己的基础和需要对这两章进行选择性阅读。由于本书着重定位在移动机器人的主体技术，因此移动机器人外围涉及的相关技术（如通信技术、人工智能等）并未涉及。

感谢清华大学出版社的张玥编辑在本书的编写过程中给予了很大的支持和帮助，对本书的编写给出了很好的指导和建议。感谢宋晓婷、陈红、宋宝军和刘飞为本书收集和整理了众多的参考资料,并不厌其烦地审核。

本书难免有疏漏和不足之处,恳请各位同行和读者批评指正。

陈白帆 于中南大学

2020 年 6 月

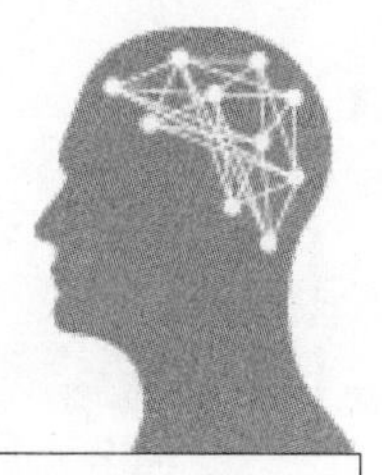

目 录

CONTENTS

目录

目　录

CONTENTS

目录

目　录

CONTENTS

第1章 绪　论

1.1 移动机器人概述

机器人诞生之初的目的在于服务人类，把人类从重复、烦琐以及危险的工作中解放出来，进而把有限的人力资源投入到更有价值的生产过程中去。现代机器人的研究始于20世纪中期，其技术背景是计算机和自动化的发展[1]。自从1962年美国发明Unimation公司生产的机械臂Unimate作为第一代机器人在美国通用汽车公司投入使用以来，机器人技术得到了蓬勃发展[2]。在经历了最初的程序控制的示教再现型机器人、具有初级感觉的自适应型机器人之后，目前正朝着具备高级智能的智能机器人方向进展。

作为机器人的一个重要分支，移动机器人强调"移动"的特性，是一类能够通过传感器感知环境和本身状态，实现在有障碍物环境中面向目标的自主运动，从而完成一定作业功能的机器人系统。相对于固定式的机器人（如机械手臂），移动机器人由于其可以自由移动的特性，使其应用场景更广泛，潜在的功能更强大。

按照应用场景，移动机器人可分为空中机器人、水下机器人和陆地机器人[3-5]，如图1-1所示。

（a）空中机器人

（b）水下机器人

（c）陆地机器人

图1-1　各类移动机器人

空中机器人，又名无人驾驶飞机（Unmanned Aerial Vehicle/Drones，UAV）或微型无人空中系统（Micro Unmanned Aerial System，MUAS），简称无人机，是一种装备了数据处理单元、传感器、自动控制器以及通信系统，能够不需要人的控制，在空中保持飞行姿态并完成特定任务的飞行器。空中机器人可应用于远程视觉传感，包括航拍、电力巡检、新闻报道、地理航测、植物保护、农业监控，以及其他灾难应对、监控、搜救、运输、通信等场景。

水下机器人（Unmanned Underwater Vehicle，UUV），又称为无人潜水器，通常可分为两类：遥控式水下机器人（Remotely Operated Vehicle，ROV）和自主式水下机器人（Autonomous Underwater Vehicle，AUV）。前者通常依靠电缆提供动力，能够实现作业级功能，后者通常自己携带能源，大多用来大范围勘测。水下机器人可以用于科学考察、水下施工、设备维护与维修、深海探测、沉船打捞、援潜救生、旅游探险、水雷排除等。

陆地机器人即应用在陆地上的机器人，在生活中最为常见。由于它与人类生活的关系较密切，相较于空中机器人和水下机器人，陆地机器人发展迅速，其应用范围也更加广泛。陆地机器人不仅在工业、农业、医疗、服务等行业中得到广泛的应用，而且在城市安全、排险、军事和国防等有害与危险场合也能得到很好的应用。

作为前沿的高新技术，移动机器人体现出广泛的学科交叉，包括自动控制、人工智能、电子技术、机械工程、传感器技术以及计算机科学等，涉及众多的研究内容，如体系结构、运动控制、路径规划、环境建模与定位等，且适用于各种工作环境，甚至适用于危险、肮脏、乏味和困难场合等。

移动机器人具有如下优势：

(1) 具有移动功能，相对于固定式的机器人，没有由于位置固定带来的局限性。

(2) 降低运行成本。使用移动机器人作业可减小开销并减少维护成本。

(3) 可以在危险的环境中提供服务，如不通风、核电厂等场景。

(4) 可以为人类提供其他许多方面的服务，如物资配送、巡检等。

1.2 移动机器人的发展

人类很早就开始梦想创造出具有一定功能甚至智慧的机器人，代替人类完成各种工作。我国三国时期蜀汉丞相诸葛亮发明了类似机器人的运输工具“木牛流马”，如图 1-2 所示。史载建兴九年至十二年（231—234 年）诸葛亮在北伐时使用的木牛流马，其载重量为“一岁粮”，大约 400 斤以上，每日行程为“特行者数十里，群行三十里”，为蜀汉十万大军提供粮食[6-7]。不过，当时的方式、样貌现在亦不明，对其亦有不同的解释。此外，在汉朝就有了“记里鼓车”的记载，如图 1-3 所示，记里鼓车类似于当今社会汽车的里程表，具有可以计算车辆里程的功能，上下分为二层，每层都有木制机械人手持木槌，下层木人行一里击鼓，上层木人行十里击镯[8-9]。

1768—1774 年，瑞士著名的钟表匠皮埃尔·雅克·德罗兹和他的两个儿子一起创造了人形化、栩栩如生的机器人，这些机器人被塑造成作家、艺术家和音乐家[10]。

然而，真正的机器人是在 20 世纪以后有了数学、物理、机械、电子信息、计算机，尤其是在人工智能等理论和技术发展的基础上而产生的。

图 1-2　木牛流马

图 1-3　记里鼓车

1949 年，美国发明家 William Grey Walter 博士进行了关于移动自主机器人的开创性研究[11]。他对机器人乌龟“艾尔西”和“艾尔默”的成功和启发性实验对控制论科学的产生具有重大影响。

1966—1972 年，美国斯坦福国际研究所（Stanford Research Institute，SRI）研制了 Shakey 机器人（图 1-4），它是 20 世纪最早的移动机器人之一[11-12]。它引入了人工智能的自动规划技术，具备一定的人工智能，能够自主进行感知、环境建模、行为规划并执行任务。

1973—1980 年，美国科学家、斯坦福大学的研究生 Moravec 造出了具有视觉能力可以自行在房间内导航并规避障碍物的“斯坦福车”（Stanford Cart），如图 1-5 所示，可谓现代无人驾驶汽车的始祖[13]。

图 1-4　Shakey 机器人

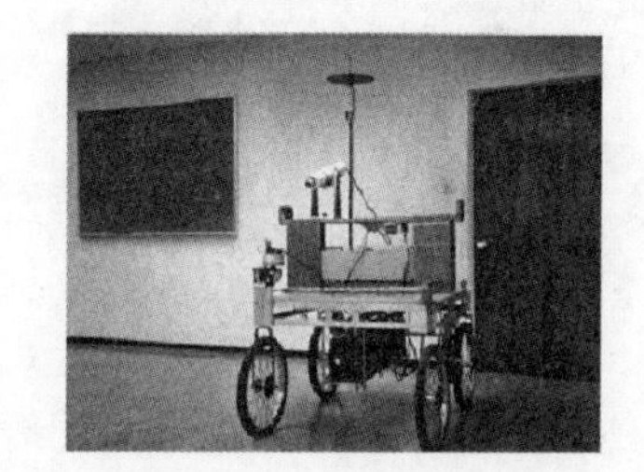

图 1-5　Stanford Cart

美国麻省理工学院（MIT）人工智能实验室利用 Cog 工程在仿人机器人的设计中，特别是人和机器人交互、人的感知方面做出了巨大的贡献。这个项目开始于 1993 年，旨在开发仿人机器人 Cog（图 1-6），借以考查和理解人类感知，能与人类交流，能对周围环境做出反应，并具有分辨不同人类面孔的能力，可以协助人类完成很多工作[14-15]。

1995 年，卡内基·梅隆大学（CMU）的 Navlab 5（图 1-7）自动驾驶车辆完成了从美国的东海岸华盛顿特区到西海岸的洛杉矶市无人驾驶演示，Navlab 5 的视觉系统可以识别道路的水平曲率和车道线。实验中，纵向控制由驾驶员实现，而转向控制则完全自动实现。在超过 5000km 的驾驶途中，98%的路段由计算机自动驾驶[16-17]。

2000 年，日本本田公司开始研制双足机器人 ASIMO 系列，如图 1-8 所示，它可以实现“8”字形行走、下台阶、弯腰、握手、挥手以及跳舞等各项“复杂”动作[18-19]。另外，它具备基本

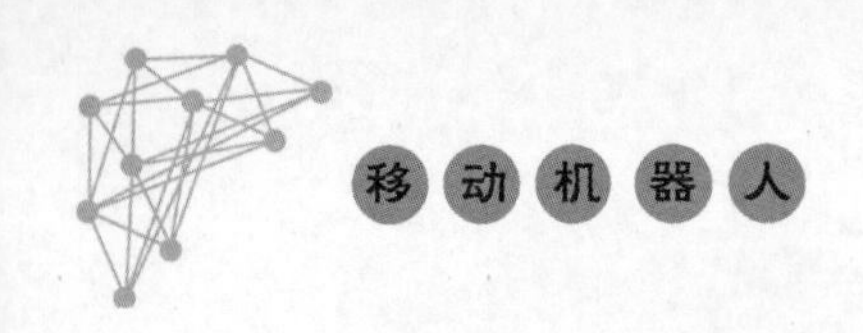

的记忆与辨识能力，可以依据人类的声音、手势等指令做出反应。

图 1-6　Cog 机器人

图 1-7　Navlab 5

2002 年，美国 iRobot 公司推出了吸尘器机器人 Roomba，它能避开障碍物，自动设计行进路线，还能在电量不足时自动驶向充电座。Roomba 是目前世界上销量最大的家用机器人，也是移动机器人落地化量产的最典型代表，如图 1-9 所示[20-21]。

图 1-8　ASIMO 机器人

图 1-9　吸尘器机器人 Roomba

“大狗(Big Dog)”机器人是由美国波士顿动力学工程公司于 2008 年研制的[18-22]。这种机器狗的体型与大型犬相当，能够在战场上发挥非常重要的作用：在交通不便的地区为士兵运送弹药、食物和其他物品。它不但能够行走和奔跑，而且还可跨越一定高度的障碍物。这种机器人的行进速度可达到 7km/h，能够攀越 35°的斜坡。它可携带质量超过 150kg 的武器或其他物资。“大狗”既可以自行沿着预先设定的简单路线行进，也可以进行远程控制，如图 1-10 所示。

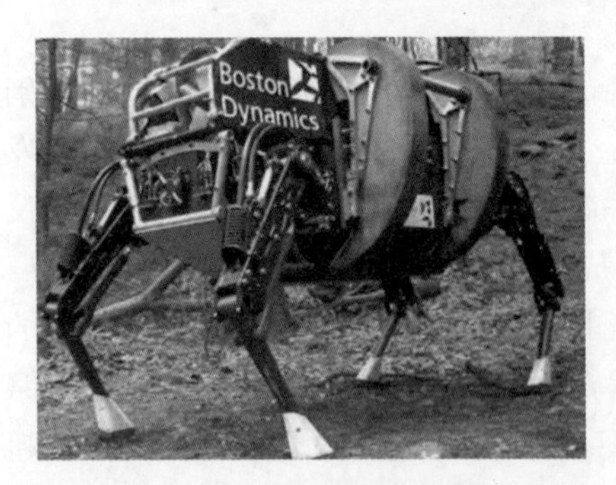

图 1-10　美国“大狗”机器人

我国移动机器人的研究和开发是从“八五”期间开始的。虽然移动机器人的研究起步较晚，但也取得了较大的进展。“八五”期间，浙江大学等国内六所大学联合研制成功了我国第一代地面自

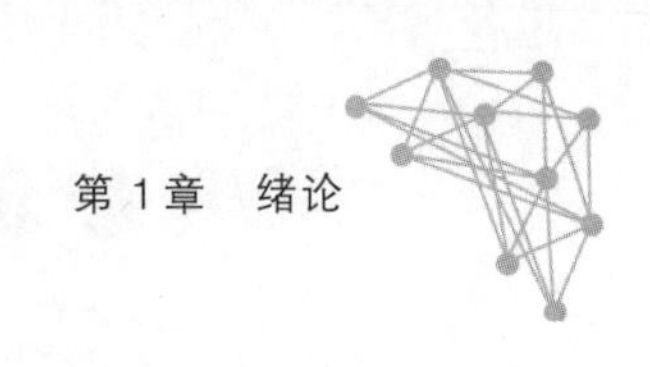

主车 ALVLAB Ⅰ[23-24]，其总体性能达到当时国际先进水平。“九五”期间，南京理工大学等学校联合研制了第二代地面自主车 ALVLAB Ⅱ，相比第一代，第二代在自主驾驶、最高速度、正常行驶速度等方面的性能都有了很大提升，如图 1-11 所示。

图 1-11 ALVLAB Ⅰ(左)和 ALVLAB Ⅱ(右)

清华大学智能技术与系统国家重点实验室自 1988 年开始研制 THMR(Tsinghua Mobile Robot)系列机器人系统，THMR-Ⅲ自主道路跟踪的速度达 5～10km/h，避障速度达 5km/h。改进后的 THMR-Ⅴ(图 1-12)在高速公路上的速度达到 80km/h，一般道路上的车速为 20km/h[24-25]，如图 1-12 所示。

1995 年，由我国 863 计划支持的重大高科技项目 CR-01 6000m 无缆自治水下机器人(图 1-13)在夏威夷附近海域成功地下潜到水下 5300m，拍摄到海底锰结核矿分布情况，获得了清晰的海底录像、照片和声呐浅剖图，收集到大量珍贵数据[26-27]，使我国机器人的总体技术水平跻身于世界先进行列，成为世界上拥有潜深 6000m 自治水下机器人的少数国家之一。

图 1-12 清华智能车 THMR-Ⅴ

图 1-13 水下机器人 CR-01

2000 年，国防科技大学成功独立研制出我国第一台具有人类结构特征的国产仿人机器人“先行者”[18,28]。先行者机器人高 1.4m，重 20kg，可以像人类一样完成各种行走动作，并且还具有一定的语言功能，如图 1-14 所示。2002 年 12 月，我国真正意义上的仿人机器人 BHR-01 诞生[18,29]了，它具有 1.58m 的身高，76kg 的体重，行动灵活，具有 32 个关节手，脚可以完成 360°的旋转，可稳步行走并且能够完成蹲起、原地踏步、打太极拳等各种复杂的动作，如图 1-15 所示。

图 1-14　仿人机器人“先行者”

图 1-15　仿人机器人 BHR-01

2006 年，一汽集团联合国防科技大学推出红旗 HQ3 型无人驾驶汽车[30-31]，速度高达 130km/h，于 2011 年 7 月 14 日首次完成从长沙到武汉 286km 的高速全程无人驾驶实验，标志着我国无人驾驶汽车在复杂环境识别、智能行为决策和控制等方面实现了新的技术突破，达到世界先进水平，如图 1-16 所示。

2015 年，在国防科技工业军民融合发展成果展上，中国兵器装备集团公司展示了国产“大狗”机器人[32-33]。这款机器人总重 250kg，负重能力为 160kg，垂直越障能力为 20cm，爬坡角度为 30°，最高速度为 1.4m/s，续航时间为 2h。这款机器人可应用于陆军班组作战、抢险救灾、战场侦察、矿山运输、地质勘探等复杂崎岖路面的物资搬运，如图 1-17 所示。

图 1-16　红旗 HQ3 型无人驾驶汽车

图 1-17　中国“大狗”机器人

2014 年，哈尔滨工业大学与当地政府合作，成立哈工大机器人集团(HRG)，迎宾机器人“威尔”是其自主研发的新型智能机器人，具有人机交互、自主导航避障[34]、安防监控等功能，可分担客服人员、迎宾人员的工作，主要运用于银行、营业厅等人流量大的场所，如图 1-18 所示。

2019 年，在南海进行首次海试的“潜龙三号”是中国科学院沈阳自动化研究所研发的 4500m 级自主潜水器[35-36]，实现了我国自主无人潜水器首次大西洋科考应用，是我国目前最先进的自主深海潜水器，如图 1-19 所示。

图 1-18 迎宾机器人"威尔"

图 1-19 自主潜水器"潜龙三号"

百度公司在 2017 年正式发布了 Apollo 计划[37]，该计划向汽车行业及自动驾驶领域的合作伙伴提供一个开放、完整、安全的软件平台，帮助它们结合车辆和硬件系统，快速搭建一套属于自己的、完整的自动驾驶系统。百度 Apollo 是一个开放的数据及软件平台，将汽车、IT 和电子产业连接在一起，整合了自动驾驶所需的各个方面，该套件涵盖硬件研发、软件和云端数据服务等几大部分。2019 年，百度推出了 Apollo 3.5 版本，实现了支持包括市中心和住宅场景等在内的复杂城市道路自动驾驶，包含窄车道、无信号灯路口通行、借道错车行驶等多种路况。图 1-20 为搭载了 Apollo 系统的无人驾驶汽车[38]。

图 1-20 搭载了 Apollo 系统的无人驾驶汽车

除此之外，还有香港城市大学的自动导航车及服务机器人，中科院自动化所开发的全方位移动机器人视觉导航系统，国防科技大学的双足机器人，南京理工大学、北京理工大学、浙江大学等多所学校联合研究的军用室外移动机器人等。

1.3 移动机器人的机构和分类

一般而言，移动机器人的移动机构主要分为轮式移动机构、足式移动机构及履带式移动机构，如图 1-21 所示，除此之外，还有步进式、蠕动式、蛇行式、混合式移动机构，每种特殊的移动机构分别适用于各种不同的工作环境和场合[39-41]。属于移动机器人类别中的仿生机器常采用与某种生物移动方式相似的移动机构，例如，机器鱼用到了尾鳍推动式、蛇类机器人采用了蛇行式的移动机构等。

轮式移动机器人通常被应用在平坦的地区。在这种环境中，其移动机构的优越性使得它能够获得较高的移动效率，因此这种移动机构是目前应用最多的一种。根据应用的场景

（a）轮式移动机器人

（b）足式移动机器人

（c）履带式移动机器人

图 1-21　各类机构的移动机器人

设计特定数目的轮子结构，实际中应用较多的有 3 轮移动机构和 4 轮移动机构，其中 3 轮移动机构一般是一个前轮作为万向轮起支撑作用，两个后轮作为独立轮实现转向。而 4 轮机构既可使用后轮分散驱动，也可使用连杆机构实现同步转向，具有更强的稳定性和灵活性。此外，还可以根据需求设计不同数目的主动轮和随动轮。轮式移动机构的效率最高，但运动稳定性受路面情况的影响很大，很难通过复杂的路面，因此适应性能力、通行能力相对较差。

足式移动机器人根据足数可以分为单足、双足、三足、四足、六足、八足，或者更多，足的数目越多，越适用于重载和慢速场合。其中，双足和四足具有最好的适应性和灵活性，所以用得最多。足式移动机器人非常适合应用在崎岖的路面，就像人或动物，由于它的立足点是离散的，可以调节到达最优的支撑点，因此在这种路面上依然可以保持很好的平稳性。足式移动机构的适应能力最强，但行走时晃动较大，一般来说效率不高。

履带式移动机器人主要指搭载履带底盘机构的机器人，它也适用于起伏不平的路面，具有牵引力大、不易打滑、越野性能好等优点，但履带式移动机器人由于其移动机构的限制，一般情况下，体型较大，功耗也大，传动效率不高，只适用于保持低速状态运行。因此，履带式移动机器人适合在路面条件较差、负载要求高，但速度要求较低的情况下工作。

1.4　移动机器人的关键技术

移动机器人是具备运动能力的自动化设备，可在其工作环境中自主运行，而不必安装在固定的位置。由于移动机器人具有更大的灵活性，现在已经成为当代机器人技术研究的一

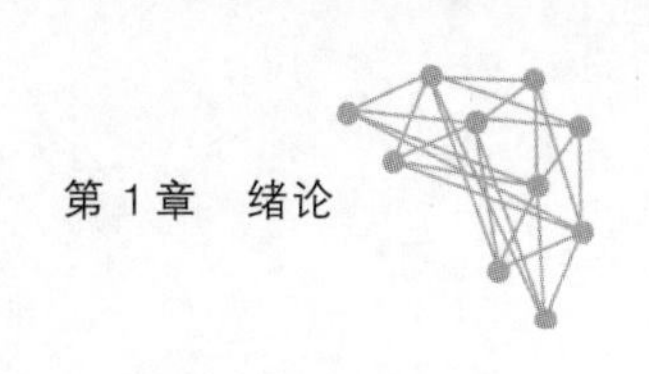

个焦点。一般来说,移动机器人可不同程度地实现"感知-规划-控制"的闭环工作流程,如图 1-22 所示。

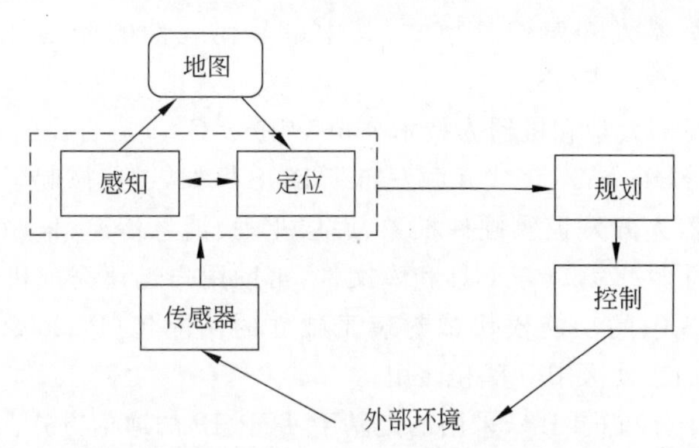

图 1-22　移动机器人的工作流程

移动机器人通过传感器对外部环境进行感知和定位,根据指定的目标进行运动的规划,并通过控制执行,最终完成移动机器人的任务。感知主要解决"这是哪里"的问题,实现障碍物检测、目标识别和环境建模(地图构建)等任务。定位主要解决"我在哪里"的问题,完成在已知地图或地图未知的情况下自主确定移动机器人位置的任务。规划和控制主要解决"我要如何去"的问题,完成根据指定的目标(位置)规划出一系列动作(路径和轨迹)并执行的任务。移动机器人在工作过程中涉及多项技术,其中环境建模、自主定位和导航规划是移动机器人的三个重要的关键技术。

环境建模,是指通过感知建立环境模型的过程,即建立机器人所工作环境的各种物体,如障碍、路标等准确的空间位置描述,即空间模型或地图。地图是环境模型的一种表达方式,是移动机器人定位导航的基础。通过环境感知信息和地图信息的匹配,可以定位移动机器人在环境中的位置;根据地图中所记录的障碍物位置,可以规划机器人从当前点到目标点的可行路径。地图表示方法主要有尺度地图、拓扑地图、直接表征地图和混合地图等。

自主定位,是指确定机器人在世界坐标系中的位置/位姿。对于实现智能化的移动机器人来说,机器人的自主定位能力让机器人可以获得自己所在的位置,以便更好地实现导航及后续的其他功能。机器人的定位方式的选择取决于所采用的传感器类型,根据所利用的信息,自主定位主要分为以下三种：相对定位,如航位推算;绝对定位,如全球定位系统(GPS)、基于视觉的位置识别;组合定位。

导航规划,是指在给定环境的全局或局部知识以及一个或者一系列目标位置的条件下,使机器人能够根据知识和传感器感知的信息高效可靠地规划出合适的路径并到达目标位置。导航规划问题可分为无地图的导航、基于地图的导航,主要问题有路径规划、避障规划、轨迹规划。

1.5　机器人操作系统

在过去的几十年里,机器人主要是自动化或机械专业的研究领域,计算机往往作为辅助仿真的工具。机器人的程序设计也往往仅限于使用诸如 MATLAB 机器人工具箱之类的仿

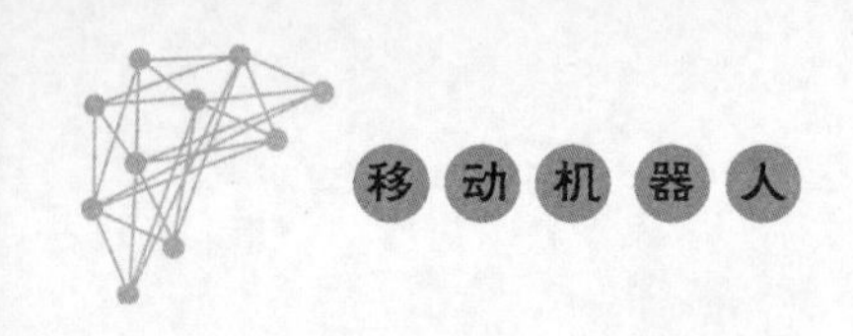

真工具。而如今，随着人工智能等一些新兴领域的发展，很多大型互联网公司都在投入大量的资源开发与机器人相关的软件，如 Visual Studio 的 Robotics Developer Studio 等。这些软件颠覆了传统的机器人开发设计模式，其中最具代表性的便是开源机器人操作系统(Robot Operating System，ROS)。

ROS 是从由斯坦福大学和机器人技术公司 Willow Garage 合作的个人机器人项目中研发的。2010 年，Willow Garage 正式开源发布了 ROS 框架，迅速掀起了 ROS 开发应用的热潮。ROS 主要为机器人开发提供硬件抽象、底层驱动、消息传递、程序管理、应用原型等功能和机制，同时整合了许多第三方工具和库文件，帮助用户迅速完成机器人应用的建立、编写和多机整合。ROS 中的功能模块都封装于独立的功能包(Package)或元功能包(Meta Package)中，便于人们在社区中分享和使用。

ROS 的核心在于分布式网络，采用的是基于 TCP/IP 的通信方式。另外，为了支持更多应用的移植和开发，ROS 被设计成一种语言弱相关的框架结构。目前，ROS 已支持 Python、C++、Java、Octave 和 LISP 等多种不同的语言，可同时使用这些语言完成不同模块的编程，主要支持 Ubuntu 操作系统，也可在 OS X、Android、Arch、Debian 等系统上运行。从系统的实现角度讲，ROS 的架构主要有三个层次：计算图级、文件系统级、社区级[42]，如图 1-23 所示。

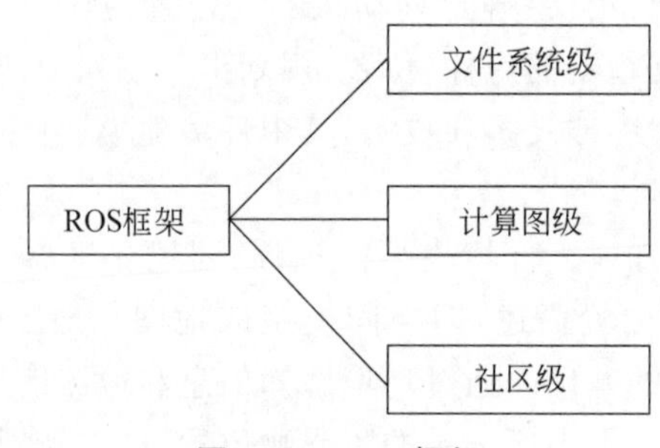

图 1-23　ROS 框架

计算图级主要包含节点、节点管理器、消息、主题、服务等，主要描述程序是如何运行的。

文件系统级表明程序是如何组织和构建的，在硬盘中可查看 ROS 的源码，其中包括功能包(Package)、消息类型(Message types)、服务类型(Service types)等。功能包可移植性较好，能生成可执行文件，是 ROS 中组织软件的主要形式。

社区级描述的是 ROS 资源是如何分布式管理的，社区人员可以在 ROS 网络上发布代码，其中，ROS Wild 是记录 ROS 相关信息的主要论坛，ROS Answers 是用来探讨 ROS 问题的网站。任何人都可在社区中共享自己的文档，进行相关的交流与探讨。

ROS 的主要特点有：

(1) 点对点设计。对于一个使用 ROS 的系统，程序可以存在于多个不同的主机上并且在运行过程中通过端对端的拓扑结构进行联系。

(2) 多语言支持。ROS 现在支持多种不同的语言，例如 C++、Python、Octave 和 LISP，也包含其他语言的多种接口实现。

(3) 精简于集成。ROS 建立的系统具有模块化的特点，各模块中的代码可以单独编译，

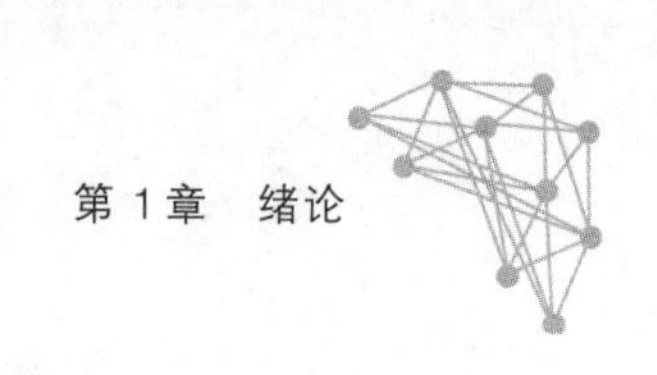

而且编译使用的CMake工具使它很容易实现精简的理念。

(4) 工具包丰富。为了管理复杂的ROS软件框架,其利用了大量的小工具编译和运行多种多样的ROS组件,从而设计成了内核,而不是构建一个庞大的开发和运行环境。

(5) 免费开源。ROS以分布式的关系遵循着BSD许可,也就是说,允许各种商业和非商业的工程进行开发。

ROS主要是面向移动机器人开发的,后期ROS有了一个面向工业机器人的单独分支ROS-Industrial(简称ROS-I)。ROS-I的目标是将ROS赋能于工业机器人,在解决兼容性问题的基础上,拓展更多垂直行业的典型应用。

ROS的详细使用及开发请参考ROS的官网https://www.ros.org/。

1.6　移动机器人的应用及展望

最初,机器人由于没有移动的功能,应用范围比较局限,通常只用在工厂中做大量生产、工业机械手。而如今,移动机器人可以进行移动,其应用已经扩展到许多其他领域,如娱乐、个人服务、医疗、工厂以外的产业应用(如采矿、农业)、危险领域的应用(如军事、有毒物品清理、空间站)等。可以看出,移动机器人的用途范围更广,技术更先进,并且有更大的发展空间。本节以服务机器人、自主驾驶汽车、探索机器人、军用机器人为例介绍移动机器人的应用。

1. 服务机器人

服务机器人是能够感知环境,具有逻辑思维判断、学习和交互能力的智能程序化及自动化设备。服务机器人可根据不同的使用环境和使用目的进行不同种类的细分。随着我国的技术发展和社会推动,服务机器人的应用价值不断被挖掘。在家用/商用服务机器人的应用上,已经出现许多不同的机器人类型,如陪伴机器人[43](图1-24)、餐厅送餐机器人[44](图1-25)、商场机器人、银行机器人、零售导购机器人、智能广告机器人、迎宾接待机器人等。

图1-24　Lovot陪伴机器人

图1-25　送餐机器人

2. 自主驾驶汽车

自主驾驶汽车可以代替驾驶员进行汽车驾驶工作,是一种地面移动机器人。它具有控制精准度高、重复性好、疲劳耐久性强等优点,避免因驾驶员疏忽、疲劳驾驶、酒驾等原因造成的交通事故,可大大提高驾驶的安全性和可靠性。

Waymo是Alphabet于2016年拆分出来的一家自动驾驶汽车项目公司,2018年12月,

Waymo 打车应用在美国加州推出全球首个自动驾驶叫车服务[45]。它借助机器深度学习等人工智能技术以及超过1000万英里(1英里≈1.6千米)的累计测试里程训练模型使得技术更加完善。图1-26所示为Waymo公司的自动驾驶汽车。通用和软银共同投资的Cruise自动驾驶汽车[46](图1-27)是和Waymo争夺自动驾驶霸权的旗鼓相当的对手,正在进入商业化运营阶段。Waymo和Cruise代表了两大流派,基于IT企业的Waymo和基于传统车商的Cruise。IT企业有强大的地理信息系统和AI技术,而传统车商更懂得如何造车。这两个阵营的竞争实际上大大推动了无人驾驶技术的发展。

图1-26 Waymo公司的自动驾驶汽车

图1-27 Cruise自动驾驶汽车

3. 探索机器人

探索机器人用于进行各类探索任务,尤其适用于在恶劣或不适合人类工作的环境中执行任务,可以自由穿梭在人类难以到达或极其危险的地区,如太空、海底等,代替人类完成艰巨的任务,减少人类面临的危险。

Sojourner Robot是由Jacob Matijevic和Donna Shirley等人组成的大型团队设计的用来探测火星的机器人,于1997年7月4日登陆火星表面[47-48],是人类第一个登陆火星的机器人。根据Sojourner收集到的信息,科学家能够确定火星曾经是温暖湿润的气候。于2004年发射到火星的Spirit(勇气号)(图1-28)和Opportunity(机遇号)先后成功降落在火星上,以帮助人们推断火星是否适合生命生存[11]。

Gavia是加拿大英属哥伦比亚大学研制出的新型高科技水下机器人[49],如图1-29所示,

图1-28 火星漫游机器人Spirit

图1-29 水下机器人Gavia

这个子弹形状的机器人能通过声呐系统获取方圆 4.8m^2 的信息资料，同时它装配有数字摄像机，计量海流和判断海水温度、盐度和水质的传感器，可以帮助人类探寻南极洲附近水下的冰融情况，为人们研究因冰融引起的海平面升高的高度和速度提供帮助。

4. 军用机器人

军用机器人是一种用于完成以往由人员承担的军事任务的自主式、半自主式或人工遥控的机械电子装置，集中了当今许多尖端的科学技术，如微电子、光电子、纳米、微机电、计算机、新材料、新动力及航天科技等。军用机器人运用了人工智能部件，能够保证一定的行动自主性，最大限度地降低人的影响。这种机器人技术系统能够被用作战斗机器人，直接用于实施战斗行动，如侦察、布雷、扫雷、防化、进攻、防御、保障、工程作业、洗消、巡逻等。

SWORDS 是"特种武器观测侦察探测系统(Special Weapons Observation Reconnaissance Detection System)"的缩写。SWORDS 机器人携带有威力强大的自动武器，每分钟能发射 1000 发子弹，它们是美军历史上第一批参加与敌方面对面作战的机器人，配有机枪、突击步枪和火箭弹，能够连续向敌方发射数百发枪弹及火箭弹。另外，每个 SWORDS 机器人还拥有 4 台摄像机、夜视镜、变焦设备等光学侦察或瞄准设备[50]，如图 1-30 所示。

欧洲无人战斗机"神经元"[51](图 1-31)可以在不接收任何指令的情况下独立完成飞行任务，并在复杂飞行环境中进行自我校正。"神经元"无人机借鉴了美国 B-2 隐形轰炸机的设计，采用了无尾布局和翼身融合设计。该机长约 10m，翼展约为 12m，最大起飞质量约 7t，有效载荷神经网络、人工智能等先进技术，具有自动捕获和自主识别目标的能力。此外，该无人机还解决了编队控制、信息融合、无人机之间的数据通信以及战术决策与火力协同等技术。2012 年 12 月 1 日，"神经元"在法国南部达索航空公司的一处基地成功进行了首次试飞，法国国防部称这次试飞展示了"下一代战斗机"，开创了战斗机的新纪元[52]。

图 1-30　SWORDS 军用机器人

图 1-31　"神经元"无人战斗机

移动机器人的应用领域十分广泛，并且各领域之间也存在相当大的重叠。未来的机器人一定是具有感知思维和复杂行动功能的机器人。移动机器人会朝着更加智能化、无人化、集群化的方向发展。当然，根据应用环境和目的的不同，不同种类的机器人未来侧重的发展和应用方向也不尽相同，下面以服务机器人、自主驾驶汽车、探索机器人、军用机器人为例介绍机器人的未来应用和发展方向。

服务机器人根据应用目的的不同可分为很多类。当然，应用目的不同会使得机器人的未来应用和发展方向也不尽相同。例如，家用服务机器人的发展方向是个性选择陪伴机器

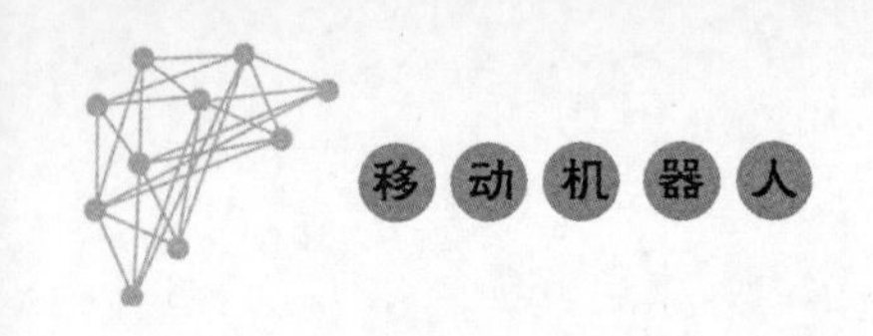

人、类人机器人等。个性选择陪伴机器人聚焦于陪伴和教育小孩、陪伴老人等，并可以依据每个人的不同爱好、不同需求、不同性格量身打造；可应用的方向有面向幼儿的早教、面向儿童的教育和陪伴、面向年龄稍大儿童的编程知识教授、面向老人的跟随、远程连接和陪伴以及通过模仿宠物的形态、声音为老人带来欢乐等。类人机器人不仅外观像人，有人的模样，还能像人一样活动，甚至会思考、有智慧，具备人类感情，并能够对感情做进一步的理解和思考；目前，机器人只具备部分智能，实现完全智能的类人机器人是未来的主要发展方向。另外，应用于农业和医疗等其他领域的服务机器人未来也有极大的发展和应用方向。例如，农业领域中机器人未来的应用方向有作物的微观监测、微型喷洒和除草、采摘作物、耕作、进行种植和播种、修剪和切割作物、挤奶、牧羊等，未来的发展方向有提高定位精度（将使除草、灌溉、作物监测和其他活动更加有效），能够考虑温度波动和光线变化等外部因素，进行准确的分析（例如，在采摘前确定水果的成熟度）。医疗领域中，外科手术机器人是当前医疗器械信息化、程控化、智能化的一个重要发展方向，可用于手术影像导引和微创手术等；实验室机器人可用于进行重复性的实验，如艾滋病毒检测，可以节省时间，为其他工作腾出人力，未来可以向更多的实验用途方向发展。

自主驾驶汽车的五个级别分为：完全无智能化，即驾驶人员是汽车的决策者和执行者；具有特殊功能的智能化，即智能化系统与驾驶人员共存，智能化系统会以给驾驶人员警告的方式进行部分决策，而驾驶人员拥有执行权；拥有多项原始控制功能的智能化，即汽车拥有大于两个原始控制功能的执行权，可实现半自动驾驶技术；有限制的无人驾驶，即汽车进入高度自动驾驶的段位，在符合条件的交通环境下可以自主驾驶；全工况无人驾驶，即在任何交通环境状况中，汽车都可以全面自动驾驶。未来自主驾驶汽车将向全工况无人驾驶，即向完全自动化方向发展。此外，还有其他致力于提高用户体验的方向，如导航系统智能化、多模态的人机交互等。导航系统对于无人驾驶车辆来说就像是人的眼睛，未来智能化的导航技术将可以实现实时的交通路线规划、优化，可以避免堵车和交通环境不好的地方，自动选择合理的路线尽快将乘客送达目的地。自主驾驶汽车的人机交互系统将融合视觉交互、语音交互、触觉交互、手势交互等多种模态的交互方式，这些交互方式将根据场景化进行协同工作。

探索机器人未来也将在技术和硬件上进行优化并向智能化发展，使得机器人能够适应更多的严峻环境，以及能具备自主感知、规划与控制能力等，提高探索效率，增加可探索范围。水下机器人为了降低成本、减少能源消耗，未来将会向体积小、兼容性高及模块化方向发展，突破现有潜航器设计中的障碍。另外，为了提高续航能力，将向开发新能源并实现远程续航方向发展。水下机器人的未来应用方向有通过卫星导航技术进行深海探索，通过海水技术进行能量补给，通过多种传感技术及防生物技术进行智能判断和智能躲避危险等。空间机器人由于工作环境的特殊性，多功能化、多任务支持能力、环境适应能力和自主性是空间机器人未来发展的重点。自适应、自学习的空间探索机器人，能够通过互联网络的学习和对新事物的感知得出科学合理的数据分析，并且对障碍、危险和自身能量进行统计分析，对自身零部件进行分析、更换等，是未来的发展方向。空间机器人应用领域包括大型载人航天器的构建以及代替或辅助航天员执行各类操作，超大型空间设施的在轨建设（如空间太阳能电站），轨道垃圾清除或排除故障，使在轨卫星延寿，大型科学载荷的在轨建造（如大型空间望远镜)，外天体表面巡视探测、样品采集、科学实验，以及小行星捕获和地外天体基地建设等深空探测任务。

军用机器人的出现，带来了作战方式的根本性变化，有效降低了人类士兵的危险性。无人作战形式呈现的立体化特征，也适应了现代战争的发展趋势。军用机器人未来的发展趋势是一体化、集群化、网络化。当前的军用机器人军事参与所涉及的环节还不全面，未来随着智能化水平的发展，需要将从侦查到交战的所有环节一并囊括，实现一体化的综合应用，成为军事行动中实际的参与者，而不再只是一个边缘辅助角色。未来的军用机器人并非单兵作战，而是像人类士兵一样编制成规模以部队形式投入战场，这样的部队需要海、陆、空各领域的军用机器人组成一个战斗集群协同作战。因此，需要建立良好的场景应用生态，按集群化应用趋势对军用机器人进行针对性的研发。随着信息技术在军事上的应用，未来军用机器人将融入现代军队的网络化体系之中，形成机器人与人的网络有机整体，这将极大地发挥机器人本身的军事应用价值，同时，用人弥补相关缺陷，实现人与机器人的优势互补、协同作战。

移动机器人是社会科学技术发展和社会经济发展到一定程度的产物，在经历了从初级到现在的成长过程后，随着科学技术的进一步发展及各种技术进一步的相互融合，移动机器人必将迎来新的明天。

参考文献

[1] 熊建国. 工业机器人的应用和发展趋势[J]. 才智，2009(01)：166.

[2] 陈启愉，吴智恒. 全球工业机器人发展史简评[J]. 机械制造，2017，55(07)：1-2.

[3] 代婷婷. 基于 UAV 和 TLS 的林木参数提取[D]. 南京林业大学林学院，2019：9.

[4] 王耀弘. 新型六维力传感器的计量测试技术与量值溯源研究[D]. 重庆交通大学机电与汽车工程学院，2015：4.

[5] 陈勇. 仿生机器人运动形态的三维动态仿真[D]. 吉林大学地面机械仿生技术教育部重点实验室，2005：7-8.

[6] 郭昆. 基于 Xenomai 的核电站救灾四足机器人实时控制系统[D]. 上海交通大学机械学院，2016：3.

[7] 谭良啸. 木牛流马考辨[J]. 社会科学，1984(02)：103-109.

[8] 刘小山. 并联机构拓扑结构自动综合方法研究[D]. 南昌大学机电工程学院，2018：2.

[9] 程军. 记里鼓车发明时间考[J]. 山西大同大学学报(自然科学版)，2019，35(03)：93-97.

[10] 谭家健. 中国古代的“机器人”[J]. 文史哲，1986(04)：19-24.

[11] 缪志强. 自主移动机器人运动控制与协调方法研究[D]. 湖南大学电气与信息工程学院，2016：5-6.

[12] 杨芳君. 基于模糊 Elman-DIOC 网络与 IA＊算法的移动机器人路径规划研究[D]. 太原理工大学信息工程学院，2019：2.

[13] 华金兴. 基于 ROS 的机器人视觉导航系统设计与实现[D]. 哈尔滨工业大学航天学院，2019：3.

[14] 刘英卓，张艳萍. 仿人机器人发展状况和挑战[J]. 辽宁工学院学报，2003(04)：1-5.

[15] 王志伟. 基于倒立摆模型的仿人机器人控制研究[D]. 昆明理工大学信息工程学院，2019：5.

[16] 马志建. 车载定向天线稳定跟踪平台的研究与开发[D]. 山东科技大学信息与电气工程学院，2009：4-5.

[17] 徐友春，李克强，连小珉，等. 智能车辆机器视觉发展近况[J]. 汽车工程，2003(05)：438-443.

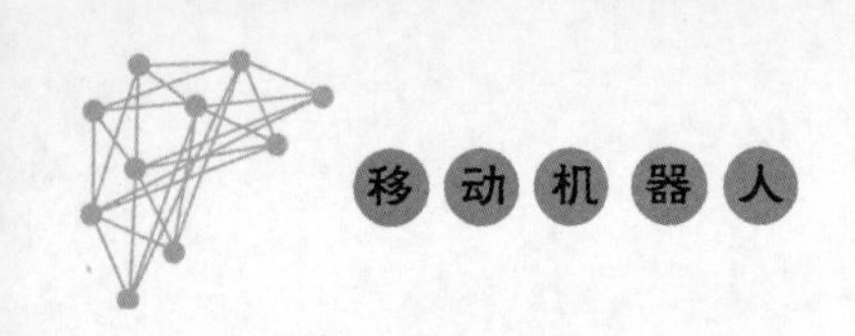

[18] 王国彪，陈殿生，陈科位，等. 仿生机器人研究现状与发展趋势[J]. 机械工程学报，2015，51(13)：27-44.

[19] 李国涛. 轮式机器人运动控制及路径规划[D]. 安徽工业大学电气与信息工程学院，2019：2.

[20] 机器人发展简史[J]. 机械工程师，2008(07)：13-14.

[21] 李彬. 地面移动机器人自主跟随目标识别技术[D]. 北京理工大学机电学院，2016：2-3.

[22] 丁国帅. 基于柔性关节的四足机器人稳定性控制研究[D]. 河北工业大学机械工程学院，2017：1-2.

[23] 吴立珍. ALV 超声测障技术研究[D]. 国防科学技术大学无人作战平台实验室，2006：2.

[24] 付彦君. 道路环境下车辆的实时检测[D]. 国防科学技术大学自动化研究所，2006：3-5.

[25] 郑永康. THMR-V 平台上基于 Linux 的监控系统设计与实现[D]. 清华大学计算机科学与技术系，2004：5-6.

[26] 董苗苗. 水下自主航行器操纵性预报方法研究[D]. 哈尔滨工业大学船舶与海洋工程学院，2018：3-4.

[27] 任福君，张岚，王殿君，等. 水下机器人的发展现状[J]. 佳木斯大学学报(自然科学版)，2000(04)：317-320.

[28] 张祖林. 双足步行机器人步态设计及其运动控制研究[D]. 南昌航空大学航空与机械工程学院，2008：8-9.

[29] 张怡. 仿人机器人运动控制系统设计[D]. 上海交通大学电子信息与电气工程学院，2009：10.

[30] 潘尧. 基于智能车辆立体视觉定位研究[D]. 湖北工业大学计算机学院，2016：6-8.

[31] 徐海柱. 基于 GPS/INS 组合导航的智能车路径跟踪控制研究[D]. 聊城大学机械与汽车工程学院，2019：5-6.

[32] 何淑垒. 四足移动机器人的球面并联腿机构设计与运动性能研究[D]. 山东大学机械工程学院，2019：3.

[33] 张琪. 山羊足防滑缓冲特性研究与仿生足设计[D]. 吉林大学生物与农业工程学院，2019：7-8.

[34] 周静. 基于 GGRRT 的机器人自适应栅格地图创建与路径规划研究[D]. 北京工业大学电子信息与控制工程学院，2019：4-5.

[35] 田宇，李伟，张艾群. 自主水下机器人深海热液羽流追踪仿真环境[J]. 机器人，2012，34(02)：159-169,196.

[36] 黄晓蓉. 基于 T-S 模糊广义模型的欠驱动系统镇定与轨迹跟踪研究[D]. 西南交通大学机械工程学院，2019：1-2.

[37] 戴日新. 百度 Apollo 计划风云录[J]. 企业管理，2017(08)：59-61.

[38] 张翰伟. 基于激光雷达的无人车实时定位与地图构建研究[D]. 燕山大学车辆与能源学院，2019：9.

[39] 杨杰. 基于视觉的智能车辆换道过程横向运动控制研究[D]. 华南理工大学机械与汽车工程学院，2019：3.

[40] 廖绍辉. 双足机器人几何建模及运动规划的研究[D]. 大连交通大学机械工程学院，2008：12.

[41] 郭健平. 基于 myRIO 的带式输送机吊轨式巡检机器人控制系统设计与研究[D]. 中国矿业大学机电工程学院，2019.

[42] 胡春旭. ROS 机器人开发实践[M]. 北京：机械工业出版社，2018：16:22.

[43] 赵祎祎. 基于设计伦理学的老龄护理产品研究[D]. 南昌大学艺术与设计学院，2019：3.

[44] 王曼. 基于视觉的室内机器人同时定位与地图构建方法研究[D]. 西南科技大学特殊环境机器人技术四川省重点实验室，2018：4-5.

[45] 曹聪聪. 基于卷积神经网络的智能车前方车辆检测系统研究[D]. 合肥工业大学汽车与交通工程，2019：2-3.

[46] 庄博阳. 基于车载视觉的车道线和车辆识别技术研究[D]. 北京工业大学电控学院，2019：5-6.
[47] 胡坤. 移动机械手运动学分析及仿真[D]. 河北工业大学机械工程学院，2006：2.
[48] 范逸伦. 自动跟随机器人研究及其测试系统开发[D]. 哈尔滨工程大学机电工程学院，2018：3.
[49] 宋沛. 自主式水下机器人基于线特征的 SLAM 算法研究[D]. 中国海洋大学信息科学与工程学院，2011：2-3.
[50] 陆震. 人工智能在军用机器人的应用[J]. 兵器装备工程学报，2019，40(05)：1-5.
[51] 车竞，何开锋，钱炜祺. 制空型无人机的关键技术、气动布局及特性[J]. 空气动力学学报，2017，35(01)：13-19,26.
[52] 李鹏，胡梅. 国外军用机器人现状及发展趋势[J]. 国防科技，2013，34(05)：17-22.

习　题

1. 什么是移动机器人？
2. 移动机器人具有哪些优势？
3. 按照应用场景，移动机器人可分为哪些？
4. 移动机器人主要有哪三种移动机构，简述它们的特点。
5. 移动机器人的三个重要关键技术是什么？简述它们的原理。
6. 简述 ROS 的架构。
7. 简述自主驾驶汽车有什么优点。
8. 简述一类你熟悉的机器人的应用和发展前景。

第2章　移动机器人硬件机构

移动机器人硬件系统主要由运算单元控制器、驱动器、传感器和运动机构组成，如图 2-1 所示。首先通过传感器感知自身内部状态和环境信号，然后将信号传递给控制器，控制器做出决策，将控制信号传递给驱动器，驱动器再根据控制指令驱动移动机器人的运动和执行机构，实现机器人的运动和作业。运动控制可以是电机直接驱动，也可以是电机通过传动系统或者链条系统驱动机器人。

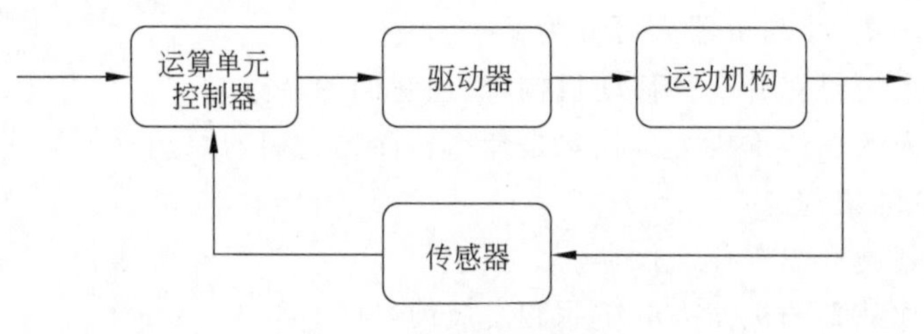

图 2-1　移动机器人系统

在移动机器人中，传感器用于感知机器人自身和环境的状态。传感器对于移动机器人与感觉器官对于人类大体无异。机器人的内部传感器用于测量机器人关节或末端执行器的位置、速度和加速度，检测机器人的内部状态。除了检测机器人自身的工作状态外，机器人的视觉、触觉、力觉等对外部环境的感知也都由传感器提供。传感器获取的信号传递给控制器，控制器做出相应的决策，然后机器人做出适当的行为，从而有效地工作。因此，传感器在移动机器人的控制中起到非常重要的作用。本书第 3 章将会对移动机器人的传感器进行详细介绍。

如果说传感器是机器人的感官，驱动可以说是机器人的肌肉组织。移动机器人的驱动装置是驱使执行机构运动的机构，当控制器根据传感器信息给出控制指令时，需要驱动系统驱动机器人运动。驱动输入的是电信号，输出的是线、角位移量。作为移动机器人的核心部分，控制器相当于机器人的“大脑”，它将各个系统组织起来，以便移动机器人实现任务，故控制器是影响机器人性能的关键。由于移动机器人要通过与环境互动完成任务，所以移动机器人控制器的信息处理能力和实时控制性能的好坏决定了机器人性能的优劣。有了传感器、驱动器之后，再加上控制器，并给予一定的控制算法，便可实现移动机器人的自主运动。

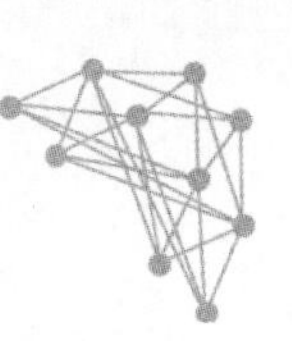

2.1 控　制　器

目前,移动机器人中常用的控制器有单片机、嵌入式控制器、工控机等,它们的尺寸、价格和性能都有很大差异。根据移动机器人的功能和作业复杂度,选择能满足功能、性价比高的控制器。

单片机(Microcontrollers)是一种集成电路芯片,采用超大规模集成电路技术,在一块硅片上集成中央处理器、随机存储器、只读存储器、定时器、各种 I/O 结构和中断系统、定时器/计数器等,相当于一个微型计算机系统。其体积比较小,重量轻,价格低,同时有良好的可靠性和抗干扰性,是移动机器人控制中非常重要的控制器件之一。

嵌入式控制器(Embedded Controller)是用于执行指定独立控制功能并具有复杂方式处理数据能力的控制系统。它是由嵌入式微电子技术芯片(包括微处理器芯片、定时器、序列发生器或控制器等一系列微电子器件)控制的电子设备或装置,用于控制、监视或者辅助操作。嵌入式系统的体系结构可开放性好,可伸缩性强,具有可裁剪性好、实时性强、操作简单方便、稳定性强等优点。广义上讲,单片机应用属于嵌入式系统的一个分支,嵌入式系统是一个大类,而单片机是其中一个重要的子类。单片机与嵌入式系统的区别见表 2-1。常用的嵌入式控制器有 ARM(Advanced RISC Machine)、DSP(digital signal processor)、FPGA(Field Programmable Gate Array)等。以树莓派 Raspberry Pi 4 控制器为例,如图 2-2 所示[1]。树莓派不同于 Arduino,它更像一个小型的计算机,是一款基于 ARM 的微型计算机主板,连接上显示器,就可用在机器人控制器上,主要实现移动机器人的相互通信、外部传感器的数据采集、其他外设连接等控制系统的基础功能。基于 ROS 的 SLAM 技术可以运行在树莓派上,它在同时定位与建图中应用出色。

表 2-1　单片机与嵌入式系统的区别

单片机	嵌入式系统
① 单片机由运算器、控制器、存储器、输入输出设备构成; ② 单片机是包含微控制电路和通用输入输出接口器件的集成电路芯片; ③ 单片机自身为主体,是通用的电子器件	① 嵌入式系统由嵌入式微处理器、外围硬件设备、嵌入式操作系统、特定的应用程序组成; ② 嵌入式系统可用单片机实现,也可用其他可编程的电子器件实现; ③ 嵌入式被安装在目标应用系统内,但主导控制关系,是控制目标应用系统运行的逻辑处理系统,是一个专用系统

工控机(Industrial Personal Computer,IPC)的全称为工业控制计算机,是一种采用总线结构,对生产过程及机电设备、工艺装备进行检测与控制的工具总称。工控机具有重要的计算机属性和特征,如具有计算机主板、CPU、硬盘、内存、外设及接口,并有操作系统、控制网络和协议、计算能力以及友好的人机界面。工控行业的产品和技术非常特殊,属于中间产品,是为其他各行业提供稳定、可靠、嵌入式、智能化的工业计算机。图 2-3 是西门子工控机 SIMATIC IPC677E[2]。SIMATIC IPC677E 是一个高端工控机。

工控机的主要类别有基于 PC 总线工业计算机(Industrial Personal Computer,IPC);可

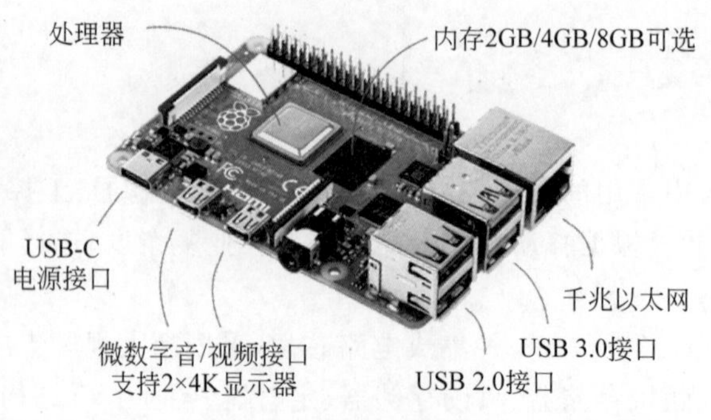

图 2-2 **Raspberry Pi 4**

图 2-3 工控机

编程逻辑控制(Programable Logic Controller,PLC)系统;分布式控制系统(Distributed Control System,DCS);现场总线控制系统(Field bus Control System,FCS)及数控系统(Numerical Control System,CNC)五种。

IPC是加固的增强型个人计算机,主要由工业机箱、无源底板及可扩充的各种板卡组成,可实现对工业生产过程实时在线检测与控制,保证系统的正常运行;具有很强的扩充性,能与工业现场的各种外设、板卡相连,以完成各种任务;具有很好的兼容性,能同时利用ISA与PCI及PICMG资源,并支持各种操作系统,多种语言汇编,多任务操作系统。

PLC是在工业环境中应用的一种数字运算操作电子系统。PLC的主机由CPU,存储器(EPROM、RAM),输入输出单元,外设I/O接口,通信接口及电源组成。采用可编程的存储器,通过数字式或模拟式的输入输出可对各种机械设备或生产过程完成开关量的逻辑控制、模拟量控制、定时和计数控制、顺序控制、运动控制、过程控制、数据处理、通信及联网等功能,具有体积小、功能强、程序设计简单、灵活通用及维护方便等一系列优点。

DCS是一个由控制级与操作级组成的以通信网络为纽带的计算机控制系统,如图2-4所示,控制级(控制站)负责完成数据采集控制,并通过通信网络传送到上位机监控系统,对采集的数据进行集中操作与管理;操作级(操作站)通过通信网络与控制级连接负责收集生产数据、传达操作指令。DCS是一种采用分散控制、集中管理方式的控制系统,能实现数据采集、连续控制、间隙控制、顺序控制、逻辑运算、先进过程控制等控制功能以及集中显示、操作和管理。DCS的优点在于,可方便地改变或扩充系统的功能,并且分散控制、集中管理的

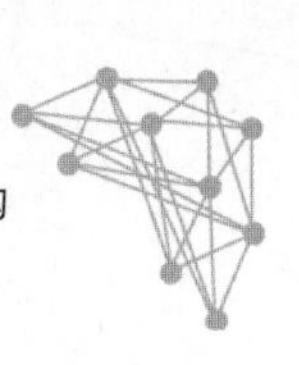

特点保证了系统的可靠安全。

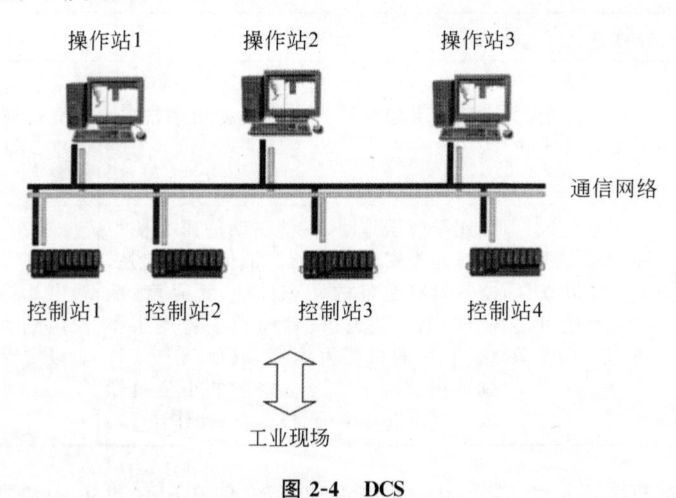

图 2-4　DCS

FCS 是指利用现场总线将现场各个控制器和仪表及仪表设备互联构成的控制系统。其中，现场总线以数字通信替代传统模拟信号及普通开关量信号的传输，是支持双向、多节点、总线式的全数字通信网络。FCS 具有完全的开放性，系统内测量和控制设备可相互连接、监测和控制，具有可靠性高、可互操作性强、维护简易、开放式的互连结构等优点，是一种开放的、具有互操作性的、彻底分散的分布式控制系统。

CNC 是数字控制系统，简称数控系统，一般应用于数控机床、数控切割机等机电设备中，主要完成机械加工方面设备的系统控制。它主要通过内部存储器中存储的控制程序执行相关功能，控制程序可利用数字、文字和符号组成的指令实现对一台或多台机械设备的位置、角度、速度等机械量和开关量的控制。CNC 可以实现灵活编程，操作加工可视化。

2.2　驱　动　器

2.2.1　常用的驱动器

在移动机器人系统中，驱动器(Actuator)是用来使机器人发出动作的动力机构，它可将电能、液压能和气压能转换为动能。对于机器人来说，主要有三种不同类型的驱动系统：电机驱动系统、液压驱动系统和气动驱动系统，三种驱动方式各有特点，其对比见表 2-2。

表 2-2　移动机器人驱动方式对比

驱动方式	主要特点	主要优点	不足之处
电机驱动	可以由直流伺服电机或直流步进电机完成	适合旋转关节和线性关节，是小型机器人和精密应用的完美选择。具有更高的准确性和重复性，控制调节简单、稳定性较好	力矩小、刚度低，常常需要配合减速器使用

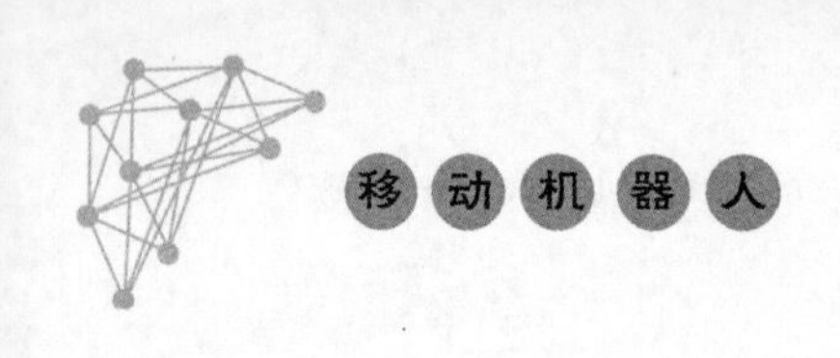

续表

驱动方式	主要特点	主要优点	不足之处
液压驱动	重量轻、尺寸小、动作平稳,动力大、力与惯量比大、快速响应高、易于实现直接驱动	适用于大型机器人。提供高功率,快速响应	易漏油,液压系统的液体泄漏会对环境产生污染,维护困难;不确定性和非线性因素多,工作噪声也比较大
气动驱动	使用可压缩流体,通常是压缩空气。可以在任务完成时释放大量可用的、易于访问的电源介质	相比于液压传动,气动驱动的压力使得系统非常安全。与所有液体不同的是,空气具有良好的动态性能,无黏度,低刚度(高柔度)。气动驱动主要用于小型、简单的机器人执行"取放"任务,特别适用于小于 5 个自由度的小型机器人。气源获得方便、成本低、动作快	输出功率小,体积大,工作噪声较大,控制精度较差,难以实现伺服控制

电机驱动在移动机器人中最常用。电机驱动系统是利用各种电动机产生的力矩和力,直接或间接地驱动机器人本体以获得机器人的各种运动的执行机构。目前常用的电机有直流电机、伺服电机和步进电机,它们能将输入的电信号转换成电机轴上的角位移或角速度输出。大疆公司设计生产的教学和娱乐型机器人"机甲大师(RoboMaster) S1"(图 2-5)是典型的电机驱动的移动机器人[3]。RoboMaster S1 配备四个麦克纳姆全向移动轮,轮组由 4 个含 12 个辊子的麦克纳姆轮构成,可实现全向平移及任意旋转,配合前桥悬挂,全向移动实现自由走位。RoboMaster S1 上装配的 M3508I 无刷电机,内置集成式 FOC 电调,输出转矩高达 0.25N·m,动力强悍。电机控制上采用线性霍尔传感器配合速度闭环控制算法,能够实现精细操控。无刷电机上有过压保护、过热保护、缓启动保护以及短路保护等重保护机制,以增强控制的稳定性。

图 2-5 大疆机甲大师(RoboMaster) S1

以打造像人或者动物那样能够在现实世界中灵活移动工作的移动机器人为目标,波士顿动力公司早在 2005 年就推出一款液压驱动的四足机械移动机器人——Big Dog(大狗)。它抛开传统的轮式或者履带式移动机器人结构,参考哺乳动物的身躯四肢结构,机械式组装四肢关节,通用性强,以便适应更多的地形地貌,结构如图 2-6 所示[4]。

Big Dog 的身高约 1m,质量为 109kg,可负载 45kg 自由行走或奔跑,最大爬坡角度可达 35°,四足结构使得它能适应各种复杂的环境结构,即便是侧面遭受压力,也能快速调整四足工作,以保持身体稳定不摔倒。Big Dog 整体具有 16 个自由度,可横纵在两个方向上自由移动,由汽油发动机提供动力,发动机驱动液压系统,以液压系统作为驱动输出动力进而控制每段肢体的动作,实现了躯体的灵活运动。

Big Dog 虽然能够及时应对平衡干扰因素,保持重心稳定,使得机器人平稳前行,但是也有液压驱动通有的缺点,运行过程中噪声大。为此,波士顿动力公司在 Big Dog 的基础上几番改进,推出 LS3、Cheetah 等四足移动机器人,而后于 2015 年推出 Spot 移动机器人。Spot

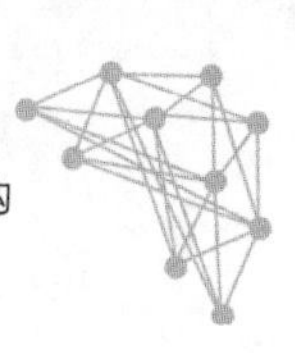

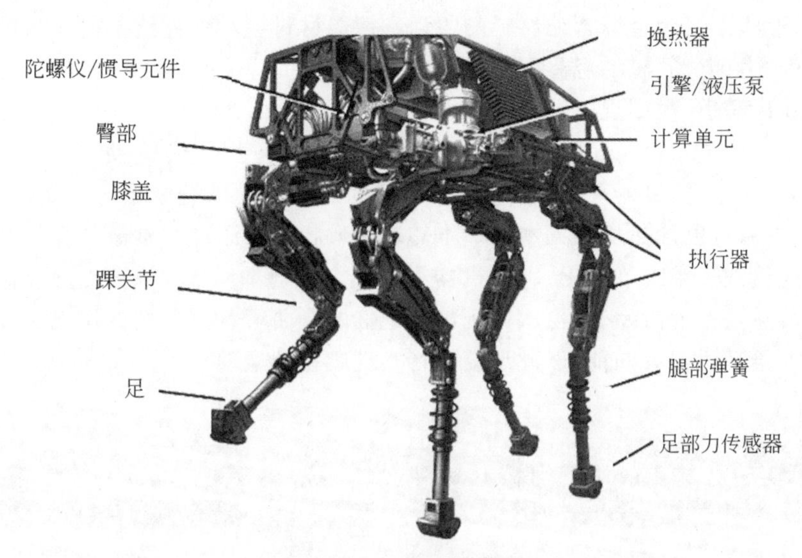

图 2-6　Big Dog 结构图

在前三个机器人的基础上实现了低噪运行，具有 12 个自由度，采用电池能源提供动力驱动液压系统，有效控制了机器人的运行噪声。之后又推出 Spot Mini，液压驱动在移动机器人上应用广泛。

相比于液压驱动，气动驱动更加适合于小型移动机器人。长期以来，机器人界都想开发出通体由软体材料构成的机器人，但柔性电池和电路板的开发是一大难点。哈佛大学的研究人员另辟蹊径，研制出世界上第一个完全软体且自我驱动的机器人——“小章鱼”。其结构如图 2-7 所示[5]。

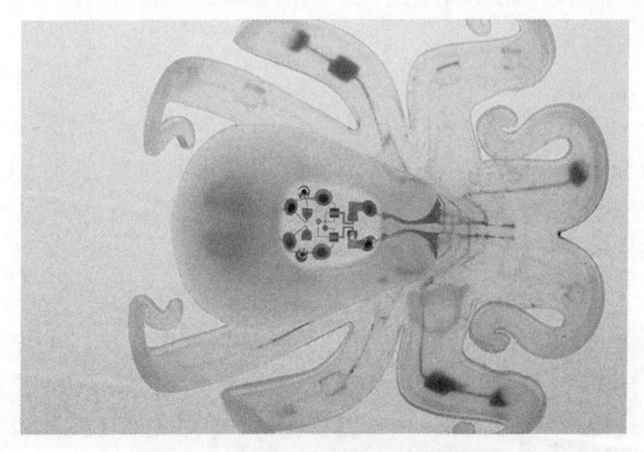

图 2-7　气动驱动机器人“小章鱼”

“小章鱼”依靠体内的化学反应功能，将过氧化氢转变成大量气体，气流流入机器人手臂给机器人手臂充气，从而驱动机器人运动。“小章鱼”机器人的整个微流体网络都是“自我反馈”，通过控制化学反应的时机实现自我驱动。

除了上述三种常用的驱动方式以外，还有一些特殊的驱动方式，如光化学反应材料、化学反应材料、形状记忆合金等智能材料的驱动。智能材料会对外界给予的刺激做出反应，这些刺激包括光、力、电场、磁场、温度等。通常，这些反应的规模都很小，因此，这种类型的驱动器主要用在体积小、微型规模的机器人上。

多伦多大学 Hani Naguib 教授团队设计了一种基于电热驱动器（ElectroThermal Actuator，ETA）的软体机器人"尺蠖"[6]。图 2-8 为尺蠖的运动分解图。尺蠖的四只脚是导电的铜片，通电后可以加热机器人本体。本体基于形状记忆原理在常温下保持弯曲的样子。每通过路径就给它通 12V 的电压 20s，机器人受热会从弯曲状态伸展。20s 后停止通电，一段时间后随着热量的消散，它会再次回到最初记忆的弯曲形状。尺蠖的尾巴是硬质的材料，产生阻力从而推动机器人向前，以此反复执行实现爬行的运动。

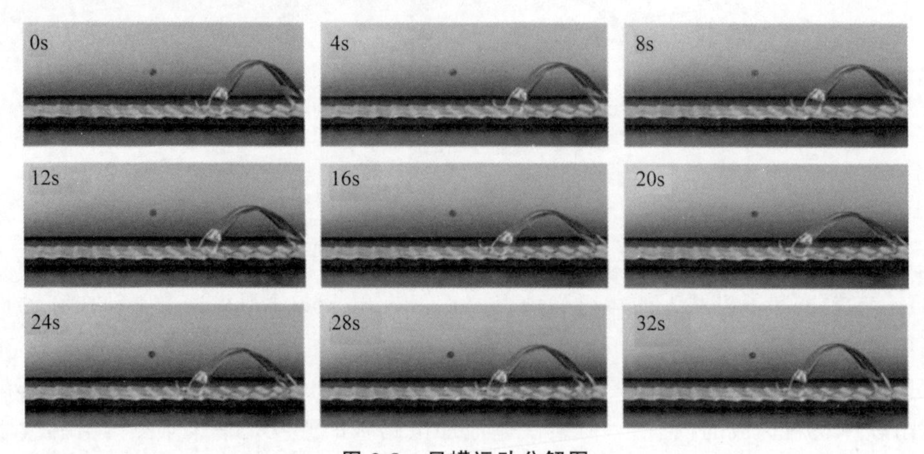

图 2-8　尺蠖运动分解图

由于移动机器人常用电机驱动，因此接下来着重介绍电机驱动。

2.2.2　直流电机

直流电机（Direct Current Motor，DC Motor）又称直流电动机，是一种以直流电驱动运行的电动机，能将直流电能转换成机械能，广泛应用在工业风扇、鼓风机和泵、机床、家用电器、电动工具、磁盘驱动器等。根据是否配置有常用的电刷换向器，可以将直流电动机分为有刷直流电机和无刷直流电机[7]。

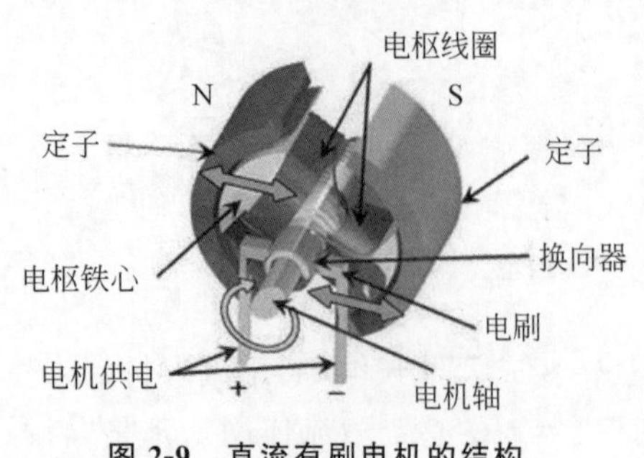

图 2-9　直流有刷电机的结构

有刷直流电机的结构由定子和转子两大部分组成，其结构如图 2-9 所示。直流电机运行时静止不动的部分称为定子，定子的主要作用是产生磁场，由机座、主磁极、换向极、端盖、轴承和电刷装置等组成。运行时转动的部分称为转子，其主要作用是产生电磁转矩和感应电动势，是直流电机进行能量转换的枢纽，所以通常又称为电枢，由电机轴、电枢铁心、电枢线圈、换向器等组成。有刷直流电机通过机械式电刷改变电机线圈中的电

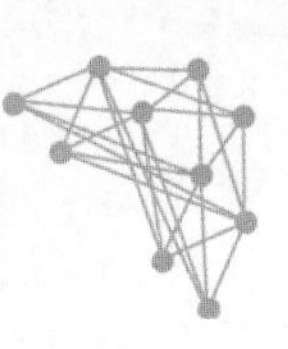

流，电刷接触电流变换器，将电流导入线圈中。它的成本低，结构比较简单，启动转矩大，调速范围宽，容易实现控制，换碳刷时维护方便。但直流有刷电机会产生电磁干扰，使用寿命有限，对使用环境有一定要求，因此通常用于对成本敏感的普通工业和民用场合。

相对于有刷电机，无刷电机是一种较新的电机技术。现代的无刷直流电动机的构造实际上也是一种永磁式同步电动机。图 2-10 是常用的一种三相无刷电机，其中转子由永久磁铁组成，定子上存在着多相绕组[8]。和有刷直流电机一样，无刷电机的工作原理也是改变电机内部绕组的极性，线圈通电时产生的磁场对壳体外部的永磁体施加推力或拉力。在无刷电机上转动的不是电机轴，而是外壳。由于与绕组相连的中心轴是静止的，因此可以直接将电源输送到绕组上，从而也就不需要电刷了。没有了电刷，无刷电机的磨损速度要比有刷电机慢得多，运行时的噪声也要小得多，速度也要快得多。无刷电机通过外壳旋转，它和内部固定绕组之间的唯一物理连接是滚珠轴承，这种机构意味着无刷电机的磨损相对有刷电机缓慢很多。与其他类型的电机相比，无刷电机的运行效率非常高，这意味着在相同的功率输出下，与有刷电机相比其功耗更低。无刷电机的体积小，重量轻，出力大，响应快，速度高，惯量小，力矩稳定，转动平滑，在多旋翼飞机上得到了广泛的应用。然而，无刷电机需要专门的控制器和复杂的控制算法才能正常工作。

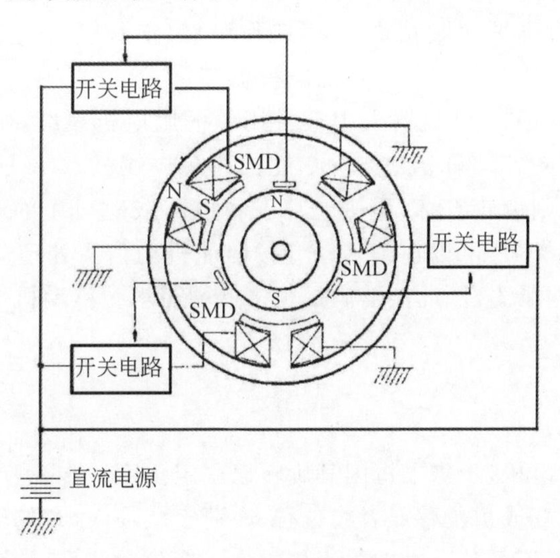

图 2-10　三相无刷直流电机

与任何物理系统一样，直流电动机的能量转换效率也不是完美的，主要是机械零件的摩擦会消耗一些能量。可以通过改进设计提高电机的效率，当然价格也会更昂贵。优质的直流电动机的能量转换率可以达到 90%，廉价的直流电动机则可低至 50%。

直流电动机需要在其工作电压范围内的电源，工作电压一般为使电动机达到最佳效率的推荐电压范围。较低的电压通常能转动电动机，但会提供较少的功率。较高的电压虽然能增加功率输出，但会损害电机的使用寿命。施加恒定电压时，直流电机汲取的电流与做的功成正比。如果机器人在墙壁上推，由于壁对电机运动的阻力，它会比在开放空间中自由移动时消耗更多的电流(即消耗更多的电池)。

2.2.3 伺服电机

伺服电机(Servo Motor),是移动机器人中常见的一种电机,可以直接或间接地驱动机器人本体获得机器人的各种运动,也是自动控制系统中广泛应用的一种执行元件。伺服(Servo)是指使物体的位置、方位、状态等输出能够跟随输入量(或给定值)的任意变化而变化。伺服电机由直流电机、变速箱、位置传感器和控制电路组成,通过自带的位置传感器把电机轴旋转的角度(位置)进行反馈构成闭环控制,从而确保输入和输出一致[9]。

直流电机转速高、扭矩小,通过变速箱可以将速度降低到所需的程度,同时增大扭矩。在工业型伺服电机中,位置传感器通常是高精度编码器,而在较小的伺服电机中,位置传感器通常是一个简易的电位器。位置传感器的精度,如编码器的线数,很大程度上决定了伺服电机的精度。这些设备捕获的实际位置被反馈到误差检测器,在那里将其与目标位置进行比较。然后控制器根据误差校正电机的实际位置以匹配目标位置。伺服电机中的编码器又分为增量和绝对值两种,用于反馈速度和位置,有的机械结构可能容易产生相对滑动,会额外增加外部的编码器,如光栅尺,用于控制位置环。

按使用电源性质的不同,伺服电机分为直流伺服电机和交流伺服电机。其中,交流伺服电机无电刷和换向器,对维护和保养要求低,工作可靠;定子绕组散热方便。同时,惯量小,易于提高系统的快速性,适合高速大力矩工作状态。

舵机(Steering Gear)是移动机器人中最常用的伺服电机系统,主要用于转向或转舵的驱动与控制。按照舵机的转动角度分为180°舵机和360°舵机。180°舵机只能在0°~180°中运动,超过这个范围,轻则齿轮打坏,重则烧坏舵机电路或舵机中的电机。360°舵机转动的方式和普通的直流电机类似,可以连续转动。按照舵机的信号处理分为模拟舵机和数字舵机。由于价格低廉、结构紧凑,因此能够满足很多低端需求。移动机器人常采用舵机实现转向的驱动[10]。

2.2.4 步进电机

作为一种开环控制电机,步进电机因其旋转以固定角度一步一步进行,所以称为步进电机。它把电脉冲信号转变成角位移或者线位移,在荷定范围内,它的转速和转角由脉冲信号的频率和脉冲数决定,而不受负载影响。当接收到一个脉冲信号,就会驱动步进电机按设定的方向转动一个固定的角度,称为“步进角”。可以通过控制脉冲个数控制角位移量,从而达到准确定位的目的。步进角取决于电机的结构和驱动方式,步进电机根据类型的不同有各种各样的角度,如7.5°、15°等。以步进角等于15°的步进电机为例,每输入一个脉冲,便旋转15°,最终旋转角度与脉冲数成正比。同时,可以通过控制脉冲频率控制电机转动的速度和加速度。若输入脉冲的周期长,电机转得慢;相反,若输入脉冲的周期短,电机转得快,从而达到调速的目的。此外,步进电机只有周期性误差,而无累积误差。它必须使用专门的步进电机驱动器才能工作,不能直接接到交流或者直流电源上。

由于是开环控制,步进电机的结构简单,但可靠性不高,速度正比于脉冲频率,有比较宽的转速范围。但是,控制不当时容易产生共振,且难以运转到较高的转速,也难以获得较大的扭矩,能源利用率低。但步进电机的点位控制性能好,没有累积误差,易于实现开环控制,

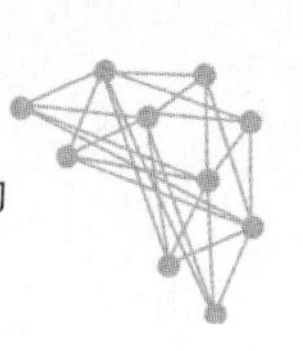

能够在负载力矩适当的情况下，以较小的成本与复杂度实现电机的同步控制[11]。

2.2.5　电机的控制

1. 直流电机的控制

电动机在一定负载条件下，根据需要人为地改变电动机的转速，称为调速。直流电机的调速性能好，它可以在重负载条件下实现均匀、平滑的无级调速，而且调速范围较宽。直流电机可以通过改变电枢电阻、电枢电压和磁通进行调速，其中电枢电压调速是最常见的。

电枢电压调速是指通过改变输入电信号的电压对电机进行控制。当提供额定电压（如12V）时，电机将根据它的负载大小尝试尽可能快地旋转。大多数直流电机的空载速度为3000～9000r/m（每分钟转数）或 50～150r/s（每秒转数）。图 2-11 显示了电机可以根据负载大小运行的扭矩-转速值范围[12]。

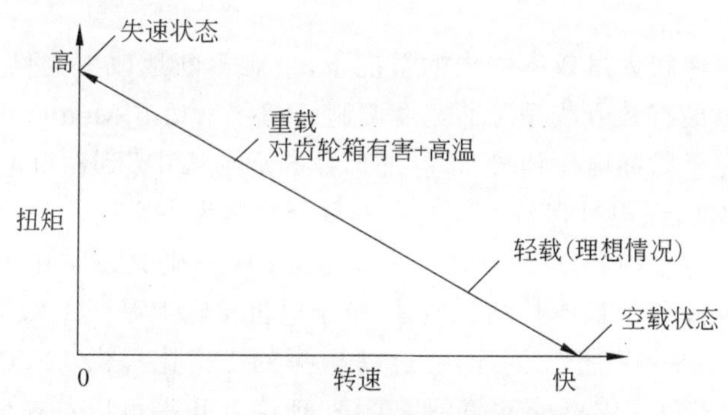

图 2-11　额定电压时扭矩和转速的关系

最左边为失速状态，表示当负载太重或满载时电机将尝试施加所需的力而失败导致速度为零。失速时，电动机会被推到极限，从而导致该特定电源电压消耗最大可能的电流量，该值称为“失速电流”。由于失速时电机消耗的是最大可能的电力，它也会输出最大可能的机械功率（失速转矩）。电机会因增加的电流而很快过热并最终烧坏。当使用电机控制器时，电路板通常会根据其散热能力而具有最大额定电流。可以通过添加散热器、风扇或其他冷却设备以增加电流限制，但除非有在运行期间监视驱动器芯片温度的方法，否则将无法知道可以超出额定规格的范围。

在最右边，电机轴自由旋转，除了旋转轴所需的力外，没有其他负荷，即空载状态。电机将继续旋转，直到电机运动产生的反电动势减小电流并将速度限制为最大值为止。

由于扭矩和转速是线性相关的，因此这两种极端情况表示的点会形成一条直线，电动机可以沿着该直线运行。减少负载（以及因此所需的扭矩）可以提高速度，反之亦然。当电压保持恒定时，电机只能沿这条线运行，如果要在恒定负载下改变速度（例如，加快或降低智能车的速度），将很不方便。

若使用一个电机控制器，该控制器能够在 8V、10V 和 12V 三个电压之间切换。请注意，提供低于额定电压的电压是可以接受的，但不能超过额定电压的电压。在此示例中，假设电动机的额定电压为 12V。如图 2-12 所示，当更改电压时，扭矩和转速之间的关系也会改变。较低的电压会具有较低的失速转矩和空载转速。在恒定负载下，降低电压意味着降低速度，如图 2-12 中横向实线上的三个点所示。

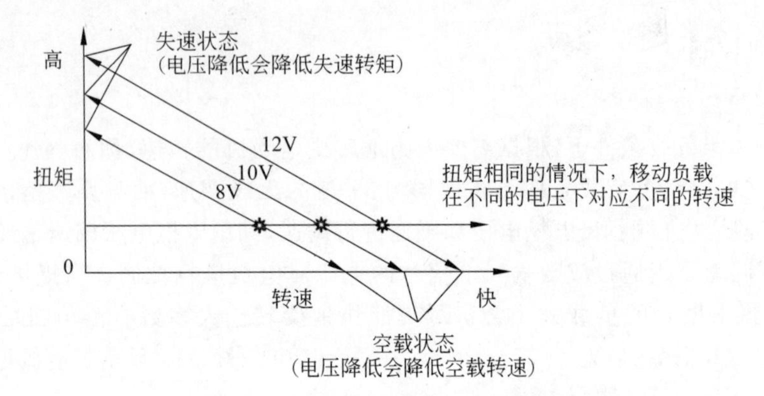

图 2-12 三种电压时扭矩和转速的关系

在没有昂贵的硬件和大量效率损失的情况下，很难不断地改变提供给电动机的直流电压量。解决此问题的最有效方法是脉冲宽度调制(Pulse Width Modulation，PWM)。PWM 包括为电动机提供一个脉冲电压信号，该脉冲信号的范围从 0V 到额定电压(如 12V)。对于 PWM 波形的每个周期，高电平保持时间所占的百分比称为占空比。假设 PWM 波形中每个周期有三分之二为高电平(12V)，三分之一为低电平(0V)，则其占空比为 66%。通常，这样的电源脉冲容易导致设备卡顿或抖动。但是，由于电机实际上是大的线圈，因此它们起电感的作用，对该信号具有平滑作用。因此，通过以 50%的占空比提供 12V PWM 信号，可以模拟 6V 电源的效果。实施 PWM 非常简单且经济，理论上几乎可以选择任何占空比，来获得最高速度以下的任一转速[13]。

当改变电枢电压的极性时，电机就反转。因此，为了控制旋转方向，需要反转流过电动机的电流的方向，最常见的方法是使用 H 桥。H 桥电路包含四个开关元件、晶体管或 MOSFET，并且位于中心的电机形成类似 H 的配置。通过同时激活两个特定的开关改变电流的方向，从而改变电动机的旋转方向。

一般可以直接引入市面上的电机驱动、电路驱动电机，不用自己搭建。通常，把电机驱动电路看作电机和控制电路之间的接口装置，它允许使用低电流信号控制高电流的负载，同时还能提供稳定的高电压和高电流，从而使电机工作在一个合适的工作状态下。一个电机驱动电路包含了可以处理高功率电信号的 IC 主控或分立的场效应管。电机驱动电路是电流放大器电路，是控制器与电机之间的桥梁。简单来说，驱动电路包括 H 桥(控制电机)和控制 H 桥如何工作的电路。不同的驱动电路提供的接口也不同。

以常用的 L298N 电机驱动模块为例。L298N 是双 H 桥电机驱动器，具有 A、B 两个通道，允许同时控制两个直流电机的速度和方向。通过给 IN1、IN2 高低电平控制电机的状态，其中 ENA、ENB 为使能端，低电平无效，高电平使能。IN1 和 IN2 的电平逻辑关系可实现电机正转、反转、停止、制动。若要实现调速，ENA 或 ENB 输入信号为 PWM 脉冲信号即可，通过调节 PWM 脉冲占空比即可实现调速。例如实现正转调速，IN1=0、IN2=1，改变 ENA 或 ENB 的输入 PWM 脉冲占空比即可。L298N 控制逻辑见表 2-3。

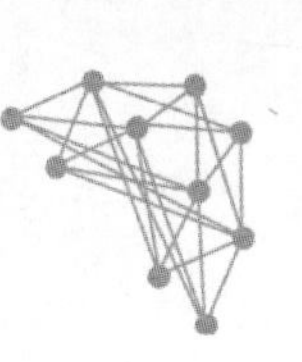

表 2-3 L298N 控制逻辑

ENA	IN1	IN2	直流电机状态
0	X	X	停止
1	0	0	制动
1	0	1	正转
1	1	0	反转
1	1	1	制动

对直流电机转速的控制既可采用开环控制，也可采用闭环控制。电机负载的存在相当于在控制系统中加入了扰动，扰动会导致输出(电机速度)偏离期望值。闭环控制能有效地抑制扰动，稳定控制系统的输出。因此，一般通过增加测速传感器进行速度反馈的闭环控制，控制方案如图 2-13 所示。

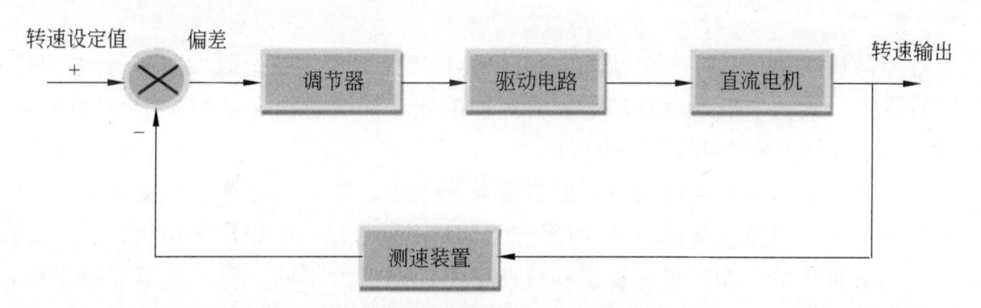

图 2-13 直流电机的控制

直流电机位置和速度的反馈可以通过霍尔传感器和光电编码器测得。霍尔传感器利用霍尔效应，将磁感应信号转换成电信号。霍尔开关属于一种最简单的霍尔传感器，效果与日常生活接触的开关效果一致，可应用于电子电路系统中作为接近开关、压力开关等。在直流电机的外部电路中加入一个开关型的霍尔原件，同时在电机转子上加入一个能够使霍尔开关产生输出的带有磁场的磁片。当电机旋转时磁片一起旋转，当磁片旋转到霍尔开关的上方时，可以导致霍尔开关的输出端由高电平变为低电平。当磁片转过后，霍尔开关的输出端又恢复为高电平。这样，电机每旋转一周，会使霍尔开关输出一个低脉冲，通过检测单位时间内霍尔开关输出端低脉冲的个数推算出直流电机在单位时间内的转速。光电编码器会在第 3 章中详细介绍。

2. 伺服电机的控制

伺服电机一般有三个闭环负反馈 PID 调节系统，分别为电流环、速度环、位置环。电流环是最内环，此环完全在伺服驱动器内部进行，利用霍尔装置检测驱动器负责电机各相的电流输出，PID 调节使得输出电流尽量接近设定电流，此刻控制模式下运算最小，动态响应最快。电流环是控制的根本，下列两种模式都必须使用电流环，即在速度控制和位置控制模式下，系统实际也在进行电流(转矩)的控制，以达到对速度和位置的相应控制。速度环是次外环，利用检测电机编码器的信号实现负反馈 PID 调节。速度环控制过程中包含了速度环和

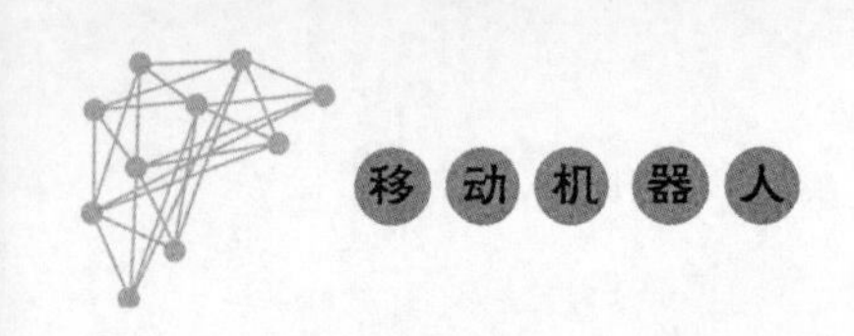

电流环，它的环内 PID 输出直接作为电流环的设定。位置环是最外环，构建于外部控制器、电机编码器或驱动器、电机编码器之间，其反馈信号既可取自电机编码器，也可取自最终负载，需根据实际情况确定。位置环内部包含了所有三个环的运算，因此系统运算量最大，动态响应速度最慢[14]。

伺服电机的三个闭环负反馈 PID 调节系统分别对应伺服电机的三种控制模式：转矩控制、速度控制、位置控制。其中，速度控制和转矩控制都是用模拟量控制的，位置控制是通过发脉冲控制的。

转矩控制模式由电流环实现，可以通过即时改变外部模拟量（即目标转矩值）的设定或通信方式改变对应地址的数值来设定电机轴对外的输出转矩的大小。当电机在电流闭环控制下，负载力矩大，电流不能超过给定值，电机的频率、电压会自动上升，增大负载速度和负载力矩。反之则相反。

速度控制模式由速度环实现，利用电机编码器信号监测实现负反馈 PID 的调节，速度回路则将输出速度与指令速度比较，生成控制量，位置环断开，使输出速度与输入速度信号保持一致。

位置控制模式由位置环实现，即将输出位置与指令位置比较生成控制量，使输出位置与输入位置保持一致。一般通过外部输入的脉冲的频率确定转动速度的大小，通过脉冲的个数确定转动的角度，有些伺服系统也可以通过通信方式直接对速度和位移进行赋值。

这里着重以舵机为例阐述伺服电机位置控制方法。舵机内部有一个基准电路，通过比较信号线的 PWM 信号与基准信号，内部的电机控制板得出一个电压差值，将这个差值加到电机上控制舵机转动。舵机角度根据制造商的不同而有所不同。对于模拟舵机来说，需要不停发送 PWM 信号，才能使它保持在规定的位置或保持某个速度转动。数字舵机则只发送一次 PWM 信号，就能保持在规定的某个位置或某个转速。

舵机控制一般需要一个周期为 20ms，高电平宽度为 1.5ms 的基准信号，这个位置其实是舵机转角的中间位置。控制舵机的高电平范围为 0.5～2.5ms，其中 0.5ms 为最小角度，2.5ms 为最大角度。这个高电平脉冲的宽度将决定电机转动的距离。由于 180°舵机的中间位置为 90°，1.5ms 的脉冲会使舵机转向 90°位置。如果脉冲宽度小于 1.5ms，舵机会朝向 0°方向。如果脉冲宽度大于 1.5ms，舵机会朝向 180°方向。一般的舵机给一个 PWM 信号后，会旋转一个角度。图 2-14 为 180°舵机输出轴转角与输入信号的脉冲宽度关系图，但 360°舵机不同于一般控制角度的电机，它只能控制方向和速度，即给一个 PWM 信号后，360°舵机会以一个特定的速度转动，而且是闭环控制，速度控制稳定。图 2-15 是 360°舵机输出转速与输入信号的脉冲宽度关系图。

步进电机和伺服电机控制的区别在于，步进电机是通过控制脉冲的个数控制转动角度的，一个脉冲对应一个步距角，而伺服电机是通过控制脉冲时间的长短控制转动角度的。

2.2.6 电机的选型

由于直流电机价格便宜、定位精度高，且电能-动能转换率可达 95%～98%，因此，在中小型移动机器人中通常采用直流无刷电机作为主电机，提供移动机器人前进的动力。此外，通常采用伺服电机作舵机，用来控制移动机器人的转向。下面主要讨论直流电机的选择

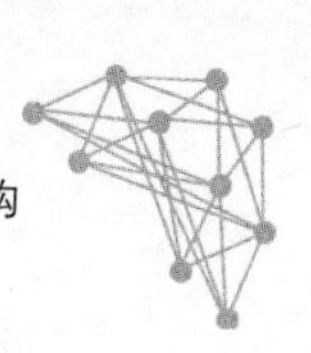

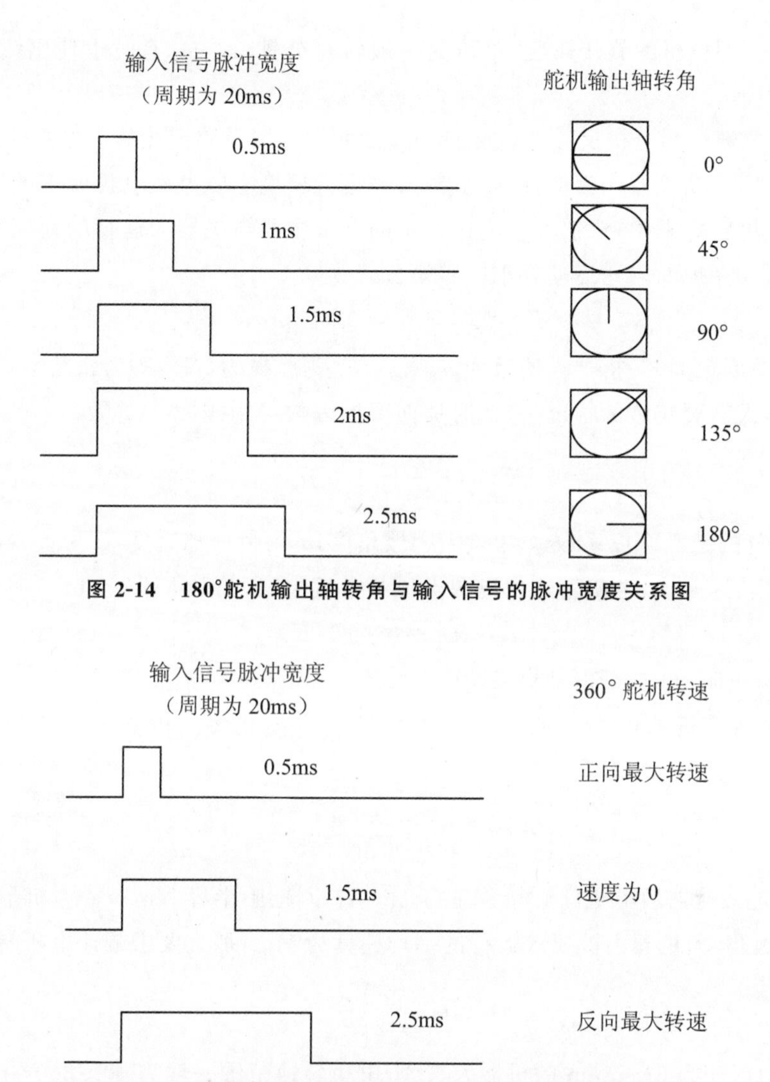

图 2-14　180°舵机输出轴转角与输入信号的脉冲宽度关系图

图 2-15　360°舵机输出转速与输入信号的脉冲宽度关系图

方法。

在设计移动机器人过程中，为了满足系统控制要求，需要对电机进行选型。对电机选型首先需要确定机器人的运行环境，如机器人主要运行于室外，还是运行于室内，是光滑地面，还是粗糙地面，需不需要爬坡等；其次需要确定机器人的具体机械参数，如大小、重量等；最后需要确定机器人运行的一些参数，如运行速度以及转矩。

从机器人驱动的角度，对于一个电机，考虑的参数主要有：

（1）转矩。转矩是使物体发生转动的一种特殊的力矩（N・m），代表了电机改变旋转速度的能力。在机器人领域，转矩一般用于机器人移动或者机械臂完成各种动作。

（2）电流。电机运行时的电流，不同状态下有不同的值，如空载电流、额定电流以及堵转电流等。

（3）工作电压。电机工作的额定电压。

(4) 转速。即电机的旋转速度,单位为一般转每分钟(r/m),有时也使用弧度每秒或者角度每秒表示。

(5) 物理参数。如电机尺寸、电机轴尺寸、截面尺寸以及固定孔的位置等外形尺寸。

下面以地面移动机器人为例,结合机器人的运行环境主要考察电机所需的转矩、转速等参数。对于电机转矩来说,机器人对电机转矩的要求主要与机器人运行的地面摩擦程度、坡度有关。机器人在地面匀速运动要求的转矩公式为

$$T = 0.01 F_f R = 0.01 C m g R \tag{2-1}$$

其中,地面摩擦因数为 C,机器人质量为 m(kg),F_f 为摩擦力(N),R 为轮胎半径(cm)。

当在机器人需要爬坡的情况下,此时地面摩擦因数可用式(2-2)等效。

$$C = C_0 + \sin(\theta) + \frac{a}{g} \tag{2-2}$$

其中,C_0 为固有的地面摩擦系数,θ 为最大爬坡角度,a 为最大加速度,g 为重力加速度。

对于电机转速来说,电机转速由电源电压和电流决定,关系如下:

$$n = (U - I \times r)/K_{\text{bemf}} \tag{2-3}$$

其中,r 为电枢电阻;K_{bemf} 为电动势系数。

而机器人的运行速度与轮胎直径和电机转速直接相关。机器人的运行速度的公式如下:

$$V = \frac{2\pi R \omega}{60} \tag{2-4}$$

其中,ω 为经过减速器后电机的旋转速度(r/m),R 为轮胎半径(cm),V 为机器人的运行速度(cm/s)。因此,当机器人被要求运行的平均速度为 V_{avg},那么要求减速电机转速为

$$\omega = \frac{60 V_{\text{avg}}}{2\pi R} \tag{2-5}$$

对于轮胎尺寸为 5～20cm 的机器人来说,电机转速范围一般为 40～300r/m。

对于电机电压来说,选择电机运行电压时,需要选择一个和机器人电池对应的电机运行电压。大部分机器人的电机运行电压为 6V、12V、24V。对于尺寸为 15～30cm 的机器人,一般使用镍氢电池,对于大型机器人,一般使用铅酸电池;镍氢电池一般为标准 AA,C,D 尺寸,电压为 3.6～48V 不等。对于 12V 电机,一般使用 7.2V 或者 9.6V 电池供电;对于 24V 电机,一般使用 3×9.6V 电池供电。

对于电机电流来说,电机电流将决定机器人的运行时间,在电机转矩为 T 时,电机电流为

$$i = i_0 + \frac{(i_s - i_0) T}{T_s} \tag{2-6}$$

其中,i_0 为空载电流,i_s 为失速电流,T_s 为失速转矩。

对于电机类型,直流有刷电机有噪声,寿命短,便宜。无刷电机没有噪声,寿命长,价格贵。此外,还需要考虑结构尺寸,是否适合安装。

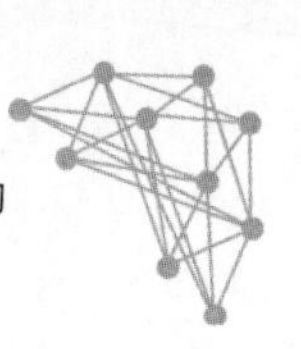

2.3　其他硬件装置

2.3.1　变速装置

变速箱，又称齿轮箱，是一种电动机附件，主要由齿轮和轴组成。变速箱利用齿轮的机械优势进行变速变矩，以速度为代价增加扭矩或以扭矩为代价增加速度。通常，驱动器中电机的速度比移动机器人运动所需的速度快，但缺少所需的转矩。变速箱可用来吸收多余的速度并将其转换成额外的扭矩。例如，如果电动机的齿轮箱的减速比为 5∶1，即电动机轴每旋转五次，齿轮箱的输出轴就会旋转一次。这意味着，带齿轮箱的输出轴的旋转速度将是没有齿轮箱的旋转速度的$\frac{1}{5}$，但其扭矩是其近五倍（齿轮箱内的摩擦和热量会损失一些能量）。通过降低轴的速度，还可以提高轴的精度。例如，如果电动机控制器可以以电动机最大速度的 1.5％的分辨率控制电动机的速度，那么 5∶1 的减速比将允许以电动机最大速度的 0.3％的分辨率控制输出轴。

不同变速箱的尺寸和齿数各有不同。为了实现高减速比，在输出齿轮上需要大量齿。由于大多数齿轮箱体积太小，无法容纳带有多个齿的单个齿轮，因此齿轮箱通常会包含多个“级”，每个级都有自己的一组齿轮。每个后续阶段都会进一步降低齿轮比。但是，级数较多通常会导致齿轮箱内的热量和摩擦损失更多的功率。

机器人的齿轮装置如图 2-16 所示，齿轮的组合配置方式有许多种，两个齿轮之间可以成直角啮合，也可以一个齿轮在另一个齿轮的内部啮合。将多个齿轮布置组合在一起，就构成了齿轮系。可用齿轮系改变移动机器人旋转运动的方向，增加或降低输出轴的旋转速度。

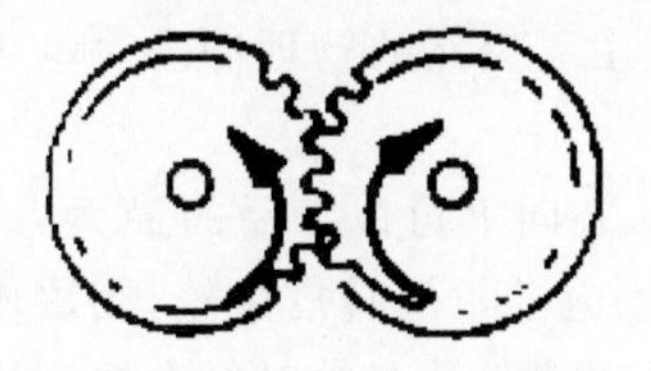

（a）两个外齿轮反向运动

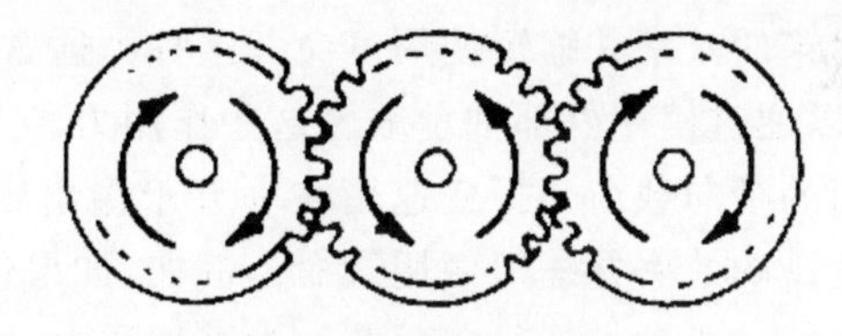

（b）奇数个外齿轮同向运动

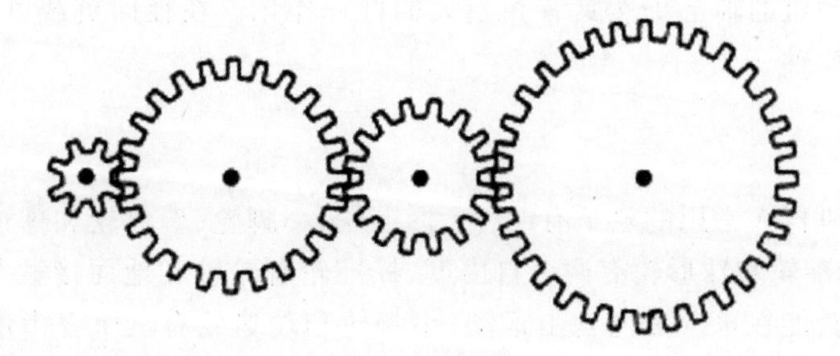

（c）齿轮系

图 2-16　机器人的齿轮装置

根据不同的齿轮系可分为定轴齿轮箱和行星齿轮箱两类。定轴齿轮箱是最简单的齿轮

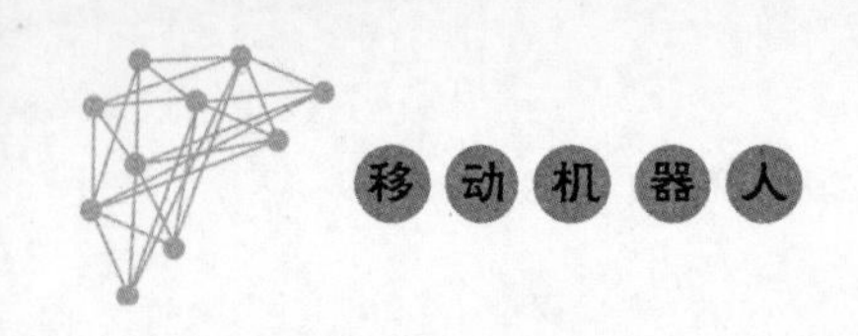

箱之一,该齿轮系运转时所有齿轮的轴线保持固定。它仅设计用于提供特定的减速比。由于其的简单性,正齿轮箱通常很便宜。与所有其他尺寸相同的齿轮箱相比,正齿轮箱的额定扭矩通常更低,因为所有扭矩都集中在一个齿轮接合处。行星齿轮箱具有更复杂的齿轮布局,可以使扭矩均匀地加载到多个行星齿轮上。它们更昂贵,因为它们每个阶段包含更多的齿轮,但是它们也更高效,并且具有较小的反冲力。行星齿轮箱通常也可额定用于更高的速度,因为该设计更适合使齿轮中的机油再循环。行星齿轮箱通常比同等质量的正齿轮齿轮箱更嘈杂,因为齿轮箱内部有更多的接触点。

变速箱的额定扭矩是变速箱承受的绝对最大扭矩,通常为一定值。当运行扭矩大于额定扭矩时,会大大缩短变速箱的使用寿命。如果使用的电动机能够产生比齿轮箱额定值更大的扭矩,则必须仔细控制电动机,以确保不会损坏齿轮箱。即使电动机本身无法产生如此大的转矩,其驱动的负载过大时也可能会损坏变速箱。

变速箱中的轴主要起支撑作用。根据方向的不同,变速箱承受的压力通常分为轴向载荷和径向载荷,如图 2-17 所示。

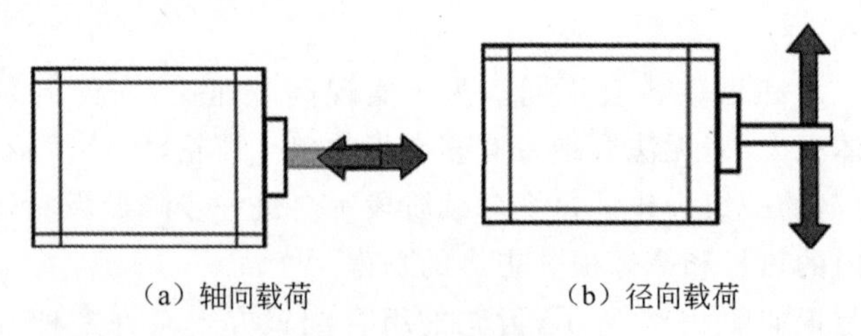
(a) 轴向载荷　　(b) 径向载荷

图 2-17　变速箱载荷

变速箱的轴向载荷是指变速箱在平行于输出轴的方向上可以承受的最大力,超过该值将降低变速箱的效率并缩短使用寿命。这种力通常是由于突然的物理冲击对电机驱动的轴产生的,可以通过使用外部轴承减轻这些作用力。

变速箱的径向载荷是指变速箱在垂直于输出轴的方向上可以承受的最大力,超过该值将降低变速箱的效率并缩短使用寿命。例如,如果使用电动机旋转皮带轮,则该皮带轮上的张力会增加电动机轴上的径向负载。尝试使用电动机直接驱动车轴时经常遇到这种力。请记住,轴越长,径向力对电机轴产生的影响越大。即使将电动机安装在靠近轮胎的地方,即使轮胎较宽,它在电动机的轴上仍然具有相当大的杠杆作用。在径向负载可能性高的应用中,建议使用间接驱动轴。

2.3.2　轮子

一般来说,移动机器人常用的轮子有四种:标准轮、小脚轮、瑞典轮和球形轮,其结构如图 2-18 所示,其中标准轮和球形轮有两个自由度,标准轮有轮轴和地面接触点,球形轮有与地面接触点,同时底盘能在水平面内自由运动;小脚轮和瑞典轮有三个自由度,瑞典轮能绕轮子主轴、滚子轴心以及轮子和地面的接触点转动[15]。

瑞典轮中最典型的是能全向移动的麦克纳姆轮,如图 2-19 所示[16]。麦克纳姆轮是一种可全方位移动的全向轮,简称麦轮,由轮毂和围绕轮毂的辊子组成。麦轮辊子轴线和轮毂轴线夹角成 45°。轮毂的轮缘上斜向分布着许多小轮子,即辊子,故轮子可以横向滑移。辊子

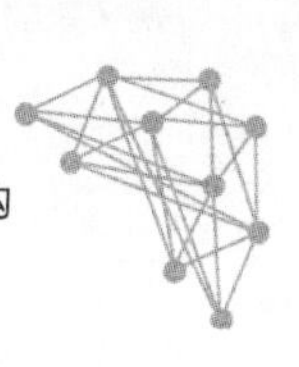

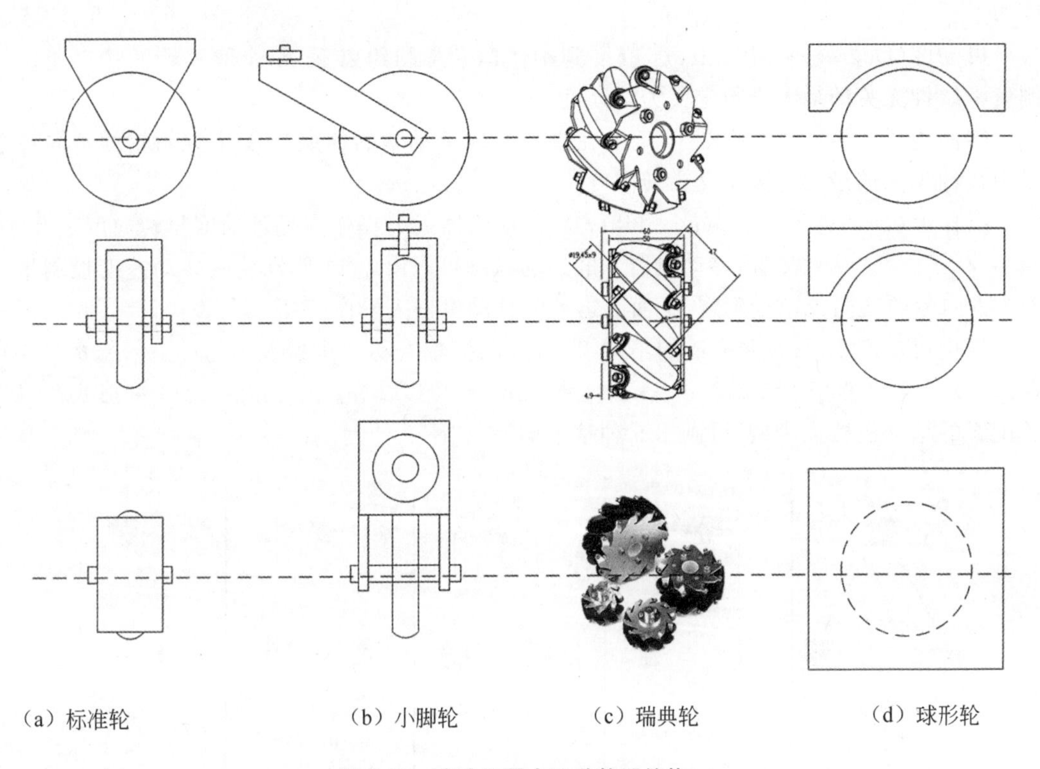

图 2-18　移动机器人四种轮子结构

是一种没有动力的小滚子，小滚子的母线很特殊，当轮子绕着固定的轮心轴转动时，各个小滚子的包络线为圆柱面，所以该轮能够连续向前滚动。对四个这种轮加以组合，可以使机构实现全方位移动功能。

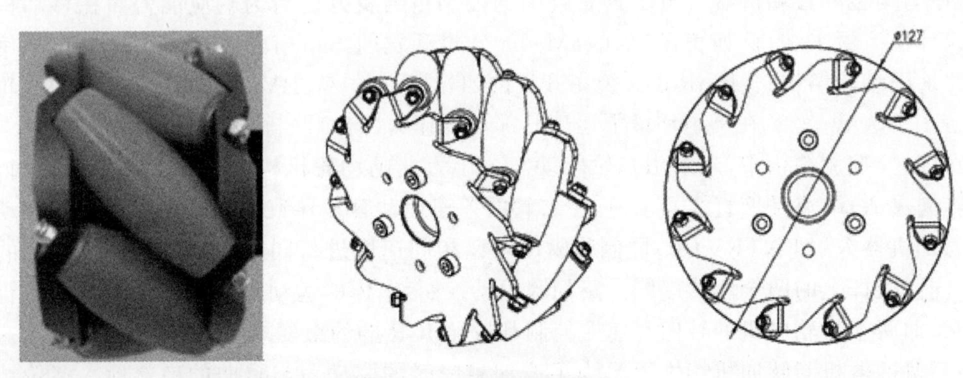

图 2-19　麦克纳姆轮结构

尽管形形色色的轮式移动机器人具有多种移动机构与形态，比利时研究者 Guy Campion 根据移动机器人的可动度与转向度的不同组合，把在平面上运动、满足刚体约束条件的移动机器人分为 5 种类型。假定移动机器人的 N 个车轮中具有 m 个可控制的转动速度变量与 s 个可控制的转向调节量，$m+s\leqslant N$，定义移动机器人的可动度、转向度以及操作

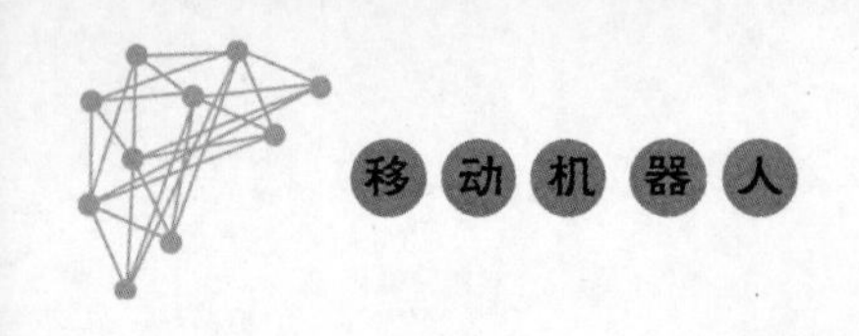

度如下[17]。

可动度(Degree of Mobility)：在受到刚体运动学的约束下，m 个驱动轮的转动速度控制量中线性无关的最大维数定义为可动度 δ_m。

转向度(Degree of Steerability)：在受到刚体运动学的约束下，s 个方向轮的转向控制量中线性无关的最大维数定义为转向度 δ_s。

操作度(Degree of Maneuverability)：移动机器人的操作度是可动度与转向度之和，即 $\delta_M = \delta_m + \delta_s$。这意味着，移动机器人的运动状态可以由 δ_m 个驱动轮的转动速度控制量与 δ_s 个方向轮的转向控制量确定，平面上运动的移动机器人操作度 $\delta_M \leqslant 3$。

根据可动度 δ_m 与转向度 δ_s 的不同组合，可以把轮式移动机器人分为($\delta_m = 3, \delta_s = 0$)，($\delta_m = 2, \delta_s = 0$)，($\delta_m = 2, \delta_s = 1$)，($\delta_m = 1, \delta_s = 1$)以及($\delta_m = 1, \delta_s = 2$)5 种形式。以三轮配置的移动机器人为例，可画出 5 种基本类型，如图 2-20 所示。

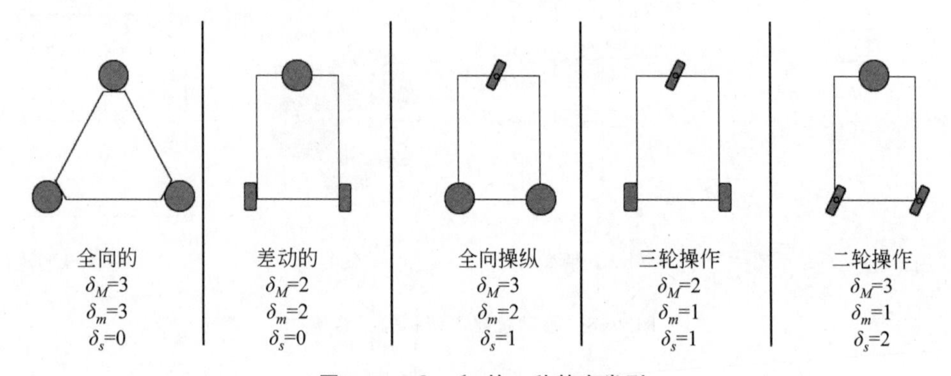

图 2-20　$\delta_M \leqslant 3$ 的 5 种基本类型

采用两可动度控制形式的机器人比较常见，即 $\delta_m = 2, \delta_s = 0$，简记为(2,0)类型。采用(2,0)控制类型的移动机器人由于具有较少的控制量与良好的行为响应能力而在移动机器人的设计中广泛采纳，例如美国 ActiveMedia 公司开发的 Saphira 与 AmigoBot[18]，采用二驱动轮加随动轮结构；美国 iRobot 公司开发的四轮驱动的 ATRV[19]；NASA 研制的六轮行星漫游车 Rocky-7[20]，在平坦环境下运动时都可以作为(2,0)控制结构，如图 2-21 所示。

在(2,0)控制结构中，多采用二轮驱动与一个万向随动轮机构。它的优点是构造简单，车体转向灵活；缺点是做直线运动时，左右轮的差速运动容易导致偏离航向。在四轮驱动结构的移动机器人(如 ATRV)中，同侧的驱动轮以相同速度进行同步控制。在 Rocky-7 的控制中，同侧摇杆上的两个车轮由同一路伺服驱动控制，车体的运动将由左右摇杆上的运行速度决定，而两个后轮电机的转向与速度控制都按照 ICR 的约束要求，与摇杆车轮的转动速度相关；后侧的电机与转向机构主要是为了增加越障时的驱动力与转向的稳定性。多轮结构能够分散移动机器人的重量，一般在直线运动和越障时，比三轮结构稳定；缺点是转向时受到较大的侧向阻力，为了减少转向的难度，同侧摇杆上驱动轮的间距应远小于左右侧轮的中心距 l。

2.3.3　末端执行器

类似于工业机器人的末端执行器，移动机器人为完成某些特殊任务需要设计和安装具

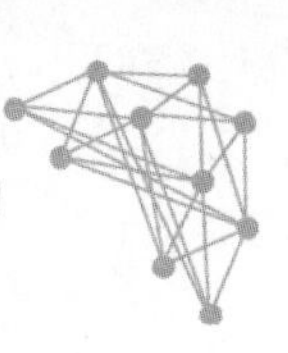

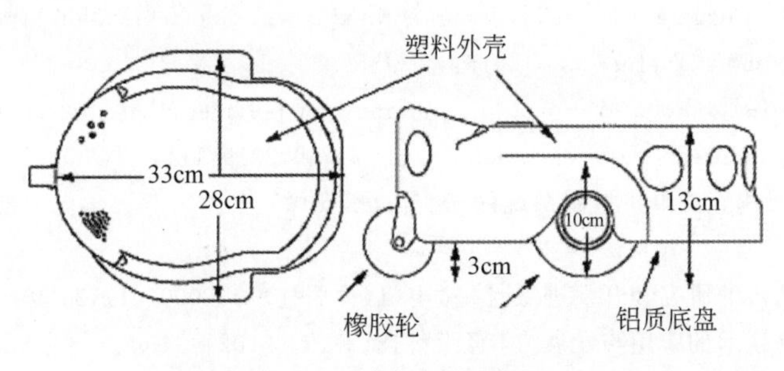

（a）AmigoBot

（b）ATRV　　（c）Rocky-7

图 2-21　几种典型的(2,0)控制结构

有一定功能的工具装置。如图 2-5 所示，RoboMaster S1 的末端执行器为两轴机械云台和发射器。

移动机器人的末端执行器一般指机器人的手部，与机器人的手腕关节相连，连接处可拆卸。作为一个独立的部件，末端执行器的通用性较差，一般某种移动机器人的手部都是专用的。它直接关系到移动机器人工作时的定位精度、夹持力度大小等，对机器人完成工作任务的好坏起着关键作用。末端执行器需要具有足够的加持力和驱动力，保证适当的夹持精度，同时还要考虑末端执行器自身的大小、形状、机构和运动自由度。

末端执行器的分类方式有很多，按照运动形式可分为回转型和平移型两种。回转型是指当末端执行器抓紧和松开物体时，执行器做的是回转运动，回转运动中末端执行器需要根据被抓物体的大小和形状调整位置。平移型可细分为平动型和平移型两种，其中前者的末端执行器由平行四杆机构传动，当执行器抓紧或者松开目标物体时，执行器的姿态不做改变，做平动；而后者当末端执行器抓紧和松开目标物体时，执行器保持夹持中心不变做平移运动。

参 考 文 献

［1］ https://www.raspberrypi.org/products/raspberry-pi-4-model-b/.

［2］ https://new.siemens.com/global/en/products/automation/pc-based/simatic-panel-pc.html.

［3］ https://www.dji.com/cn/robomaster-s1.

［4］ https://www.bostondynamics.com/sites/default/files/2019-09/bigdog.png.

[5] Wehner M, Truby R, Fitzgerald D, et al. An integrated design and fabrication strategy for entirely soft[J]. autonomous robots, Nature 536, 2016:451-455.

[6] Sun Y, Leaker B D, Lee J E. et al. Shape programming of polymeric based electrothermal actuator (ETA) via artificially induced stress relaxation[J]. Sci Rep 9,2019:11445.

[7] 杨天. 移动机器人用无刷直流电机控制系统的研究[D]. 安徽：安徽工业大学电气与信息工程学院，2017：7-9.

[8] 丁志刚.无刷直流电动机的研究和开发进展[J].微电机(伺服技术),2000(01):29-30.

[9] 王高理.伺服电机控制技术的应用与发展[J].轻工科技,2019,35(02):64-65.

[10] Kimura H, Hirose S, Nakaya K. Development of the Crown Motor[C]. Proceedings 2001 ICRA. IEEE International Conference on Robotics and Automation(Cat. No.01CH37164). Seoul, South Korea: IEEE, 2001(vol.3):2442-2447.

[11] Zhang R, Xiong G, Cheng C, et al. Control system design for two-wheel self- balanced robot based on the stepper motor[C]. Proceedings of 2013 IEEE International Conference on Service Operations and Logistics, and Informatics. Dongguan, China:IEEE,2013: 241-244.

[12] Gohiya C S, Sadistap S S, Akbar S A, et al. Design and development of digital PID controller for DC motor drive system using embedded platform for mobile robot[C]. B M Kalra. 2013 3rd IEEE International Advance Computing Conference (IACC). Ghaziabad, UP, India: IEEE Computer Society, 2013: 52-55.

[13] Bouscayrol A, Siala S, Pietrzak-David M, et al. Four-legged PWM inverters feeding two induction motors for a vehicle drive application[C]. 1994 Fifth International Conference on Power Electronics and Variable- Speed Drives. London, UK: Institution of Engineering and Technology, 1994:700-705.

[14] Zhou H. DC Servo Motor PID Control in Mobile Robots with Embedded DSP[C]. Stephanie Kawada. 2008 International Conference on Intelligent Computation Technology and Automation (ICICTA). Changsha, Hunan:IEEE Computer Society, 2008:332-336.

[15] R.西格沃特,I.R.诺巴克什,D.斯卡拉穆扎. 自主移动机器人导论[M]. 西安：西安交通大学出版社,2006.

[16] Bengt Erland Ilon.Wheels for a Course Stable Selfpropelling Vehicle Movable in any Desired Direction on the Ground or Some Other Base[P]. US:3876255(A), 1975-04-08.

[17] R.西格沃特,I.R.诺巴克什,D.斯卡拉穆扎. 自主移动机器人导论[M]. 西安：西安交通大学出版社,2006.

[18] https://www.generationrobots.com/media/AmigoGuide.pdf.

[19] https://www.openrobots.org/morse/doc/latest/user/robots/atrv.html.

[20] https://www.nasa.gov/topics/technology/features/Rocky-7.html.

习　题

1. 移动机器人硬件系统主要由哪几部分组成？机器人工作系统的大致过程是怎样的？
2. 目前移动机器人中常用的控制器有哪三类？它们各自的定义是什么？
3. 工控机的主要类别有几种？分别是什么？
4. 移动机器人的驱动系统主要有几种？它们的优缺点分别是什么？
5. 从机器人驱动的角度来说，选择电机时主要考虑哪些参数？

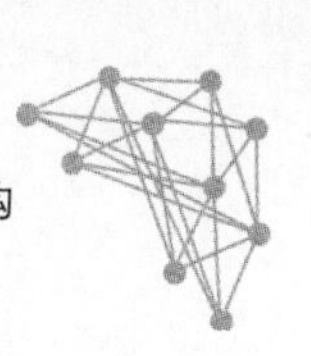

6. 移动机器人在平坦地面上移动，与地面的摩擦因素为 2.8，机器人的质量为 25kg，橡胶轮胎的直径为 40cm，当机器人在地面匀速运动时，转矩为多少？

7. 移动机器人常用的轮子有几种？自由度分别是多少？

8. 当按照运动形式分类时，移动机器人末端执行器可分为几种？分别是什么？

9. 直流电机的调速方法有哪些？它们各自的特点是什么？

10. 简述伺服电机的三种控制模式。

第3章　移动机器人传感器

要使移动机器人拥有智能，对环境变化做出反应，移动机器人须具有感知环境的能力。用传感器采集信息是移动机器人智能化的第一步。其次，如何采取适当的方法将多个传感器获取的环境信息加以综合处理，控制移动机器人进行自主导航和智能作业，则是提高移动机器人智能程度的重要体现。因此，传感器及其感知处理系统是构成移动机器人智能的重要部分，它为移动机器人自主导航和智能作业提供决策依据。移动机器人的感知系统通常由多种传感器组成，用于感知机器人自身状态和外部环境，通过此信息决策和控制机器人完成特定或多项任务。目前，使用较多的移动机器人传感器有姿态传感器、接近觉传感器、距离传感器、视觉传感器等。本章主要介绍移动机器人常用的传感器及其工作原理。

3.1　传感器及分类

研究机器人，首先从模仿人开始。通过考察人的劳动发现，人类是通过5种熟知的感官（视觉、听觉、嗅觉、味觉、触觉）接收外界信息的。这些信息通过神经传递给大脑，大脑对这些分散的信息进行加工、综合后发出行为指令，调动肌体（如手足等）执行某些动作。如果希望机器人代替人类劳动，则发现大脑可与当今的计算机相当，肌体与机器人的机构本体（执行机构）相当，五官可与机器人的各种外部传感器相当。也就是说，计算机是人类大脑或智力的外延，执行机构是人类四肢的外延，传感器是人类五官的外延。移动机器人要获得环境的信息，同人类一样需要通过感觉器官得到信息。人类具有五种感觉，即视觉、嗅觉、味觉、听觉和触觉，而移动机器人是通过传感器得到这些感觉信息的。

传感器处于连接外界环境与机器人的接口位置，是移动机器人获取信息的窗口。自主导航的移动机器人需要一些固定式机器人不需要的特殊传感器。从安全方面考虑，非常有必要为移动机器人配备多个传感装置，例如，使机器人避免碰撞或利用传感器反馈的信息进行导航、定位以及寻找目标等多种不同的传感器，即接触式触觉传感器、接近传感器、局部及整体位置传感器和水平传感器、视觉等多种传感器。

移动机器人需要的最重要，也是最困难的传感器之一是定位传感器。局部和整体位置信息往往都需要。这种信息的准确度对确定移动机器人控制策略也是很重要的，因为移动机器人作业的成功和准确与其定位的成功和准确直接有关。在室外环境，移动机器人可利用全球定位系统（Global Position System，GPS）或一些组合惯导进行定位。在室内，移动机器人可利用内部编码器、陀螺仪或惯性测量单元（Inertial Measurement Unit，IMU）等传感

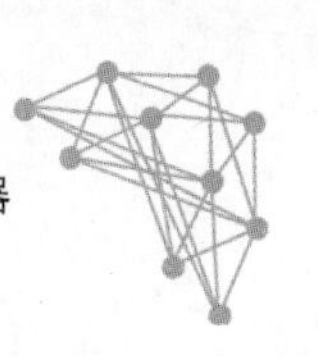

器通过航迹推算进行定位。这些传感器对短距离可提供准确信息，而由于轮子打滑以及其他因素，对长距离可能造成大的累积误差。所以，一些可修正位置的定位算法也是需要的。此外，移动机器人对外部环境感知的传感器也是十分重要的，只有正确的感知环境，进而建立环境的地图模型，才能使移动机器人在工作环境中更好地完成其任务。

移动机器人传感器一般可分为内部的和外部的。内部传感器用来确定移动机器人在其自身坐标系内的姿态位置，如用来测量位移、速度、加速度和应力的通用型传感器。外部传感器则用于移动机器人本身相对其周围环境的定位。外部传感器负责检测诸如距离、接近程度和接触程度之类的变量，便于移动机器人的引导及物体的识别和处理，从而以柔性方式与环境互相作用。尽管距离传感器和接近觉传感器在提高移动机器人性能方面具有重大的作用，但视觉被认为是移动机器人重要的感觉能力。视觉传感器使移动机器人能获取外部环境更丰富、更有用的信息，可为更高层次的移动机器人控制提供更好的适应能力，从而提高移动机器人的智能。使用传感器进行感知的技术，使移动机器人在应付环境时具有较高的智能是移动机器人领域中一项活跃的研究和开发课题[1]。

3.2　内部传感器

对移动机器人来说，内部传感器是用于测量移动机器人自身状态的功能元件，并将测得的信息作为反馈信息送至控制器，形成闭环控制。内部传感器主要检测移动机器人的行程及速度、倾斜角等。常用的移动机器人内部传感器包括编码器、陀螺仪以及惯性测量单元(IMU)等。

3.2.1　编码器

编码器(Encoder)是将信号或数据进行编制、转换为可用以通信、传输和存储的信号形式的设备。根据位置感知原理的差异，编码器可分为磁性编码器和光学编码器。磁性编码器在设计上使用霍尔效应感测器(Hall-sensor)技术，能够在条件恶劣的环境条件中输出可靠的数位信息回馈，具有稳固密封、广泛操作温度、高抗击性与抗震能力以及抗污染的优势。由于其采用非接触式的设计，可以确保编码器长久稳定地运行。光学编码器一般指光电编码器，使用光学辨识编码器位置，在解析度或精度上都优于磁性编码器。因此，在移动机器人编码器选择上，要根据所重视的效能判断是选择较高精度的光学编码器，还是选择能够在极端环境下稳定运行的磁性编码器[2]。

在移动机器人驱动轮上安装编码器，通过编码器的脉冲计数和移动机器人的运动模型从而计算移动机器人的行程，称为里程计(Odometry)。详细的里程计原理见4.2.2节。

1. 磁性编码器

磁性编码器的主要组成部分有磁阻传感器、磁鼓、信号处理电路，其结构如图3-1所示。磁性编码器的工作原理是通过磁鼓充磁，在跟随电动机旋转时产生周期分布的空间漏磁场，再由磁阻传感器探头利用磁电阻效应将这种磁场变化转换为电阻变化。在外加电势的作用下，这种变化转换为相应的电压信号，最后由信号处理电路将电压信号转换为计算机能够识别的数学信号，这样就实现了磁性编码器的编码功能。其中，磁鼓是决定磁性编码器性能的主要因素。磁鼓被等分为很多小磁极,小磁极的个数决定了磁性编码器的分辨率。同时,磁极分布越均匀,剩磁越强,磁性编码器性能越好。

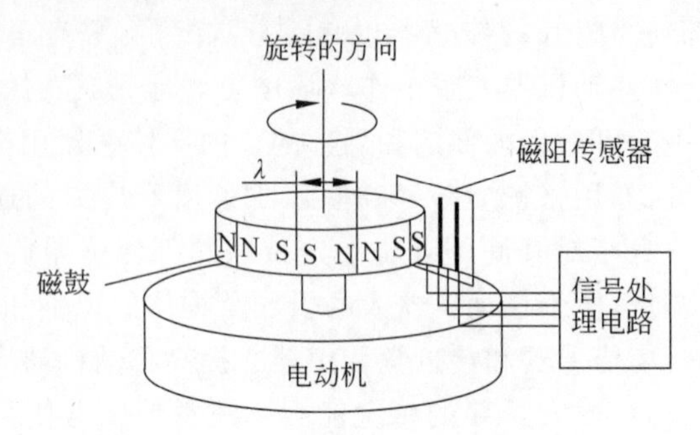

图 3-1　磁性编码器的结构

2. 光学编码器

光学编码器一般指光电编码器,是编码式位移传感器,应用光电转换原理将机械几何位移量转换成脉冲或者数字量。光电编码器主要由光栅盘和光电检测装置构成,分为增量式编码器、绝对式编码器、混合式绝对值编码器。

1) 增量式编码器

增量式编码器可以记录编码器在一个绝对坐标系上的位置。图 3-2 是光电增量式编码器的结构原理图。结构中最大的圆盘上刻有分布均匀的辐射状窄缝,窄缝分布的周期为节距。当圆盘随着被测轴转动时,检测窄缝不动,光线透过圆盘窄缝和检测窄缝照到光电转换器上。码盘转动时通过检测窄缝群的光线强度随着转角做周期性变化,故光电转换器输出的电流信号也随着转角做周期性变化。

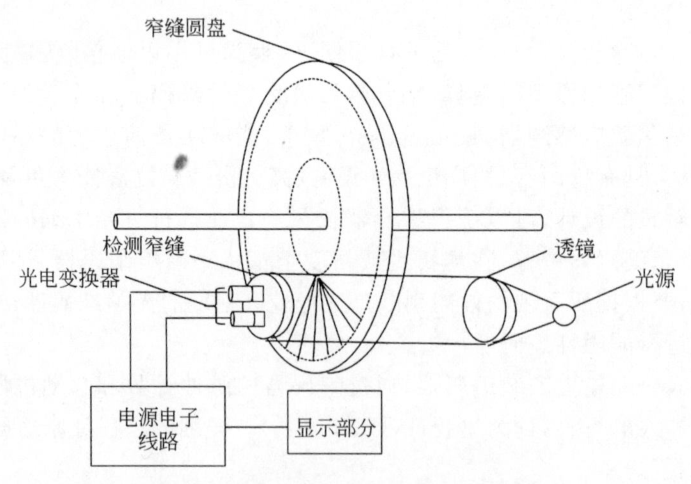

图 3-2　光电增量式编码器的结构原理图

增量式编码器使用额外的电子设备(如 PLC、计数器或变频器)进行脉冲计数,将位移转换成周期性电信号,再将电信号转变成计数脉冲,并将脉冲数据转换为速度或运动数据。增量式编码器中最常用的是可以感应方向的正交编码器。正交编码器一般有 A、B、Z 三个通

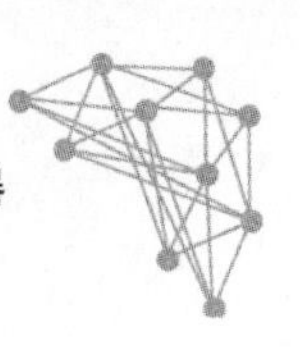

道，可分别输出三组方波脉冲，如图 3-3 所示。A 和 B 两组脉冲的相位差为 90°，可判别出旋转方向和旋转速度。当正交编码器沿顺时针方向旋转时，其信号将显示通道 A 领先通道 B，当正交编码器逆时针旋转时，将发生相反的情况。对 Z 通道来说，每转一圈就会输出一个脉冲，用于基点定位。

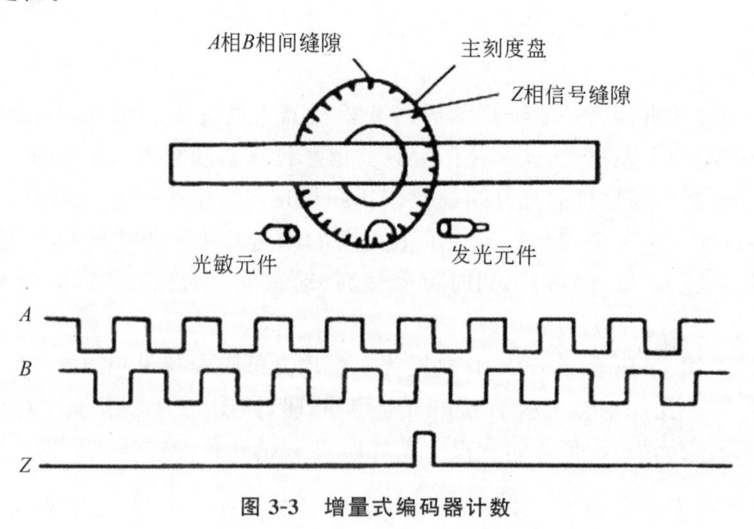

图 3-3　增量式编码器计数

增量式编码器的精度取决于机械和电气因素，如光栅分度误差、光盘偏心、轴承偏心等。增量式编码器的结构简单，机械平均使用寿命长，具有很强的抗干扰能力且非常可靠，但其缺点是不能输出轴转动的绝对位置信息。

2）绝对式编码器

不同于增量式编码器，绝对式编码器（见图 3-4）可以输出编码器从预定义的起始位置发生的增量变化，它的每个位置对应一个特定的数字，能直接输出数字量，且输出的数值只与测量的起始和终止位置有关，而与中间过程无关。绝对编码器能够直接进行数字量大的输出，在码盘上会有若干码道，码道数就是二进制位数。每条码道由透光与不透光的扇形区域组成，通过采用光电传感器对信号进行采集。在码盘两侧分别设置有光源元件和光敏元件，这样，光敏元件则能够根据是否接收到光信号进行电平的转换，输出二进制数。由于在不同位置输出不同的数字码，从而可以检测绝对位置。但是，分辨率是由二进制的位数决定的，也就是说，精度取决于位数。

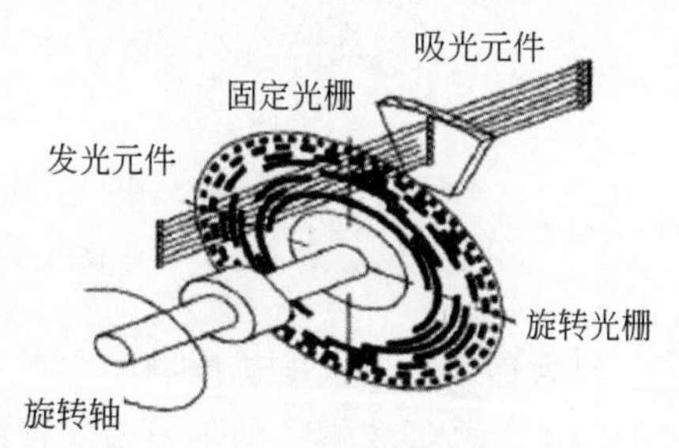

图 3-4　绝对式编码器

绝对式编码器的优点是可以直接读出角度坐标的绝对值，且没有累积误差，即使是电源切除后，位置信息也不会丢失。所以，它的抗干扰特性、数据的可靠性大大提高了。

3）混合式绝对值编码器

混合式绝对值编码器输出两组信息：一组信息用于检测磁极位置，带有绝对信息功能；另一组信息完全同增量式编码器的输出信息。这种混合式编码器从码盘输出到信号处理装

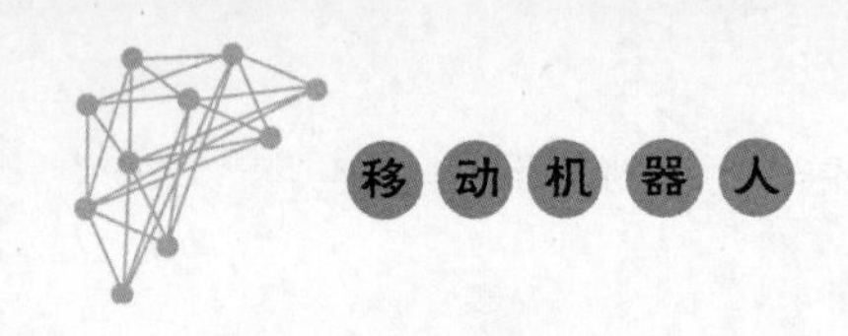

置都是模拟信号，抗干扰能力优于纯增量式编码器码盘的脉冲信号。而且，它一接通电源，就可以知道绝对位置。采用增量码盘结构，可对输出信号进行倍频处理，测量精度高，而且体积也小于同精度的绝对式光电编码器。可以说，混合式绝对值编码器兼备了两种编码器的优点。

3.2.2 陀螺仪

早期的轮式移动机器人一般采用编码器获得机器人的航向与里程信息。但是，依靠编码器进行航迹推测的误差很大，尤其是用编码器信息计算移动机器人的航向。近年来，随着光纤技术的发展，新型惯性仪表光纤陀螺仪(Fiber Optic Gyro scope，FOG)已经广泛应用于移动机器人导航控制系统中移动机器人的航向角的测量。相比于传统机电陀螺，光纤陀螺仪体积小、质量轻、功耗低、寿命长，同时可靠性高、动态范围大、启动快速，这使得它得到大力研究和发展。

自 1976 年美国 Utah 大学 V.Vali 教授首次提出光纤陀螺仪设想以来，光纤陀螺仪已经发展了 30 多年[3]。光纤陀螺仪基于 Sagnac 干涉原理，如图 3-5(a)所示。对于在半径为 R 的圆环光路中，二束光摄入，但方向相反。若环路以 ω 的角速度旋转，正、逆二束光沿闭合光路走一圈后会合时的光程差为 $\Delta S=\dfrac{4\pi R^2}{c}\omega$，其中 c 为光速。可见，二束光的光程差与陀螺仪相对惯性坐标系的角速度 ω 成正比，只要测出光程差，即可测得 ω。根据 Sagnac 干涉原理，设计了光纤陀螺仪，其结构如图 3-5(b)所示。

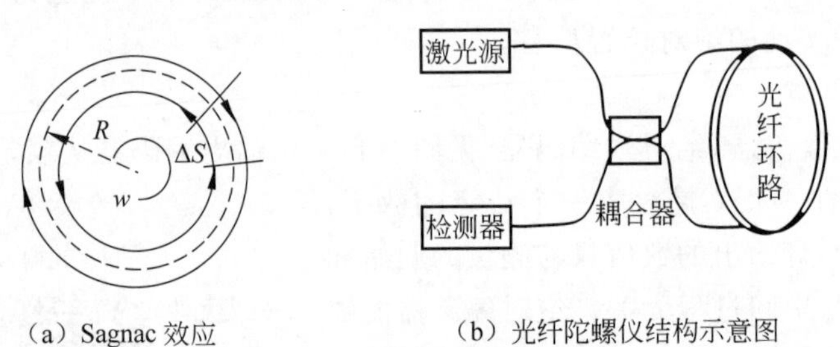

(a) Sagnac 效应　　(b) 光纤陀螺仪结构示意图

图 3-5　光纤陀螺仪的工作原理

作为移动机器人航迹推测的主要器件之一，光纤陀螺仪性能的好坏直接影响到移动定位的精度。光纤陀螺仪的主要性能指标有零偏、标度因素、零漂和随机游走系数。其中零偏是输入角速度为零(即陀螺静止)时陀螺仪的输出量，用规定时间内的输出量平均值对应的等效输入角速度表示，理想情况下为自转角速度的分量。标度因素是陀螺仪输出量与输入角速率的比值，在坐标轴上可以用某一特定的直线斜率表示，它是反映陀螺仪灵敏度的指标，其稳定性和精确性是陀螺仪的一项重要指标，综合反映了光纤陀螺仪的测试和拟合精度。零漂又称零偏稳定性，它的大小值标志着观测值围绕零偏的离散程度，随机游走系数是由白噪声产生的随时间累计的输出误差系数，它反映了光学陀螺输出随机噪声的强度[4]。

光纤陀螺仪误差的产生原因比较复杂，按误差性质主要可分为随机误差和常值漂移(即零漂)；按产生原因则可以分为外部原因和内部自身因素，外部原因主要指温度、磁场等因素的影响，而内部因素主要指自身器件的参数漂移和工作特性；此外，还可按性能参数分为零

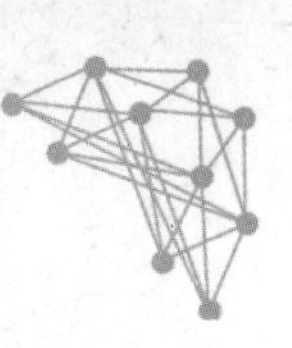

偏和零漂、标度因数、角度随机游走系数等。各误差间的相互关联和影响使得光纤陀螺仪误差产生的原因错综复杂。目前，国内外研制的光纤陀螺仪的漂移量减少程度和标度因数稳定性能都以数量级的形式提高，但是其漂移误差的存在还是无法避免，特别是受环境温度影响而产生的误差项。通常，可采用一些处理技术对误差进行补偿，从而减小误差的影响[5]。

光纤陀螺仪的误差补偿技术有 5 种。

1. 抑制光纤中的散射噪声

当光纤内部介质不均匀时，光纤中会产生后向瑞利散射，这是光纤陀螺仪的主要噪声源。散射光和主要光束相干叠加时会对主光束产生相位影响，因此要抑制这些噪声。抑制噪声的主要方法有采用超发光二极管等低相干光源、采用光隔离器、使用宽带激光器和相位调制器等作为光源以及对后向散射光提供频差并对光源进行脉冲调剂等。

2. 减小温度引起的系统漂移

环境温度的变化会使得光纤陀螺仪纤芯的折射率和媒质的热膨胀系数以及光纤环的面积发生改变，从而使得光在介质中的传输受到影响，进而影响到检测转动角速度的标度因数的稳定性。此外，热辐射造成光纤环局部温度发生梯度变化，引起左右旋光路光程不等，从而引起非互易相移。它会和 Sagnac 效应产生的非互易相移发生叠加，从而影响光纤陀螺仪的精度。可采用对光纤线圈进行恒温处理，例如使用铝箔屏蔽隔离、采用温度系数小的光纤和被覆材料、采用四极对称方法绕制光纤环等。

3. 减小光路功能元件的噪声

光路功能元件有偏振器、耦合器(分束器、合数器)、相位调制器和光电检测器等。偏振会对光纤陀螺仪的偏置稳定性造成很大影响，例如光纤项圈的偏振干扰或者其他期间的偏振波动效应等。另外，器件性能不佳也会导致引入后与光纤的对接所带来光轴不对准，接点缺陷等引起的附加损耗和缺陷，产生破坏互异性的新因素。可采用保偏光纤提高偏振器消光比以及采用偏振面补偿装置及退偏振镜等方法减少噪声，同时，通过提高器件和光路组装工艺水平来提高器件和光路的性能也是减少噪声的重要前提。

4. 抑制光电检测器及电路的噪声

影响光纤陀螺仪性能的噪声源主要有探测器灵敏度、调制频率噪声、前置放大器噪声和散粒噪声(与光探测过程相关联的基本噪声)等。目前主要的解决方法有两种：一是通过优选调制频率减少噪声分量，用电子学方法减少放大器噪声；二是尽量选择大的光源功率和低损耗的光纤通路，加大光信号，提高抑制比，相对减少散粒噪声的影响。

5. 改进半导体激光光源的噪声特性

干涉的效果会受光源的波长变化、频谱变化及光功率波动的直接影响。返回到光源的光将直接干扰它的发射状态，造成二次激发，与信号光产生二次干涉，从而引起发光强度和波长的波动。对于光源波长变化的影响，一般可通过数据处理方法解决。若波长是由温度引起，则直接测量温度，进行温度补偿。对于返回光的影响，则可采用光隔离器、信号衰减器或选用超辐射发光二极管等低相干光源解决。

3.2.3　惯性测量单元

惯性测量单元(Inertial Measurement Unit，IMU)是一种电子装置，它使用一个或多个加速度计、陀螺仪的组合测量物体的加速度和角速度。加速度计检测物体在载体坐标系统独立三轴的加速度信号,陀螺仪检测载体相对于导航坐标系的角速度信号,从而测量物体在三维空间中的角速度和加速度,并以此解算出物体的姿态[6]。有些还包括一个通常用作航向基准的磁力计。典型的IMU配置包括三轴加速度计和三轴陀螺仪,有些还包括三轴磁力计,以此可用检测到物体的pitch(俯仰角)、roll(横滚角)和yaw(航向角),如图3-6所示。

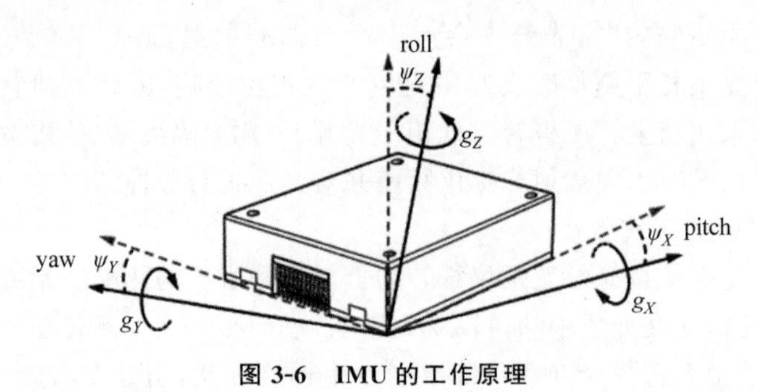

图3-6　IMU的工作原理

通常,采用原始的IMU测量计算姿态、角速度、线速度和相对于全局参考系位置的系统称为惯性导航系统(Inertial Navigation System,INS),简称惯导。在惯性导航系统中,IMU汇报的数据被输入处理器,处理器通过算法计算出姿态、速度和位置。

惯性导航有以下优势:

(1) 不依赖于任何外部信息,也不向外部辐射能量,是一种完全自主式系统。其隐蔽性好,不受外界电磁干扰的影响。

(2) 可全天候工作于空中、地球表面乃至水下。

(3) 能提供位置、速度、航向和姿态角数据,产生的导航信息连续性好,而且噪声低。

(4) 数据更新率高、短期精度和稳定性好。

同时,IMU也存在缺陷。使用IMU导航的一个主要缺点是会出现积分错误。由于惯导系统在计算速度和位置时不断地对加速度进行积分,因此任何测量误差,无论多么小,都会随着时间而累积,从而导致"漂移",即系统认为它所处的位置与实际位置之间的差距越来越大。由于积分,加速度的常数误差导致速度的线性误差和位置的二次误差增长,姿态速率的恒定误差导致速度的二次误差和位置的三次误差增长,惯性导航固有的漂移率会导致物体运动的差错。此外,由于惯导系统的性价比主要取决于惯性传感器——陀螺仪和加速度计的精度和成本,而高精度的陀螺仪由于制造困难导致成本高昂,这使得早期的惯导系统造价高。

近年来,微电子技术用来制造微传感器和微执行器等各种微机械装置,微机电系统异军突起。微型机电系统(Micro-Electro-Mechanical System,MEMS)是指集机械元素、微型传感器以及信号处理和控制电路、接口电路、通信和电源为一体的完整微型机电系统。MEMS传感器的主要优点是体积小、重量轻、功耗低、可靠性高、灵敏度高、易于集成等,用MEMS工艺制造传感器、执行器或者微结构,具有微型化、集成化、智能化、成本低、效能高、可大批量生产等特点,产能高,良品率高。MEMS技术制造的惯性传感器成本低廉,它的出现使得

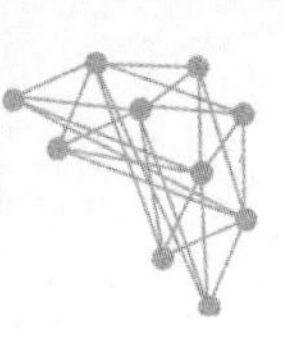

惯导系统由贵族产品走向货架产品。图 3-7 是亚德诺半导体公司 Analog Devices Inc.(简称 ADI)推出的一款经典 MEMS 惯性传感器 ADXL001[7]。

MEMS 惯性传感器一般包括加速度计(或加速度传感计)和角速度传感器(陀螺)以及它们的单、双、三轴组合 IMU,AHRS(包括磁传感器的姿态参考系统)。MEMS 惯性传感器可与 GPS 构成低成本的 INS/GPS 组合导航系统,是一类非常适合构建微型捷联惯性导航系统的惯性传感器。

图 3-7　MEMS 惯性传感器

MEMS 惯性传感器的误差有两种:零偏误差和随机噪声信号带来的误差。

1. 零偏误差

零偏误差是当传感器测量的载体处于水平静止状态时,测量值相对于零值的偏移。零偏误差不断积累会导致计算结果产生积分误差。零偏误差计算时由加速度传感器测量值的平均值减去理想值得到,在系统应用时,把传感器三轴分别减去误差值,即可消除零偏差误差。

2. 随机噪声信号带来的误差

随机噪声主要来源于 MEMS 传感器上的控制转换电路的电路噪声、机械噪声和传感器工作时的环境噪声。随机噪声信号带来的误差会严重影响传感器的测量精度。使用扩展卡尔曼滤波可以获得最优状态估计,降低噪声的影响,从而提高传感器的测量精度。

近年来,基于 MEMS 技术的惯性测量单元的发展,使其得到了广泛的应用,如在生物力学领域,使用 IMU 的可穿戴的、安全的、不笨重的设备与人体应用程序兼容,IMU 在监测日常人类活动,如步态或运动表现和神经肌肉疾病患者康复过程的结果方面显示出良好的准确性。除此之外,IMU 通常用于操纵飞机的姿态和航向参考系统。最近几年的发展允许生产支持 IMU 的 GPS 设备。当物体在隧道内,建筑物或存在电子干扰时,GPS 信号不可用,IMU 允许 GPS 接收器工作。而 MEMS 在移动机器人导航中也得到了非常广的应用。在许多情况下,移动机器人必须自主工作,利用导航系统监测并控制机器人的移动,管理位置和运动精度是实现移动机器人有用、可靠自主工作的关键。

3.3　外部传感器

外部传感器是移动机器人与周围交互工作的信息通道,主要有定位、视觉、接近觉、距离测量等传感器,用以获得有关移动机器人自身、作业对象及外界环境等方面的信息。利用外部传感器使得移动机器人能够对环境具有自适应和自校正能力。目前,在移动机器人中,常用的外部传感器包括 GPS、声呐、激光雷达、毫米波雷达、红外测距传感器以及视觉传感器等。

3.3.1　GPS

全球导航卫星系统(Global Navigation Satellite System,GNSS)是能在地球表面或近地

空间的任何地点利用一组卫星的伪距、星历、卫星发射时间等观测量和用户钟差，为用户提供全天候的三维坐标和速度以及时间信息的空基无线电导航定位系统。目前全球已建成的GNSS有美国的GPS、俄罗斯的GLONASS、欧盟的GALILEO和中国的北斗卫星导航系统。以下对目前最常用的GPS作详细介绍。

全球定位系统(Global Position System,GPS)又称全球卫星定位系统，是美国国防部研制和维护的中距离圆形轨道卫星导航系统。该系统由美国政府于1970年开始进行研制，并于1994年全面建成。使用者只需拥有GPS接收机即可使用该服务，无须另外付费。它可以为地球表面绝大部分地区(98%)提供准确的定位、测速和高精度的标准时间。GPS可满足位于全球地面任何一处或近地空间的军事用户连续且精确地确定三维位置、三维运动和时间的需求[8]。

GPS信号分为民用的标准定位服务(Standard Positioning Service,SPS)和军用的精确定位服务(Precise Positioning Service,PPS)两类，定位精度为10m。

GPS由空间星座部分、地面监控部分和用户设备部分组成。用户设备主要为GPS接收机，主要作用是接收GPS卫星的信号并计算用户的三维位置和时间。GPS卫星星座由24颗卫星组成，其中21颗为工作卫星，3颗为备用卫星。24颗卫星均匀分布在6个轨道平面上，也就是每个轨道面上有4颗卫星，可保证在全球任何地点、任何时刻至少可以观测到4颗卫星[9]。GPS定位原理如图3-8所示。

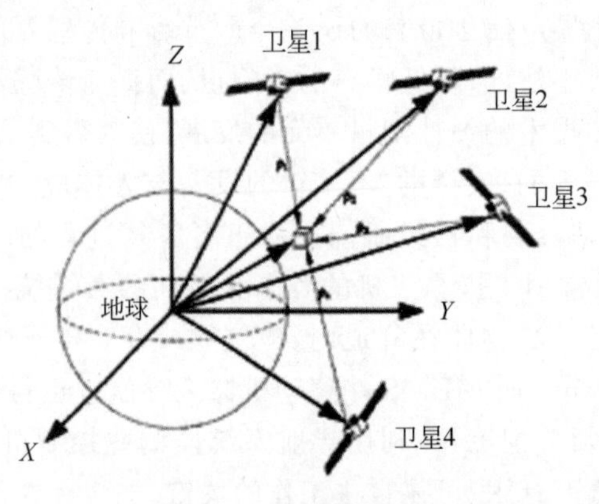

图3-8 GPS定位原理

GPS通过观测信号传播时间计算用户与卫星之间的距离，然后再反推出目标位置在WGS-84坐标系(一种国际上采用的地心坐标系)下的三维坐标数据。由于测得的距离包含误差，接收机至少接收四颗定位卫星的定位信号，才能计算出当前目标的位置坐标。设定位卫星在WGS-84坐标系下的坐标为$(X_i,Y_i,Z_i)(i=1,2,3,4)$，接收机在WGS-84坐标系下的坐标值为(x,y,z)，通过式(3-1)可计算出GPS接收机所处的位置信息ρ_i。

$$\rho_i=\sqrt{(X_i-x)^2+(Y_i-y)^2+(Z_i-z)^2}+c*\Delta t \quad (i=1,2,3,4) \tag{3-1}$$

其中，c是光速，Δt是GPS卫星接收机的时钟钟差。

GPS测速是通过求解原始多普勒频移观测值实现的，得到接收机时钟钟差的变化率，从而可以求解出速度$\dot{\rho}_i$。

$$\dot{\rho}_i=\frac{(X_i-x)(\dot{X}_i-\dot{x})+(Y_i-y)(\dot{Y}_i-\dot{y})+(Z_i-z)(\dot{Z}_i-\dot{z})}{\sqrt{(X_i-x)^2+(Y_i-y)^2+(Z_i-z)^2}}$$
$$+c*\dot{\Delta}t\quad(i=1,2,3,4)\tag{3-2}$$

其中，$(\dot{X}_i,\dot{Y}_i,\dot{Z}_i)$ 是卫星的速度分量，$\dot{\Delta}t$ 是 GPS 卫星接收机的时钟变化率，$(\dot{x},\dot{y},\dot{z})$ 是导航卫星的速度，$\dot{\rho}_i$ 由多普勒频移得到[10]。

GPS 以其全天候、不易受天气影响、全球覆盖率高、高精度三维定点定速定时、快速省时等优点在室外移动机器人导航中得到了广泛的应用。移动机器人通过搭载 GPS 接收机获取位置信息，通常与惯性量测模块构成的惯性导航系统（Inertial Navigation System，INS）一起组合推算出机器人当前时刻的运动状态，包括位置、速度、加速度等，称为 GPS/INS 组合导航系统。

GPS 导航定位过程中的误差有三类：卫星误差、信号传播误差以及接收机误差，这三类误差对 GPS 定位的影响各不相同。

1）卫星误差

卫星误差主要包括时钟误差和星历误差。时钟误差来源于卫星时钟和世界标准时间的差值，可以修正。星历误差主要来源于导航卫星输出的位置与卫星实际位置间的偏差。

2）信号传播误差

信号传播误差主要与大气环境相关，信号从太空传回地表的过程中要穿过地球大气层中的电离层和对流层，这两层由于气体分子电离产生大量自由电子，会改变信号传播的路径速度。

3）接收机误差

接收机的误差源于接收机的位置和由天线引起的观测值误差，这种误差影响较小。GPS 导航中的定位误差可用差分技术减小，如双频差分法，建立误差修正模型。

为了提高 GPS 的定位精度，如图 3-9 所示，利用一个位置已知的 GPS 基站（Base Station）的附加数据降低由 GPS 导出位置误差，这就是目前常用的差分 GPS 技术。差分 GPS（Differential GPS，DGPS）是利用已知精确经纬度位置信息的差分 GPS 基站，求得伪距修正量或位置修正量，再将这个修正量实时或事后发送给用户（GPS 导航仪），对用户的测量数据进行修正，以提高 GPS 定位精度（定位精度可从 10m 级别提升至米级）。

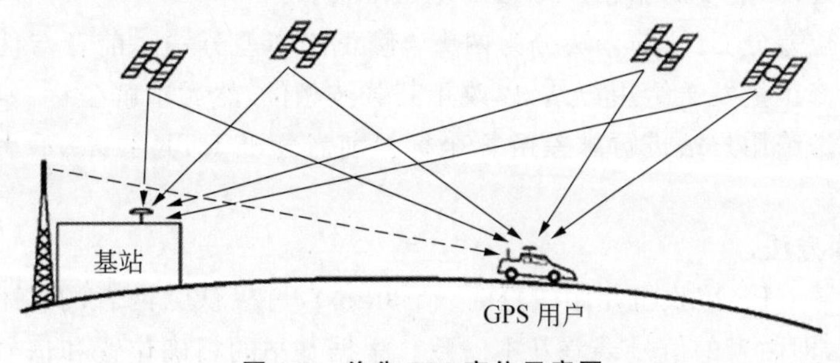

图 3-9　差分 GPS 定位示意图

根据差分 GPS 基准站发送的信息方式，可将差分 GPS 定位分为三类，即位置差分、伪距差分和载波相位差分。这三类差分方式的工作原理是相同的，即都是由基准站发送改正数，由用户站接收并对其测量结果进行改正，以获得精确的定位结果。不同的是，发送改正数的具体内容不一样，其差分定位精度也不同。

1）位置差分原理

这是一种最简单的差分方法，任何一种 GPS 接收机均可改装和组成这种差分系统。

安装在基准站上的 GPS 接收机观测 4 颗卫星后便可进行三维定位，解算出基准站的坐标。由于存在轨道误差、时钟误差、SA 影响、大气影响、多径效应以及其他误差，解算出的坐标与基准站的已知坐标是不一样的，存在误差。基准站利用数据链将此改正数发送出去，由用户站接收，并且对其解算的用户站坐标进行改正。

最后得到的改正后的用户坐标已消去了基准站和用户站的共同误差，例如卫星轨道误差、SA 影响、大气影响等，提高了定位精度。以上先决条件是基准站和用户站观测同一组卫星的情况。位置差分法适用于用户与基准站间距离在 100km 内的情况。

2）伪距差分原理

伪距差分是用途最广的一种技术。几乎所有的商用差分 GPS 接收机均采用这种技术。国际海事无线电委员会推荐的 RTCM SC-104 也采用了这种技术。

伪距差分方法首先计算基准站上的接收机与可见卫星的距离，将此距离与含有误差的测量值加以比较，并利用一个 α-β 滤波器将此差值滤波获得测距误差。然后，将所有卫星的测距误差传输给用户，用户利用此测距误差改正测量的伪距。最后，用户利用改正后的伪距解出本身的位置，就可消去公共误差，提高定位精度。

与位置差分相似，伪距差分能将两站公共误差抵消，但随着用户到基准站距离的增加，又出现了系统误差，这种误差用任何差分法都不能消除。用户和基准站之间的距离对精度有决定性影响。

3）载波相位差分原理

载波相位差分技术又称为 RTK(Real Time Kinematic)技术，是建立在实时处理两个测站的载波相位基础上的。它能实时提供观测点的三维坐标，并达到厘米级的高精度。

与伪距差分原理相同，由基准站通过数据链实时将其载波观测量及站坐标信息一同传送给用户站。用户站接收 GPS 卫星的载波相位与来自基准站的载波相位，并组成相位差分观测值进行实时处理，能实时给出厘米级的定位结果。

实现载波相位差分 GPS 的方法分为两类：修正法和差分法。前者与伪距差分相同，基准站将载波相位修正量发送给用户站，以改正其载波相位，然后求解坐标。后者将基准站采集的载波相位发送给用户站进行求差解算坐标。前者为准 RTK 技术，后者为真正的 RTK 技术。

4）误差消除方法

当基站与车载 GPS 接收机相距较近时（＜30km），可以认为两者的 GPS 信号通过的是同一片大气区域，即两者的信号误差基本一致。根据基站的精确位置和信号传播的时间，反推此时天气原因导致的信号传播误差，之后利用该误差修正车载的 GPS 信号，即可降低云层、天气等对信号传输的影响。

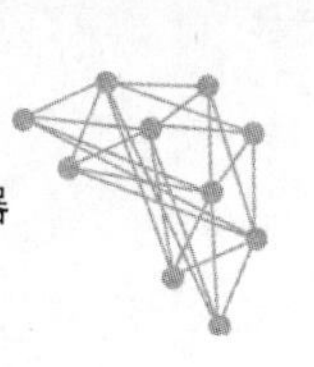

3.3.2 声呐

在移动机器人的应用研究中，声呐(Sonar)传感器由于其价格便宜、操作简单、任何光照条件下都可以使用等特点得到了广泛的使用，已经成为移动机器人上的标准配置。声呐是一种距离传感器，可以获得某个方向上障碍物与机器人间的距离。

声呐的中文全称为声音导航与测距(Sound Navigation And Ranging)，是一种利用声波在空气和水下的传播特性，通过电声转换和信息处理，完成目标探测和通信任务的电子设备[11]。由于其一般采用超声波，因此也称为超声测距传感器。声呐传感器在担任发送信息与接收信息的工作中，探测到的障碍物与移动机器人之间的距离是通过 TOF(Time of Flight)方法获得的，其工作原理是：由换能器将电信号转换为声信号发射一列声波(一般为超声波)，声波遇到障碍物反射后被换能器接收，换能器将其变成电信号并可显示在显示屏上，如图 3-10 所示。

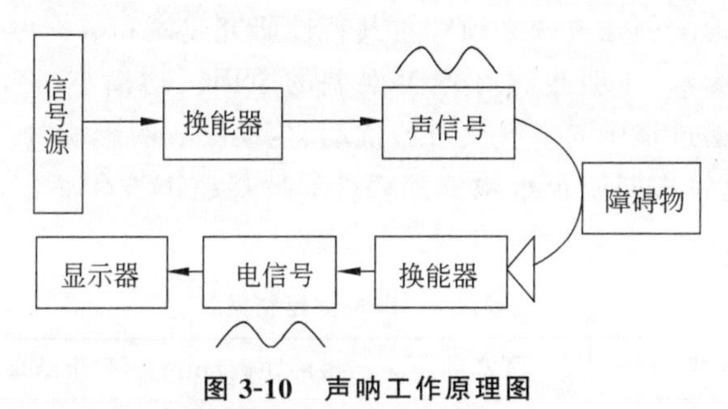

图 3-10　声呐工作原理图

根据声呐的发射与接收之间的时间片 TOF 以及声波在空气中的速度 v 计算机器人与所探测障碍物的相对位移 d。

$$d=\frac{v\times \mathrm{TOF}}{2} \tag{3-3}$$

在比较理想的条件下，声呐的测量精度根据以上测量原理是令人满意的。然而，由于基本工作原理导致在真实环境中测距结果存在很大的不确定性。声呐的不确定性表现在以下方面：声呐弧的宽度、声波镜面反射、散射与串绕等。所以，声呐的精度受以下 4 个因素影响。

(1) 环境影响。声呐测量距离数据的误差除了传感器本身测量精度问题，还存在外界条件变化的影响。例如，声波在空气中的传播速度受温度影响很大，同时和湿度也有一定关系，有文章指出 16.7℃ 的气温变化，在 10m 距离上声呐会产生 0.3m 的读数误差。

(2) 方向误差。由于声呐存在散射角，声呐发射的声波如图 3-11 所示。声呐可以感知障碍物在扇形区域内，但不能确定障碍物的确切位置。

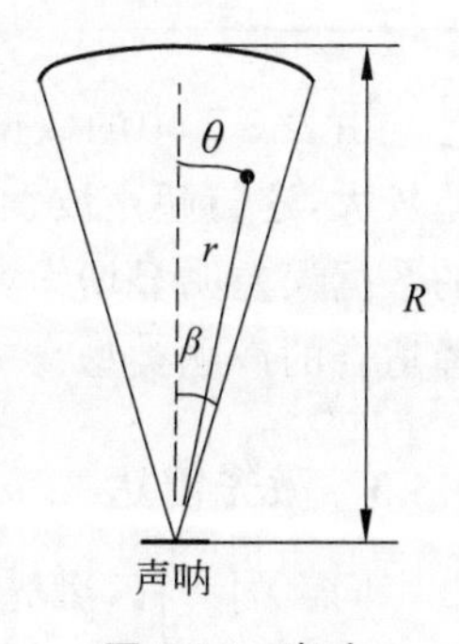

图 3-11　声呐

(3) 不恰当的采集频率。移动机器人上通常装有多个声呐来覆盖更大的感知范围。多个声呐有时可能会发生串扰，即一个传感器发出的探测波束被另外一个传感器当作自己的探测波束接收到。这种情况常常发生在较为拥挤的环境中,对此只能通过在几个不同的位置多次反复测量验证,同时合理地安排各个声呐工作的顺序。

(4) 镜面反射。在拐角或者某些复杂环境下容易发生,声波在物体表面的反射不理想是声呐在实际环境中遇到的最大问题,在拐角或者某些复杂环境下容易发生。当声波碰到反射物体时,任何测量到的反射都只保留一部分的原始信号,剩下的一部分能量根据物体的表面材质和入射角的不同或被吸收或被散射或穿过物体,有时声呐甚至没有收到反射信号。这可能是声呐信号在嘈杂的环境中多次反射损耗致使最后返回时已经低于接收器响应阈值,也可能是入射角太大导致所有信号都被反射到其他方向而无法被接收器接收。

误差的损失也存在于声呐的探测角度损失,如果角度的取舍有较大的变化,那么反射与串绕的现象出现得会更加严重,所以,基于声呐的地图创建必须针对其声呐模型的特性进行建模。声呐传感器的缺点是信息量相对较少,空间分布分散,其感知信息存在较大的不确定性,因此,基于声呐的地图创建方法必须针对其特性研究建模和数据融合算法。

声呐除了外在的影响,本身也存在产生误差的原因。功率小、声呐波衰减均会导致误差。由于超声波在传播过程中受空气热对流扰动、尘埃吸收的影响,回波幅值随传播距离呈指数规律衰减,使得远距离回波很难检测。表 3-1 是某超声波传感器测量障碍物的实际测量结果。

表 3-1　声呐测距结果

实际距离/mm	测量结果/mm	误差/%	实际距离/mm	测量结果/mm	误差/%
200	190	5	1300	1260	3.08
300	310	3.33	1500	1470	2
400	390	2.5	2000	1950	2.5
500	510	2	2200	2210	0.45
600	600	0	2400	2350	2.08
700	690	1.43	2600	2510	3.46
900	880	2.22	2800	2700	3.57
1000	1000	0	3000	3120	4

由表 3-1 中的数据可见,在 200～1500mm 范围内误差相对较小;小于 200mm 范围内误差较大,这与超声波发射器、接收器的摆放位置有关,存在一定范围的盲区。3000mm 以后的数据误差明显增大,这是由于发射功率不够大,接收到的信号很微弱。因此,根据需要选择适合的声呐类型。

3.3.3　激光雷达

同声呐一样,激光雷达也是一种基于 TOF 原理的外部测距传感器。由于使用的是激光而不是声波,相对于声呐,它得到了很大改进,具有高精度、高解析度。激光雷达传感器由发射器和接收器组成,发射器和接收器连接在一个可以旋转的机械结构上,某时刻发射器将激

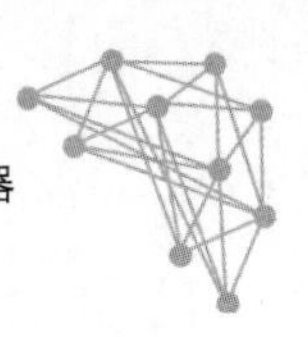

光发射出去，之后接收器接收返回的激光并计算激光与物体碰撞点到雷达原点的距离。

激光雷达的基本测距原理是测量发射光束与从被测物体表面反射光束的时间差 Δt，通过时间差和光速计算被测物体到激光雷达的距离 d。

$$d = \frac{c \times \Delta t}{2} \tag{3-4}$$

其中，c 为光速。

测量时间差有三种不同的技术。

(1) 脉冲检测法。直接测量反射脉冲与发射脉冲之间的时间差(TOF)。早期雷达均用显示器作为终端，在显示器画面上根据扫掠量程和回波位置直接测读延迟时间，现代雷达常采用电子设备自动测读回波到达的延迟时间。

(2) 相干检测法。通过测量调频连续波(Frequency-Modulated Continuous-Wave, FMCW)的发射光束和反射光束间的差频而测量时间差。

(3) 相移检测法。通过测量调幅连续波(Amplitude-Modulated Continuous-Wave, AMCW)的发射光束和反射光束间的相位差而测量时间差。由于相位差的 2π 周期性，因此这一方法测得的只是相对距离，而非绝对距离，这是 AMCW 激光成像雷达的重大缺陷。其中，2π 相位差对应的距离称作多义性间距(Ambiguity Interval)。

图 3-12(a)所示的激光雷达是德国 SICK 公司生产的高精度测距传感器[12]，是单线激光雷达的典型代表。LMS291 是一种非接触自主测量系统，通过扫描一个扇形区域感知区域的障碍，其工作原理如图 3-12(b)所示。激光器发射的激光脉冲经过分光器后，分为两路，一路进入接收器；另一路则由反射镜面发射到被测障碍物体表面，反射光也经由反射镜返回接收器。发射光与反射光的频率完全相同，因此可通过发射脉冲、反射脉冲之间的时间间隔与光速的乘积计算出被测障碍物体的距离。LMS291 的反射镜转动速度为 4500r/m，即每秒旋转 75 次。由于反射镜的转动，激光雷达可以在一个角度范围内获得线扫描的测距数据。

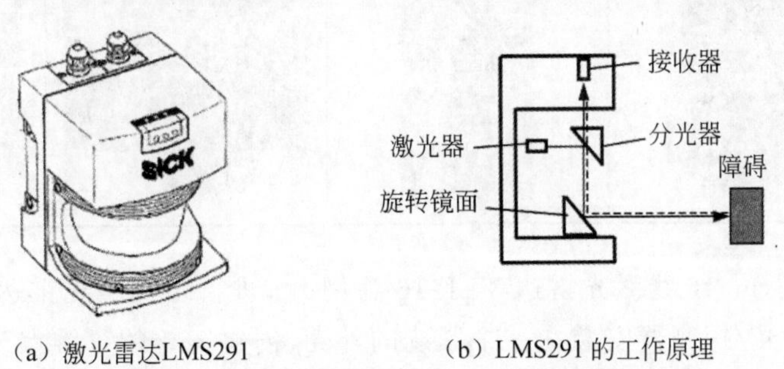

(a) 激光雷达LMS291　　(b) LMS291 的工作原理

图 3-12　激光雷达 LMS291 及其工作原理

上述激光雷达是单线雷达，但在现代应用中，尤其是基于激光的 SLAM、无人车以及 3D 建模等，应用较多的是 16 线、32 线、64 线激光雷达。通过不断旋转激光发射头，将激光从“线”变成“面”，并在竖直方向上排布多束激光(4、16、32 或 64 线)，形成多个面，达到动态 3D 扫描并动态接收信息的目的。目前，一般多线激光雷达的水平感知范围是 0°～360°，垂直感知范围约 30°，提供的是包含目标距离、角度、反射率的激光点云数据。基于激光点云数据可以进行障碍物检测与分割、可通行空间检测、障碍物轨迹预测、高精度电子地图绘制与定位

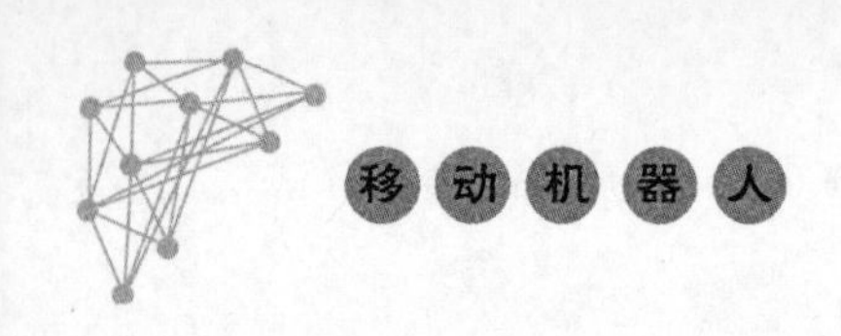

等工作。目前市面上最常用的是美国 Velodyne 系列的激光雷达[13],其参数见表 3-2。

表 3-2 Velodyne 系列激光雷达

系列	HDL-64E	HDL-32E	VLP-16/PUCK	VLP-32C/PUCK
售价	50 万～100 万元	10 万～30 万元	2 万～5 万元	10 万～30 万元
特点	性能佳、价格贵	体积更小、更轻	适用于无人机	汽车专用
激光器数	64	32	16	32
尺寸	203mm×284mm	86mm×145mm	104mm×72mm	104mm×72mm
质量	13.2kg	1.3kg	0.83kg/0.53kg	(0.8～1.3)kg
激光波长	905nm	905nm	905nm	903nm
水平视野	360°	360°	360°	360°
垂直视野	+2°～−24.6°	+10.67°～−36.67°	+15°～−15°	+15°～−25°
输出频率	130 万点/秒	70 万点/秒	30 万点/秒	60 万点/秒
测量范围	100～120m	80～120m	100m	200m
距离精度	<2cm	<2cm	<3cm	<3cm
水平分辨率	5Hz:0.08° 10Hz:0.17° 20Hz:0.35°	5Hz:0.08° 10Hz:0.17° 20Hz:0.35°	5Hz:0.1° 10Hz:0.2° 20Hz:0.4°	5Hz:0.1° 10Hz:0.2° 20Hz:0.4°
垂直分辨率	0.4°	1.33°	2.0°	0.33°
防护标准	IP67	IP67	IP67	IP67
典型图片	 Velodyne	 Velodyne	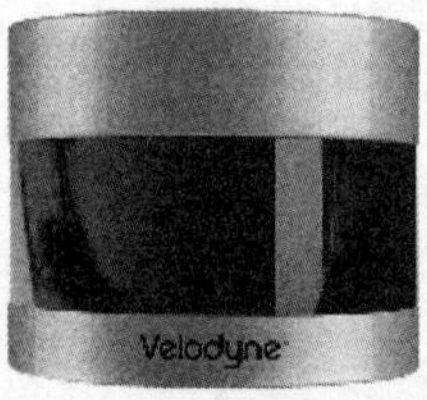 Velodyne	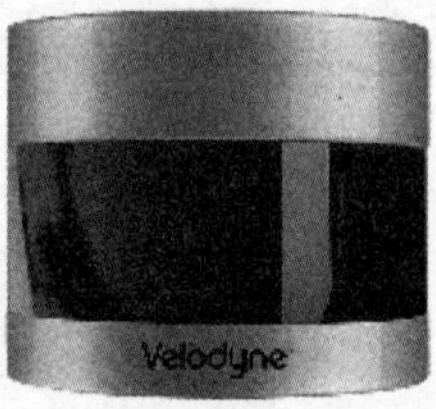 Velodyne

下面以 Velodyne 16 线激光雷达 VLP-16 为例[14],进行多线激光雷达的介绍。VLP-16 通过使用 16 对激光/探测器安装在一个紧凑的外壳,创建 360°的三维点云图像。探测器在其内部快速旋转,以扫描周围的环境。激光每秒发射数千次,实时生成丰富的三维点云。VLP-16 先进的数字信号处理和波形分析提供了高精度、扩展距离传感和校准反射率数据,独特的功能包括:水平视场(Horizontal Field of View,HFOV)达到 360°、旋转速度为 5～20r/s(可调)、垂直视场(Vertical Field of View,VFOV)达到 30°、有效距离高达 100m。这种 16 线激光雷达主要用于无人驾驶汽车上。

图 3-13 为 VLP 使用时的连接示意图,图中 1 是 PC 端(笔记本电脑或台式机),2 是 INS/GPS 天线接口(可选),3 是 Velodyne 接口盒,4 是 Velodyne 激光雷达传感器,5 是直流电源线。Velodyne 接口盒用来给激光雷达传感器提供电源、时钟信号和点云数据的输出。

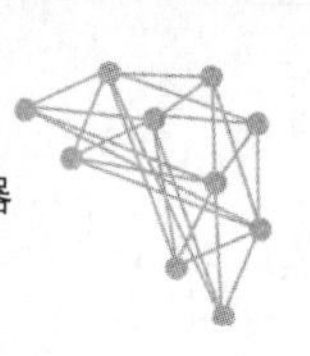

PC 端通过网口连接接口盒读取激光的数据。INS/GPS 则可通过接口盒提供时间脉冲数据，使激光雷达精确地同步 GPS 时钟，使用户能够确定每个激光的准确发射时间。

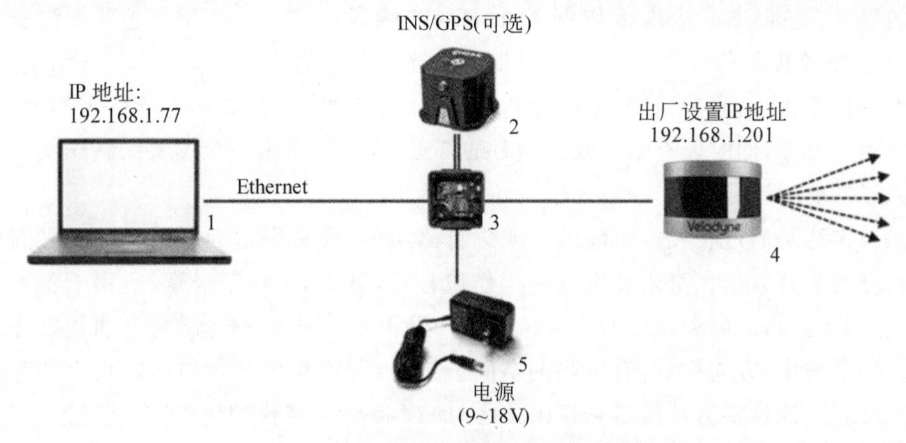

图 3-13　VLP-16 激光雷达连接示意图

激光雷达之所以在移动机器人中扮演越来越重要的角色，主要是因为它与摄像机等其他传感器相比有以下优势：

(1) 激光雷达采用主动测距法接收到的是物体反射的自己发出的激光脉冲，从而使得激光雷达对环境光的强弱和物体色彩差异具有很强的鲁棒性。

(2) 激光雷达直接返回被测物体到雷达的距离，与立体视觉复杂的视差深度转换算法相比更直接，而且测距更准确。

(3) 对于单线或多线扫描激光雷达，它每帧返回几百到几千个扫描点的程距，相比摄像机每帧要记录百万级像素的信息，前者速度更快，实时性更好。

(4) 激光雷达还具有视角大，测距范围大等其他优点。

同时，激光雷达因为复杂性和高价格，使得其在移动机器人上的应用受到很大限制。由于激光点云的稀疏性，这类激光雷达在获取障碍物的几何形状上能力不足，但是其快速的信息采集速度和较小的系统误差使得它十分适合移动机器人中较高的实时性要求和复杂的工作环境的要求。

由于激光测距雷达的固有优点及其广泛的用途，人们很早就开始利用它，早在 20 世纪 70 年代，国外就有人开始使用激光测距系统得到的图像解释室内景物。其后，激光测距系统得到不断发展，并越来越显示出它在实时计算机视觉和机器人领域中的用处。当前，其应用已涉及机器人、自动化生产、军事、工业和农业等各个领域。激光雷达在移动机器人导航上的应用，最初出现在一些室内或简单的室外环境的实验性的移动机器人上，随着研究成果的积累和工作的进一步深入，激光雷达逐渐应用到未知的、非结构化的、复杂环境下移动机器人的导航控制中。

根据研究者的需要和研究目标的不同，激光雷达的具体应用也是多种多样，可用来进行移动机器人位姿估计和定位，进行运动目标检测和跟踪，进行环境建模和避障，进行同时定位和地图构建(SLAM)，还可以利用激光雷达数据进行地形和地貌特征的分类，有的激光雷达不仅能获得距离信息，还能获得回波信号的强度，所以也有人利用激光雷达的回波强度信息进行障碍检测和跟踪。

3.3.4 毫米波雷达

顾名思义，毫米波雷达指工作频段在毫米波频段的雷达。通常，毫米波波长为1～10mm，介于厘米波和光波，因而兼有微波制导和光电制导的优点。与厘米波导引头相比，毫米波导引头体积更小，质量更轻，空间分辨率更高；与红外、激光等光学导引头相比，毫米波导引头穿透力更强，同时还有全天候全天时的特点。此外，毫米波导引头的抗干扰和反隐身能力也强于别的微波导引头。

毫米波雷达是通过收发电磁波的方式进行测距的，通过发送和接收雷达波之间的时间差测得目标的位置数据。毫米波雷达的工作波长短，频率高，频带极宽，适用于各种宽带信号处理，有利于提高距离和速度的测量精度和分辨能力。同时，毫米波雷达可以在小的天线孔径下得到窄波束，方向性好，有极高的空间分辨力，跟踪精度高，穿透烟、灰尘和雾的能力强。毫米波雷达的这些特性使得它相比其他的雷达有无可替代的优势。

在研制之初，毫米波雷达主要用于机场交通管制和船用导航。初期的毫米波雷达功率效率低，传输损失大，发展受到限制。后来，随着汽车和军事发展应用的要求，毫米波雷达蓬勃发展。目前，毫米波雷达主要用在汽车自动驾驶和军事领域。尤其是在自动驾驶技术中，为了同时解决摄像头测距、测速精确度不够的问题，毫米波雷达被安装在车身上，方便汽车获取车身周围的物理环境信息，如汽车自身与其他运动物体之间的相对距离、相对速度、角度等信息，然后根据检测到的物体信息进行目标追踪。

图3-14所示是智能汽车驾驶中常用的一种毫米波雷达，如图3-14(b)所示，其测距范围为0.20～250m(长距模式)，0.20～70m(短距模式，±45°范围内)，0.20～20m(短距模式，±60°范围内)[15]。图3-15是其对应的目标坐标系。德国大陆汽车工业开发的ARS408-21传感器利用雷达辐射分析周围环境。ARS408-21雷达对接收到的雷达反射信号进行处理后，以Cluster(Point Targets，No Tracking)和Object(Tracking)两种可选目标模式输出。其中Cluster模式包含雷达反射目标的位置、速度、信号强度等信息，并且在每个雷达测量周期都会重新计算这些信息。相对而言，Object模式在Cluster模式的基础之上，进一步包含反射目标的历史与维度信息，即Object目标由被追踪的Cluster目标(Tracked Cluster)组成。

(a) ARS408-21外观

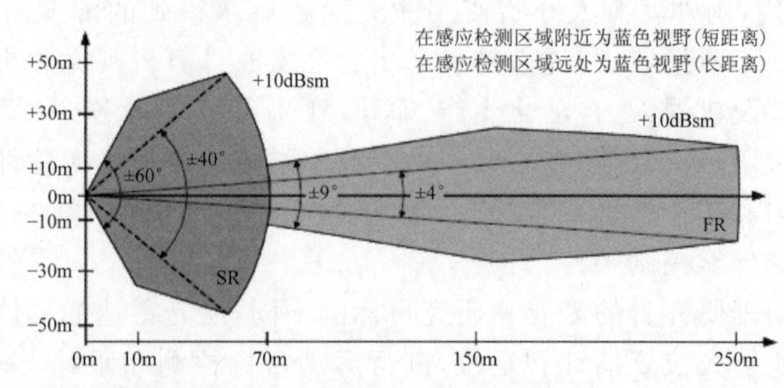

(b) ARS408-21测距范围

图3-14 ARS408-21毫米波雷达

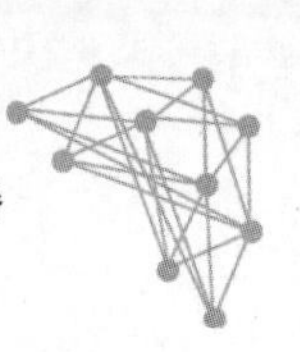

更通俗地讲，Cluster 模式输出的是目标的原始基本信息，如位置、速度、信号强度等，这些信息可以供用户进行更深层次的二次开发，如集成自有目标识别算法、目标跟踪算法等，以应用于更多特定的场景。而 Object 模式则是经过雷达自身的一些复杂算法计算后，输出目标更是在原有 Cluster 基础上增加识别算法、跟踪算法等，如加速度、旋转角度、目标的长度、宽度等，并对目标进行了识别，如可以识别小车、卡车、摩托车、自行车、宽体目标（类似墙面）等目标，所以 Object 模式的使用技术门槛更低，用户可以更快速、更容易地进行系统集成与开发。

目标相对于传感器的位置坐标在笛卡儿坐标系中给出，如图 3-15 所示[16]，以传感器为原点可得到目标的欧几里得距离，然后通过横摆角（Angle）的角度可计算得到横向坐标和纵向坐标。而目标的速度是相对于假定的车辆航速计算的。航速则是通过速度和横摆角信息确定。如果速度和横摆角速度信息丢失，将设置为默认值：偏航速度＝0.1(°)/s，速度＝0m/s，静止不动。

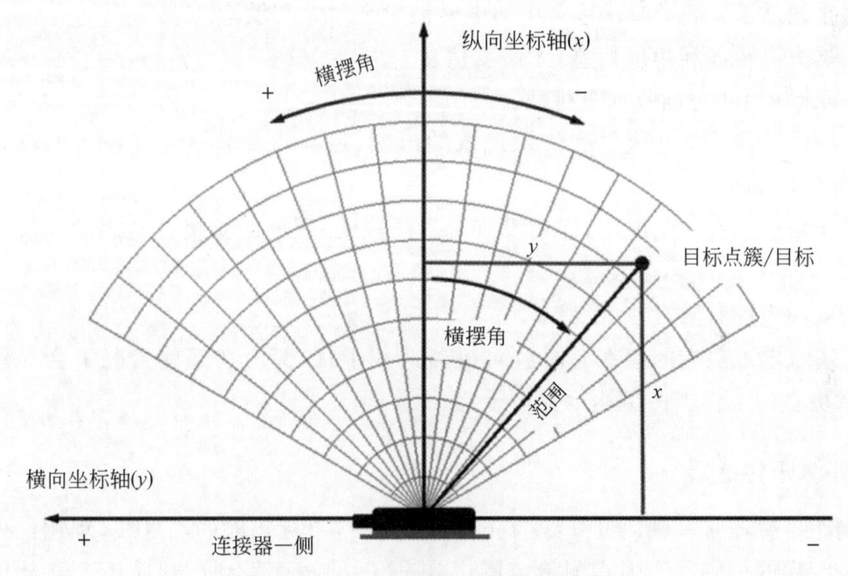

图 3-15　ARS408-21 目标坐标系

车载毫米波雷达主要应用在汽车的防撞系统中，利用电磁波发射后遇到障碍物反射的回波对障碍物不断检测，计算出车身前方、后方障碍物的相对速度和距离，从而通过防撞系统对车做出预判警告。在车载毫米波雷达中，根据毫米波雷达辐射电磁波方式的不同，可将其分为脉冲体制和连续波体制。脉冲体制工作的毫米波雷达多用于近距离目标信息的测量，测量过程比较简单，精度也比较高；而连续波体制工作的毫米波雷达有多个连续波，不同的连续波特点不同，例如，FMCW 调频的连续波能同时测出多个目标的距离和速度信息，可实现对目标的连续跟踪，系统敏感度高，误报率低。此外，根据毫米波雷达的有效范围，可将毫米波雷达分为长距离、中距离和短距离雷达，其各项指标见表 3-3。

表 3-3 车载毫米波雷达规格

类型	频率	距离	距离分辨率	速度分辨率	角度精度	3dB 波束角
长距离雷达	77GHz,79GHz	10～250m	0.5m/0.1m	$0.6\mathrm{m}\cdot\mathrm{s}^{-1}/0.1\mathrm{ms}$	0.1(°)	±15(°)
中距离雷达	24GHz,77GHz,79GHz	1～100m	0.5m/0.1m	$0.6\mathrm{m}\cdot\mathrm{s}^{-1}/0.1\mathrm{ms}$	0.5(°)	±40(°)
短距离雷达	24GHz	0.15～30m	0.1m/0.02m	$0.6\mathrm{m}\cdot\mathrm{s}^{-1}/0.1\mathrm{ms}$	1(°)	±80(°)

尽管毫米波雷达具有分辨率高、准确性较高、设计紧凑、抗干扰性强等优点，但它仍有如下缺点：

(1) 毫米波雷达的工作与天气关系很大，大雨天气时精度下降尤为严重。

(2) 在防空环境中，无可避免地出现距离和速度模糊。

(3) 毫米波器件昂贵，无法大批量生产。

(4) 数据稳定性差。

(5) 对金属敏感：毫米波雷达发出的电磁波对金属尤其敏感。

(6) 数据只有距离和角度信息，无高度信息。

同时，毫米波雷达还面临如下挑战：

(1) 易损性。易受某些大气和气象现象的影响，污染物或其他大气粒子的存在会妨碍雷达有效地识别威胁。

(2) 过于敏感。有些情况下，即使没有真正的威胁，程序的警报也会启动。过分依赖机器检测威胁可能导致错误，触发警报。

(3) 精度和范围有限。

(4) 电塔或电磁热点的存在有时会对机器造成干扰，甚至在某些情况下会导致机器故障。需要做更多的工作确保雷达不受电干扰。

3.3.5 红外测距传感器

红外测距传感器是一种以红外线为介质，通过感应目标辐射的红外线，利用红外线的物理性质测量距离的传感器。因其测量范围广，响应时间短而得到广泛应用。红外传感器包括光学系统、检测系统和转换电路三大部分。光学系统按照结构的不同可分为透射式和反射式。检测系统按照工作原理的不同可分为热敏检测元件和光电检测元件，其中热敏元件中最常见的是热敏电阻。受到红外辐射的热敏电阻温度会升高，阻值发生变化，然后通过转换电路变成电信号输出。图 3-16 是红外传感器的原理结构。

红外传感器是通过检测目标红外辐射工作的，其一般工作过程如图 3-17 所示。

红外传感器的分类方式有两种。根据探测机理可分为基于光电效应的光子探测器和基于热效应的热探测器；根据工作机制可分为主动红外传感器和被动红外传感器。下面详细介绍主动红外传感器和被动红外传感器。

主动红外传感器是一种主动发射红外辐射，然后被接收器接收的红外传感器。红外辐射由红外发光二极管(LED)发射，然后被光电二极管、光电晶体管或光电管接收。在探测过程中，遇到目标物体时，在发射和接收过程中辐射会发生改变，从而引起接收器接收到的辐

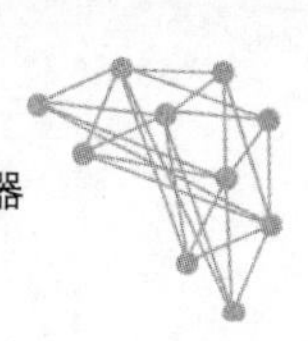

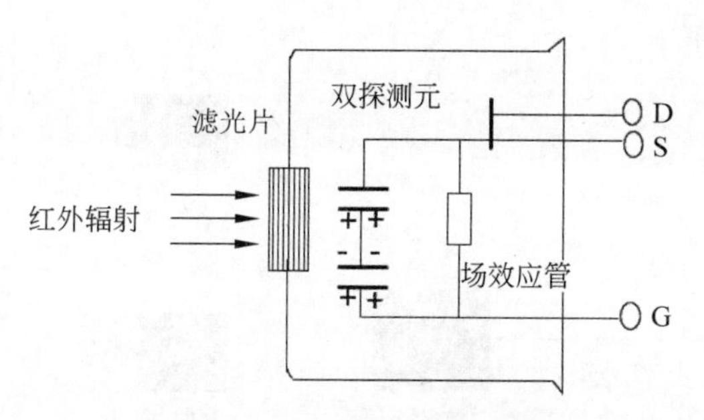

图 3-16　红外传感器的原理结构

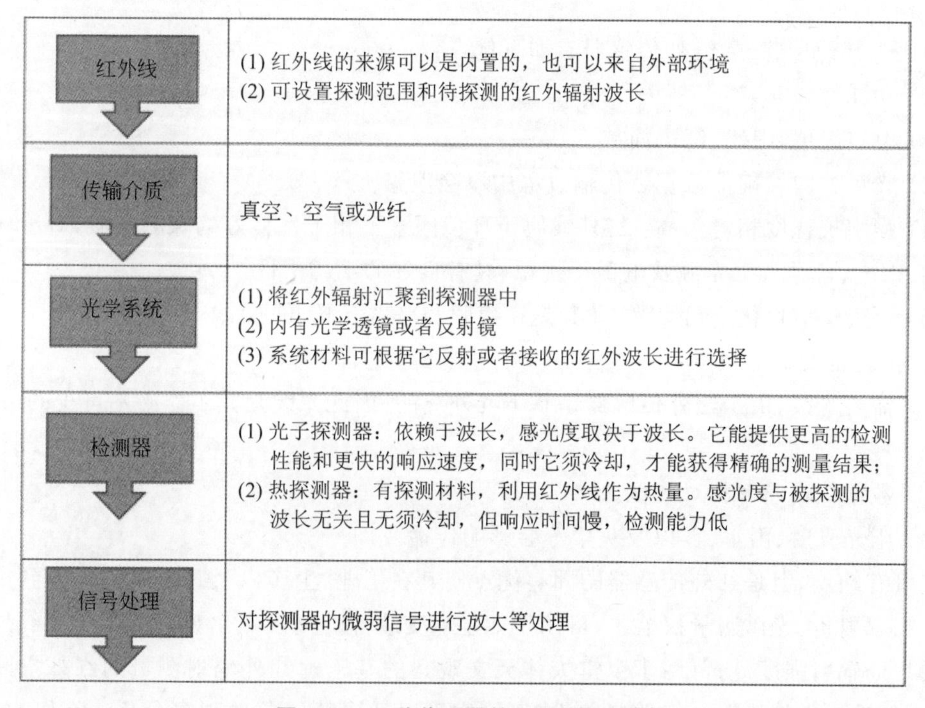

图 3-17　红外传感器的一般工作过程

射的变化。主动红外传感器可分为两种类型：断开光束传感器和发射红外传感器。

断开光束传感器的发射器发射的红外光直接落入接收器中，如图 3-18 所示。在操作过程中，红外光束不断地向接收器发射。在发射器和接收器之间放置一个物体可以中断红外流。如果红外光在传输时发生了改变，那么接收器根据辐射的变化产生相应的输出。同样，如果辐射被完全阻断，接收器可以检测到，并提供所需的输出。而反射红外传感器使用红外反射特性。发射器发出红外光束，该光束被物体反射，反射的红外线被接收器检测到，如图 3-19 所示。物体的反射率决定了该物体引起反射红外的性质变化或接收器接收到的红外量变化。因此，探测接收到的红外线的数量变化有助于确定物体的性质。

被动红外传感器检测来自外部源的红外辐射，本身不会产生任何红外光。当物体在传感器的视野范围内时，它根据热输入提供读数。被动红外传感器也有两种类型：热被动红外传感器和热释电红外传感器。

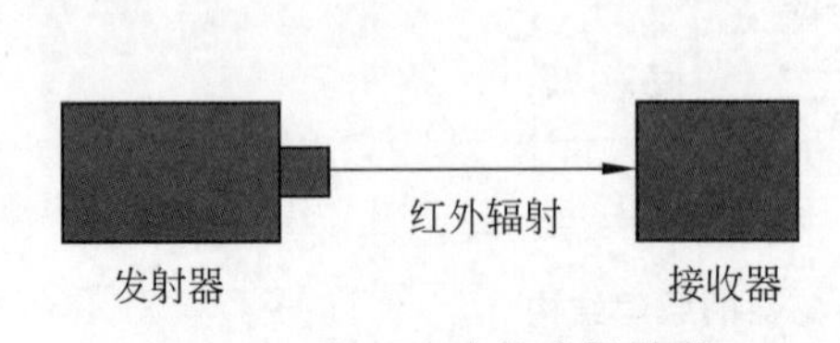

图 3-18 断开光束传感器模型

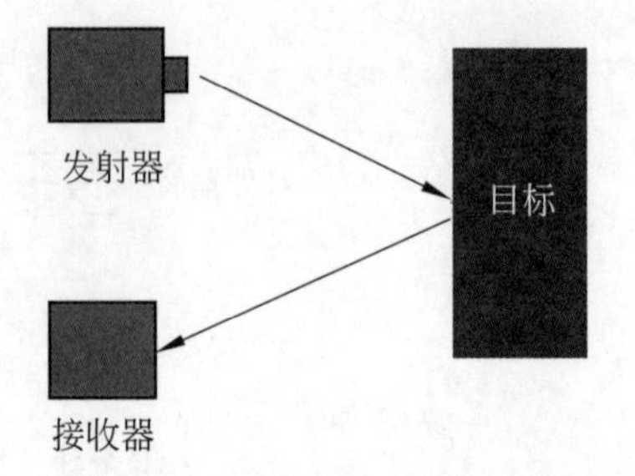

图 3-19 反射红外传感器模型

相比于其他传感器,红外传感器有如下优点:

(1) 功耗低。

(2) 电路简单,编码、解码简单。

(3) 光束方向性确保数据在传输过程中不会泄露。

(4) 噪声抗扰度相对较高:红外线属于环境因素不相干性良好的探测介质,对于环境中的声响、雷电、各类人工光源及电磁干扰源,具有良好的不相干性。

(5) 环境适应性优于可见光,尤其是在夜间和恶劣气候下的工作能力。

同时,它也有如下缺点:

(1) 需要光线,由于红外传感器是基于红外线的,因此光线是其工作必不可少的条件。

(2) 短程。

(3) 数据传输速率相对较低。

(4) 阳光直射、雨水、雾以及灰尘等会影响传播。

尽管有缺点,但是红外传感器的固有优点使其在工业、生产以及日常生活中得到广泛的应用。在辐射量、光谱测量仪器中,可用于如全球变暖等的气候变化观察的基于中红外辐射测量的地面辐射强度计;可用于宇宙天体天文观察的基于远红外辐射测量的红外空间望远镜;配带红外光谱扫描辐射仪的气象卫星,可实现对云层等气象的观察分析。在军事领域,红外追踪应用十分普遍。在通信中,低功耗、低成本、安全可靠的红外通信系统是一种采用调制后的红外辐射光束传输编码后的数据,再由硅光电二极管将收到的红外辐射信号转换成电信号,实现近距离通信的系统,具有不干扰其他邻近设备的正常工作,特别适用于人口高密度区域的户内通信的优点。在日常生活中,红外传感器产品的主要应用领域为家电、玩具、防盗报警、感应门、感应灯具、感应开关等。例如,红外自动感应灯、感应开关能感应人体红外线,人来灯亮,人离灯灭,实现自动照明。

3.3.6 视觉传感器

视觉传感器是指通过对摄像机拍摄到的图像进行图像处理,计算目标物体的特征量(如面积、重心、长度、位置等),并输出数据和判断结果的传感器。视觉传感器使用相机捕捉的图像确定目标的存在、方向和精度。不同于图像检测系统,它的摄像机、灯光和控制器都包

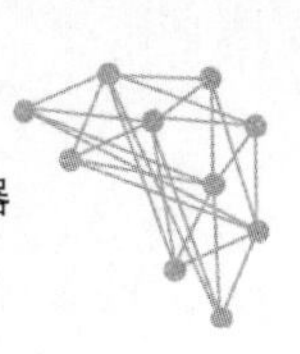

含在一个单元中，单元的构造和操作简单。

视觉传感器是整个机器视觉系统信息的直接来源，主要由一个或者两个图形传感器组成，有时还要配以光投射器及其他辅助设备。它的组件如图3-20所示[17]。它的主要功能是获取足够的机器视觉系统要处理的最原始图像。视觉传感器具有从一整幅图像捕获光线的数以千计的像素。图像的清晰和细腻程度通常用分辨率衡量，用像素数量表示。在捕获图像之后，视觉传感器将其与内存中存储的基准图像进行比较，以做出分析。

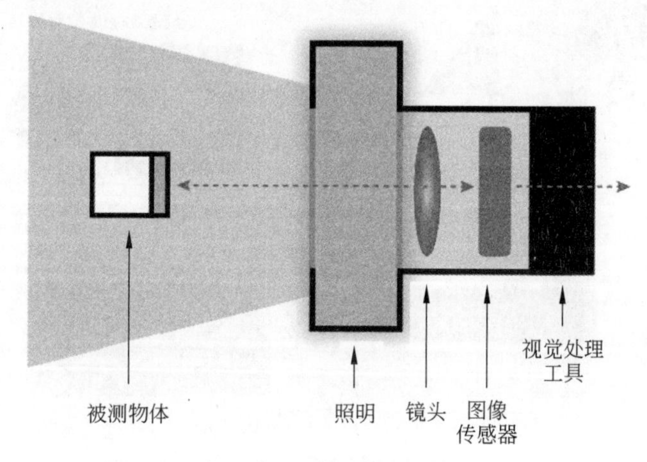

图3-20　视觉传感器组件

其中各组件的作用如下。

(1) 照明。照亮正在检查的部件，使其功能突出，以便相机可以清楚地看到它们。

(2) 镜头。捕获图像并以光的形式呈现给传感器。

(3) 图像传感器。将光转换为数字图像，然后将其发送到处理器进行分析。

(4) 视觉处理工具。处理和优化图像以供分析；审查图像并提取所需信息；使用算法运行必要的检查并做出相关决定。

视觉传感器可分为单色模型和彩色模型。单色模型的传感器头(摄像头)捕获的图像通过透镜，并由光接收元件(在大多数情况下是CMOS)转换为电信号，如图3-21所示[18]。然后，根据光接收元件每个像素的亮度和强度信息确定目标的亮度和形状。彩色模型(Color Model)的光接收元件是一种颜色类型，如图3-22所示[19]。与单色模型不同，彩色模型标识白光和黑光之间的强度范围，接收到的光信息被分为三种颜色(RGB)。然后识别出每种颜色的强度范围，这样，即使目标颜色的强度差异最小，也可以区分目标。

相比于红外等其他传感器，视觉传感器有其独有的优势。

(1) 识别光电特征。视觉传感器能识别并定位其他传感器无法实现的高度图案化定位特征。

(2) 优化照片、亮度和图片对比度。模块化视觉传感器可配备灵活的照明和滤光器选项，以创建更好的图像，获得更可靠的结果。

(3) 处理未对准和可变性。在没有机械夹具的辅助下，视觉传感器可检测物体，无论物

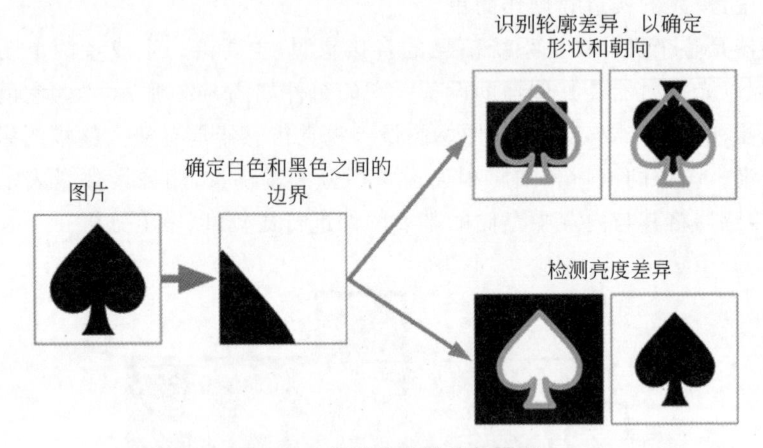

图 3-21 视觉传感器单色模型

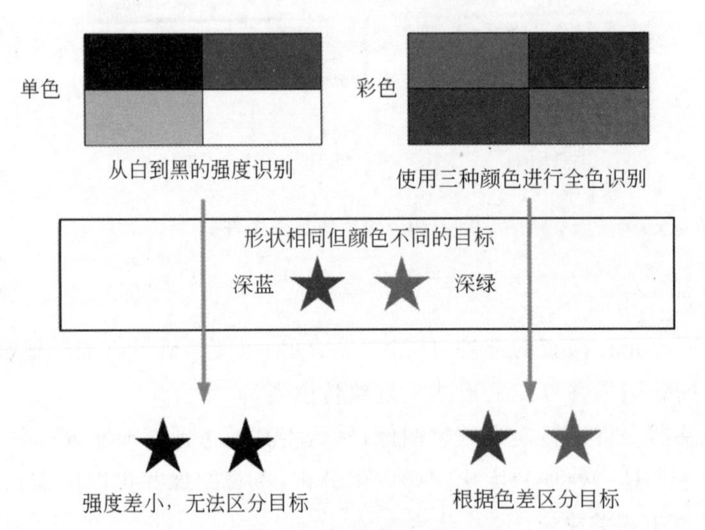

图 3-22 视觉传感器彩色模型

体的位置和速度如何。

(4) 消除外部触发器。视觉传感器利用多图像分析克服不精准的目标定位,从而确定目标物体位置。

(5) 可以使用单个传感器进行多点检查,同时由于视野开阔,即使目标位置不一致,也可以进行检测。

此外,视觉传感技术还包括 3D 视觉传感技术。3D 视觉传感器,如双目视觉传感器、结构光传感器等具有广泛的用途,如多媒体手机、网络摄像、数码相机、机器人视觉导航、汽车安全系统、生物医学像素分析、人机界面、虚拟现实、监控、工业检测、无线远距离传感、显微镜技术、天文观察、海洋自主导航、科学仪器等。这些不同的应用均基于 3D 视觉图像传感器技术,该技术在工业控制、汽车自主导航中具有重要的应用。

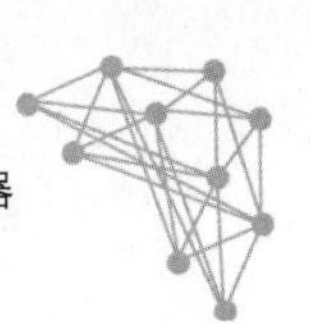

3.4　多传感器融合

随着移动机器人技术的不断发展,移动机器人的应用领域和功能有了极大的拓展和提高。智能化已成为移动机器人技术的发展趋势,而传感器技术则是实现移动机器人智能化的基础之一。由于单一传感器获得的信息非常有限,而且还要受到自身品质和性能的影响,因此,移动机器人通常配有数量众多的不同类型的传感器,以满足探测和数据采集的需要。若对各传感器采集的信息进行单独、孤立地处理,不仅会导致信息处理工作量的增加,而且割断了各传感器信息间的内在联系,丢失了信息经有机组合后可能蕴含的有关环境特征,造成信息资源的浪费,甚至可能导致决策失误。为了解决上述问题,人们提出了多传感器融合技术(Multi-Sensor Fusion)[20]。

多传感器融合又称多传感器信息融合(Multi-Sensor Information Fusion),有时也称作多传感器数据融合(Multi-Sensor Data Fusion),它是对多种信息的获取、表示及其内在联系进行综合处理和优化的技术。它从多信息的视角进行处理及综合,得到各种信息的内在联系和规律,从而剔除无用的和错误的信息,保留正确的和有用的成分,最终实现信息的优化,也为智能信息处理技术的研究提供了新的观念。

多传感器融合在结构上按其在融合系统中信息处理的抽象程度,主要划分为三个层次:数据层融合、特征层融合和决策层融合[21]。

(1) 数据层融合。也称像素级融合,首先将传感器的观测数据融合,然后从融合的数据中提取特征向量,并进行判断识别。数据层融合往往需要传感器是同质的(传感器观测的是同一物理现象)。如果多个传感器是异质的(观测的不是同一个物理量),那么数据只能在特征层或决策层进行融合。数据层融合不存在数据丢失的问题,得到的结果也是最准确的,但计算量大,且对系统通信带宽的要求很高。

(2) 特征层融合。特征层融合属于中间层次。先从每种传感器提供的观测数据中提取有代表性的特征,这些特征融合成单一的特征向量,然后运用模式识别的方法进行处理。这种方法的计算量及对通信带宽的要求相对较低,但由于部分数据的舍弃,使其准确性有所下降。

(3) 决策层融合。决策层融合属于高层次的融合。由于对传感器的数据进行了浓缩,这种方法产生的结果相对而言最不准确,但它的计算量及对通信带宽的要求最低。

3.4.1　多传感器融合的基本原理

多传感器融合技术的基本原理就像人脑综合处理信息一样,充分利用多个传感器资源,通过对多传感器及其观测信息的合理支配和使用,把多传感器在空间或时间上冗余或互补信息依据某种准则进行组合,以获得被测对象的一致性解释或描述。具体地说,多传感器数据融合的原理如下。

(1) N 个不同类型的传感器(有源或无源的)收集观测目标的数据。

(2) 对传感器的输出数据(离散的或连续的时间函数数据、输出矢量、成像数据或一个直接的属性说明)进行特征提取的变换,提取代表观测数据的特征矢量 Y_i。

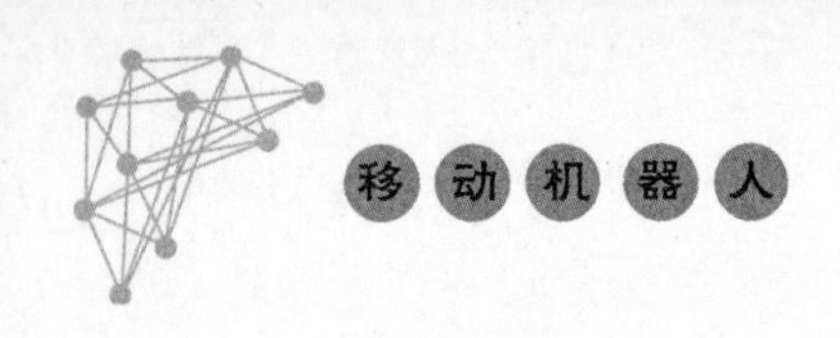

(3) 对特征矢量 Y_i 进行模式识别处理(如,聚类算法、自适应神经网络或其他能将特征矢量 Y_i 变换成目标属性判决的统计模式识别法等)完成各传感器关于目标的说明。

(4) 将各传感器关于目标的说明数据按同一目标进行分组,即关联。

(5) 利用融合算法将每一目标的各传感器数据进行合成,得到该目标的一致性解释与描述。

利用多个传感器获取的关于对象和环境全面、完整的信息,主要体现在融合算法上。因此,多传感器系统的核心问题是选择合适的融合算法。对于多传感器系统来说,信息具有多样性和复杂性,因此,对信息融合方法的基本要求是具有鲁棒性和并行处理能力。此外,还有方法的运算速度和精度;与前续预处理系统和后续信息识别系统的接口性能;与不同技术和方法的协调能力;对信息样本的要求等。一般情况下,基于非线性的数学方法,如果它具有容错性、自适应性、联想记忆和并行处理能力,则都可以用来作为融合方法。

多传感器数据融合虽然未形成完整的理论体系和有效的融合算法,但在不少应用领域根据各自的具体应用背景,已经提出许多成熟并且有效的融合方法。多传感器数据融合的常用方法基本上可概括为随机和人工智能两大类。随机类方法有加权平均法、卡尔曼滤波法、多贝叶斯估计法、Dempster-Shafer(D-S)证据推理、产生式规则等;而人工智能类则有模糊逻辑理论、神经网络、粗集理论、专家系统等。可以预见,神经网络和人工智能等新概念、新技术在多传感器数据融合中将起到越来越重要的作用。

3.4.2 随机类多传感器融合方法

1. 加权平均法

信号级融合方法最简单,最直观的方法是加权平均法,该方法将一组传感器提供的冗余信息进行加权平均,结果作为融合值。该方法是一种直接对数据源进行操作的方法。

2. 卡尔曼滤波法

卡尔曼滤波主要用于融合低层次实时动态多传感器冗余数据。该方法用测量模型的统计特性递推,决定统计意义下的最优融合和数据估计。如果系统具有线性动力学模型,且系统与传感器的误差符合高斯白噪声模型,则卡尔曼滤波将为融合数据提供唯一统计意义下的最优估计。卡尔曼滤波的递推特性使系统处理不需要大量的数据存储和计算。但是,采用单一的卡尔曼滤波器对多传感器组合系统进行数据统计时,存在很多严重的问题,例如,①在组合信息大量冗余的情况下,计算量将以滤波器维数的三次方剧增,实时性不能满足;②传感器子系统的增加使故障随之增加,在某一系统出现故障而没来得及被检测出时,故障会污染整个系统,使可靠性降低。

3. 多贝叶斯估计法

贝叶斯估计为数据融合提供了一种手段,是融合静态环境中多传感器高层信息的常用方法。它使传感器信息依据概率原则进行组合,测量不确定性以条件概率表示,当传感器组的观测坐标一致时,可以直接对传感器的数据进行融合,但大多数情况下,传感器测量数据要以间接方式采用贝叶斯估计进行数据融合。

多贝叶斯估计将每个传感器作为一个贝叶斯估计,将各个单独物体的关联概率分布合成一个联合的、后验的概率分布函数,通过使用联合分布函数的似然函数为最小,提供多传感器信息的最终融合值，融合信息与环境的一个先验模型提供整个环境的一个特征描述。

4. D-S证据推理法

D-S证据推理是贝叶斯推理的扩充，其3个基本要点是：基本概率赋值函数、信任函数和似然函数。D-S方法的推理结构是自上而下的，分三级：第1级为目标合成，其作用是把来自独立传感器的观测结果合成为一个总的输出结果(ID)；第2级为推断，其作用是获得传感器的观测结果并进行推断，将传感器观测结果扩展成目标报告。这种推理的基础是：一定的传感器报告以某种可信度在逻辑上会产生可信的某些目标报告；第3级为更新，各种传感器一般都存在随机误差，所以，在时间上充分独立地来自同一传感器的一组连续报告比任何单一报告可靠。因此，在推理和多传感器合成之前，要先组合(更新)传感器的观测数据[22]。

5. 产生式规则

产生式规则采用符号表示目标特征和相应传感器信息之间的联系，与每个规则相联系的置信因子表示它的不确定性程度。当在同一个逻辑推理过程中，两个或多个规则形成一个联合规则时，可以产生融合。应用产生式规则进行融合的主要问题是每个规则的置信因子的定义与系统中其他规则的置信因子相关，如果系统中引入新的传感器，则需要加入相应的附加规则。

3.4.3　人工智能类多传感器融合方法

1. 模糊逻辑推理

模糊逻辑是多值逻辑，通过指定一个0～1的实数表示真实度，相当于隐含算子的前提，允许将多个传感器信息融合过程中的不确定性直接表示在推理过程中。如果采用某种系统化的方法对融合过程中的不确定性进行推理建模，则可以产生一致性模糊推理。与概率统计方法相比，逻辑推理存在许多优点，它一定程度上克服了概率论面临的问题，它对信息的表示和处理更接近人类的思维方式，它比较适合在高层次上的应用(如决策)，但是，逻辑推理本身还不够成熟和系统化。此外，由于逻辑推理对信息的描述存在很大的主观因素，所以，信息的表示和处理缺乏客观性。

模糊集合理论对于数据融合的实际价值在于它外延到模糊逻辑。模糊逻辑是一种多值逻辑，隶属度可视为一个数据真值的不精确表示。在多传感器融合过程中存在的不确定性可以直接用模糊逻辑表示，然后使用多值逻辑推理，根据模糊集合理论的各种演算对各种命题进行合并，进而实现数据融合。

2. 人工神经网络法

神经网络具有很强的容错性以及自学习、自组织及自适应能力，能够模拟复杂的非线性映射。神经网络的这些特性和强大的非线性处理能力，恰好满足了多传感器数据融合技术处理的要求。在多传感器系统中，各信息源提供的环境信息都具有一定程度的不确定性，对这些不确定信息的融合过程实际上是一个不确定性推理过程。神经网络根据当前系统接收的样本相似性确定分类标准，这种确定方法主要表现在网络的权值分布上，同时，可以采用神经网络特定的学习算法获取知识，得到不确定性推理机制。利用神经网络的信号处理能力和自动推理功能，即实现了多传感器数据融合。

3.4.4 存在的问题及发展趋势

数据融合技术方兴未艾，几乎一切信息处理方法都可以应用于数据融合系统。随着传感器技术、数据处理技术、计算机技术、网络通信技术、人工智能技术、并行计算软件和硬件技术等相关技术的发展，尤其是人工智能技术的进步，新的、更有效的数据融合方法将不断推出，多传感器数据融合必将成为未来复杂工业系统智能检测与数据处理的重要技术，其应用领域将不断扩大。多传感器数据融合不是一门单一的技术，而是一门跨学科的综合理论和方法，并且是一个不很成熟的新研究领域，尚处在不断变化和发展过程中[23]。

多传感器融合存在以下问题：

（1）尚未建立统一的融合理论和有效的广义融合模型及算法。

（2）对数据融合的具体方法的研究尚处于初步阶段。

（3）还没有很好地解决融合系统中的容错性或鲁棒性问题。

（4）关联的二义性是数据融合中的主要障碍。

（5）数据融合系统的设计还存在许多实际问题。

多传感器融合的发展趋势如下：

（1）建立统一的融合理论、数据融合的体系结构和广义融合模型。

（2）解决数据配准、数据预处理、数据库构建、数据库管理、人机接口、通用软件包开发问题，利用成熟的辅助技术建立面向具体应用需求的数据融合系统。

（3）将人工智能技术，如神经网络、遗传算法、模糊理论、专家理论等引入数据融合领域；利用集成的计算智能方法（如模糊逻辑＋神经网络，遗传算法＋模糊＋神经网络等）提高多传感器融合的性能。

（4）解决不确定性因素的表达和推理演算，例如引入灰数的概念。

（5）利用有关的先验数据提高数据融合的性能，研究更加先进复杂的融合算法（未知和动态环境中，采用并行计算机结构多传感器集成与融合方法的研究等）。

（6）在多平台/单平台、异类/同类多传感器的应用背景下建立计算复杂程度低，同时又能满足任务要求的数据处理模型和算法。

（7）构建数据融合测试评估平台和多传感器管理体系。

（8）将已有的融合方法工程化与商品化，开发能够提供多种复杂融合算法的处理硬件，以便在数据获取的同时就实时地完成融合。

参 考 文 献

[1] R. 西格沃特，I. R. 诺巴克什，D. 斯卡拉穆扎. 自主移动机器人导论[M]. 西安：西安交通大学出版社，2006.

[2] Chen C L, Huang S H, Zhou J H. Mobile Robot Localization by Tracking Built-in Encoders[C]. Randall Bilof. Randall Bilof . 2014 International Symposium on Computer, Consumer and Control. Taiwan: IEEE Computer Society, 2014: 840-843.

[3] Vali V, Shorthill R W. Fiber ring interferometer[J]. Applied Optics, 1976, 15(5): 1099-1100.

[4] 金杰，王玉琴.光纤陀螺研究综述[J].光纤与电缆及其应用技术，2003(06)：4-7.

[5] 朱光辉. 在移动机器人定位中光纤陀螺仪的误差分析与建模[D].湖南：中南大学信息科学与工程学院，2004：20-25.

[6] Martin P，Salaun E. The true role of accelerometer feedback in quadrotor control[C]. 2010 IEEE Conference on Robotics and Automation. Anchorage，Alaska，USA：IEEE，2010：1623-1629.

[7] https://www.analog.com/media/cn/technical-documentation/data-sheets/ADXL001_cn.pdf.

[8] https://www.gps.gov/systems/gps/.

[9] https://www.gps.gov/systems/gps/space/.

[10] 欧阳正柱，何克忠. GPS在智能移动机器人中的应用[J]. 微计算机信息，2001，17(11)：56-58.

[11] David R，Pere R，José N. Underwater SLAM for Structured Environments Using an Imaging Sonar. Springer Science & Business Media. ISBN 978-3-642-14039-6.

[12] https://www.sick.com/ag/en/detection-and-ranging-solutions/2d-lidar-sensors/lms2xx/lms291-s05/p/p109849.

[13] https://velodynelidar.com/products/puck/.

[14] Velodyne16-User Manual and Programming Guide[Z].2016：18-20.

[15] Roland Liebske. Short Description ARS 404-21 (Entry) + ARS 408ARS 408-21 (Premium) Long Range Radar Sensor77 GHz Technical Data[Z].2016.

[16] https://www.continental-automotive.com/getattachment/5430d956-1ed7-464b-afa3-cd9cdc98ad63/ARS408-21_datasheet_en_170707_V07.pdf.pdf.

[17] https://www.cognex.com/en-cz/what-is/vision-sensors/components.

[18] https://www.keyence.com/Images/sensorbasics_vision_info_img_01_1580290.gif.

[19] https://www.keyence.com/Images/sensorbasics_vision_info_img_02_1580291.gif.

[20] 王耀南，李树涛. 多传感器信息融合及其应用综述[J]. 控制与决策，2001(05)：7-11.

[21] 冯波. 多传感器信息融合技术的研究[D]. 南京航空航天大学自动化学院，2004：12-17.

[22] 费云瑞，孟庆春，齐勇. 基于D-S理论和神经网络的多传感器信息融合方法[J]. 中国海洋大学学报(自然科学版)，2005，35(6)：1037-1040.

[23] 崔硕，姜洪亮，戎辉，等. 多传感器信息融合技术综述[J].汽车电器，2018(09)：41-43.

习　题

1. 移动机器人传感器可以分为哪两大类？它们的定义分别是什么？
2. 常用的机器人内部传感器有几种？分别是什么？
3. 光纤陀螺仪的主要性能指标有哪些？它们具体是什么？
4. 按照产生原则分，光纤陀螺仪误差产生的原因可分为哪几种？
5. 如何对光纤陀螺仪的误差进行补偿？
6. MEMS惯性传感器误差的来源有几种？具体是什么？
7. 常用的移动机器人外部传感器主要有哪些？
8. 激光雷达的测距原理是什么？测量时间差的方法有哪些？
9. 毫米波雷达面临哪些挑战？
10. 多传感器融合的三个层次是什么？每个层次的具体含义是什么？
11. 随机类多传感器融合的方法有哪些？

第4章 移动机器人运动

运动指的是物体的一种行为方式。对于移动机器人来说,运动指的是移动机器人从一个地方移动到另一个地方。严格来说,移动机器人运动学(Kinematics)讨论机器人由于运动引起的空间姿态变化,它是建立机器人运动方程,进行机器人运行轨迹计算,预测机器人航迹的基础。对于如空中、水下、不平坦地面等复杂的非道路环境,估计移动机器人的状态,就必须考虑移动机器人在三维空间中三个坐标方向上的运动情况,即包括移动机器人参考中心的三维坐标以及航向、俯仰、横滚角在内的机器人位姿。

类似于自然界中的各种生物,移动机器人的运动方式也有很多种,如步行(腿)、滚动(轮子)、滑动(波动)、跳跃、飞行、游泳等。不同的运动方式需要通过不同的运动机构和运动机理实现。本章着重以轮式移动机器人为对象,介绍其运动的模型和控制方式。

在室内或高速公路等结构化的环境中,一般移动机器人的运动学分析可以基于二维平面的假设,本章着重阐述平面中移动机器人的运动模型。

4.1 坐 标 系

在研究移动机器人运动学之前,首先需要建立参考坐标系。移动机器人的位姿是指移动机器人在指定坐标系下的位置和姿态。此处以双轮差速驱动移动机器人为对象,如图4-1所示,假定移动机器人底盘和轮子都是刚性的,忽略内部和轮子的关节与自由度,对该移动机器人建立两个坐标系:全局坐标系 $X_G O_G Y_G$、机器人局部坐标系 $X_R O_R Y_R$。

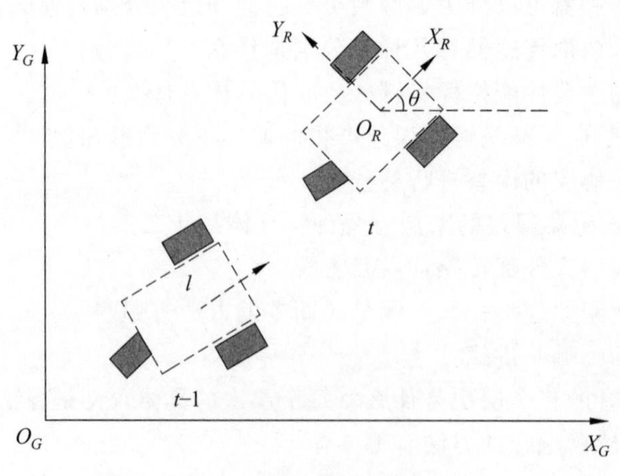

图4-1 移动机器人位姿

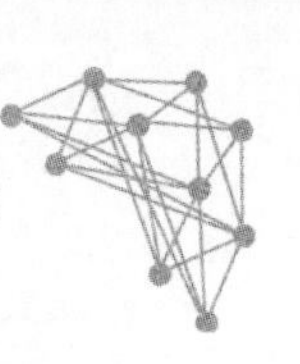

全局坐标系(G)也可称为世界坐标系,用于建立移动机器人工作环境空间的描述,一般是固定的。在无人机和无人车的研究中,通常采用大地坐标系构建全局坐标系。有了这个全局坐标系,其他坐标系就可以确立了。

机器人局部坐标系(R)是以机器人自身构建的,往往会随着移动机器人的运动而变化。通常,以移动机器人底盘的质心点为机器人局部坐标系原点,以移动机器人的前进方向建立 X_R 轴,沿着 X_R 轴逆时针 90°建立 Y_R 轴。在图 4-1 中,l 为机器人两驱动轮的轮距。

以移动机器人的前进方向(即 X_R 轴)和全局坐标系 X_G 轴的夹角 θ 为机器人的方向角(又称航向角)。夹角 θ 的范围为[−180°,180°],顺时针方向为负,逆时针方向为正。

设移动机器人质心在全局坐标系下的坐标为(x, y),则移动机器人在全局坐标系下的位姿 $\boldsymbol{X}_G$ 可用三维的向量描述[1],即

$$\boldsymbol{X}_G=\begin{bmatrix} x \\ y \\ \theta \end{bmatrix} \tag{4-1}$$

在移动机器人运动过程中,为了描述机器人的运动,仅有局部坐标系下的位姿坐标是不够的,需要将局部坐标系下的运动转换到全局坐标系下的运动。该映射转换过程可通过变换矩阵 $\boldsymbol{T}$ 完成:

$$\boldsymbol{X}_G=\boldsymbol{T}\boldsymbol{X}_R \tag{4-2}$$

对于二维运动来说,变换矩阵 $\boldsymbol{T}$ 是 3×3 的齐次矩阵,

$$\boldsymbol{T}=\begin{bmatrix} \cos\theta & \sin\theta & x \\ -\sin\theta & \cos\theta & y \\ 0 & 0 & 1 \end{bmatrix} \tag{4-3}$$

4.2 运动模型

4.2.1 一般运动模型

移动机器人运动模型描述在一个输入控制量 $\boldsymbol{u}_t$ 的驱动下,移动机器人由前一时刻的状态 $\boldsymbol{X}_{t-1}$ 变为当前时刻的状态 $\boldsymbol{X}_t$,即

$$\boldsymbol{X}_t=f\left(\boldsymbol{X}_{t-1},\boldsymbol{u}_t\right)+\boldsymbol{V}_t \tag{4-4}$$

其中,$\boldsymbol{V}_t$ 表示系统的随机噪声和模型本身的不确定性,一般采用服从高斯分布$(0,\boldsymbol{Q}_t)$噪声。

(1) 若控制输入为机器人平移向量 $\Delta d_{r,t}$ 和转角 $\Delta\theta_{r,t}$,即

$$\boldsymbol{u}_t=\begin{bmatrix} \Delta d_{r,t} \\ \Delta\theta_{r,t} \end{bmatrix} \tag{4-5}$$

则机器人的运动转移方程为

$$\boldsymbol{X}_t=\begin{bmatrix} x_{r,t} \\ y_{r,t} \\ \theta_{r,t} \end{bmatrix}=\begin{bmatrix} x_{r,t-1}+\Delta d_{r,t}\cdot\cos(\theta_{r,t-1}+\Delta\theta_{r,t}) \\ y_{r,t-1}+\Delta d_{r,t}\cdot\sin(\theta_{r,t-1}+\Delta\theta_{r,t}) \\ \theta_{r,t-1}+\Delta\theta_{r,t} \end{bmatrix}+\boldsymbol{v}_t \tag{4-6}$$

(2) 若控制输入为机器人平移速度 v_t 和旋转角速度 ω_t，即

$$\boldsymbol{u}_t=\begin{bmatrix}v_t\\ \omega_t\end{bmatrix} \tag{4-7}$$

则机器人的运动转移方程为

$$\boldsymbol{X}_t=\begin{bmatrix}x_{r,t}\\ y_{r,t}\\ \theta_{r,t}\end{bmatrix}=\begin{bmatrix}x_{r,t-1}+\left[-\dfrac{v_t}{\omega_t}\sin(\theta_{r,t-1})+\dfrac{v_t}{\omega_t}\sin(\theta_{r,t-1}+\Delta t\cdot\omega_t)\right]\\ y_{r,t-1}+\left[\dfrac{v_t}{\omega_t}\cos(\theta_{r,t-1})-\dfrac{v_t}{\omega_t}\cos(\theta_{r,t-1}+\Delta t\cdot\omega_t)\right]\\ \theta_{r,t-1}+\Delta t\cdot\omega_t\end{bmatrix}+\boldsymbol{V}_t \tag{4-8}$$

其中，Δt 为 t 时刻和 $t-1$ 时刻的间隔时间段。

4.2.2 里程计

最典型的移动机器人系统的控制输入是控制指令量或来自内部传感器里程计的数据，而在移动机器人导航、SLAM 或者航迹推算中比较常用的是里程计。正如第 3 章提到的里程计一般是指通过在移动机器人驱动轮上安装的编码器和陀螺仪，根据这些内部传感器的读数和移动机器人运动模型计算得到。除此以外，也有通过视觉传感器根据图像处理和视觉几何推算出移动机器人里程的方式，称为视觉里程计，见本书 6.4.1 节。这些传感器价格低廉、采样速率高，同时短距离内能够提供精确的定位精度，是移动机器人最常用的相对定位方法，能提供机器人的实时位姿信息[2]。

光电编码器旋转计数检测出车轮在一定采样周期内转过的圈数来测定速度。理论上的里程计分辨率为

$$\delta=\frac{\pi D}{\eta p} \tag{4-9}$$

其中，δ 表示里程计的分辨率，即将编码器脉冲变换为线性车轮位移的转换因子；D 表示车轮直径(mm)；η 表示驱动电机的减速比；p 表示编码器的精度，即编码器每圈输出的脉冲数(Pulse Per Revolution，PPR)。

在采样间隔 Δt 内，若驱动车轮的光电编码器输出的脉冲增量为 $N_L(N_R)$，则可以计算出车轮的增量位移 $\Delta d_L(\Delta d_R)$ 为

$$\Delta d_L=\delta\cdot N_L \tag{4-10}$$

里程计的模型可以分为圆弧模型和直线模型两种。圆弧模型是一种通用模型，其不但考虑机器人运动变化中的位移变化，同时还考虑运动中航向角的变化。直线模型实际是圆弧模型的简化形式，它近似地认为机器人在很短的时间内航向角的变化很小，近似为零，所以用简单的直线对机器人的运动进行模拟。直线模型的形式简单，降低了系统的计算负担，在里程计模型满足频率足够高的情况下，同样可以满足系统要求。

1. 圆弧模型

移动机器人里程计的圆弧模型同时考虑了机器人的位移变化和航向角的变化，更加接近机器人的运动轨迹。当机器人终止位姿和起始位姿的方向角的差值 $|\Delta\theta_t|>0$ 时，根据图 4-2，圆弧模型方程可描述为

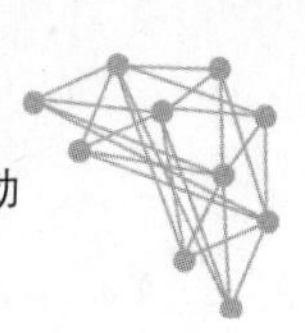

$$
\boldsymbol{X}_{t+1}=\begin{bmatrix} x_t+\dfrac{\Delta d_t}{\Delta\theta_t}[\sin(\theta_t+\Delta\theta_t)-\sin\theta_t] \\ y_t+\dfrac{\Delta d_t}{\Delta\theta_t}[\cos(\theta_t+\Delta\theta_t)-\cos\theta_t] \\ \theta_t+\Delta\theta_t \end{bmatrix},\quad |\Delta\theta_t|>0 \tag{4-11}
$$

其中，Δd_t 为机器人从位姿 x_t 到 x_{t+1} 的移动距离，$\Delta\theta_t$ 为位姿 x_t 到 x_{t+1} 航向角的差值。

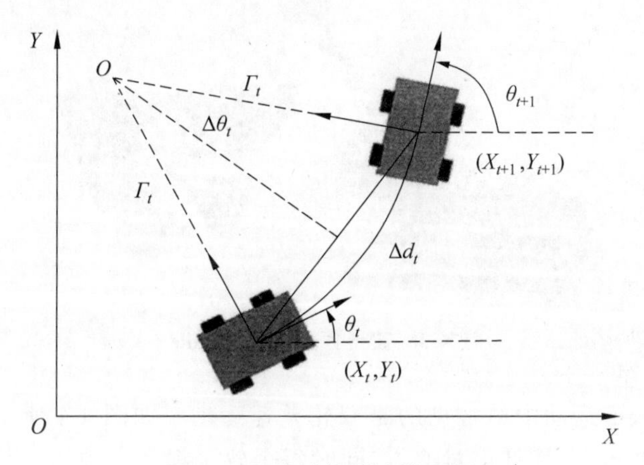

图 4-2　里程计模型计算示意图

2. 直线模型

直线模型假设机器人在极短时间内航向角的变化为零，是对圆弧模型的一种简化，适用于对机器人位姿要求不是很精确的情况，可有效降低计算的复杂度，利于计算机编程。直线模型因假设机器人在极短时间内的运动可用直线表示，即 $|\Delta\theta_t|=0$，所以直线模型的方程可描述为

$$
\boldsymbol{x}_{t+1}=\begin{bmatrix} x_t+\Delta d_t\cos\theta_t \\ y_t+\Delta d_t\sin\theta_t \\ \theta_t \end{bmatrix},\quad |\Delta\theta_t|>0 \tag{4-12}
$$

该模型推导简单，其实际是圆弧模型的简化形式。

当以直线模型为主，同时在位姿航向角差值的推测中使用弧线模型，可描述如下：

$$
\boldsymbol{x}_{t+1}=\begin{bmatrix} x_t+\Delta d_t\cos(\theta_t+\Delta\theta_t) \\ y_t+\Delta d_t\sin(\theta_t+\Delta\theta_t) \\ \theta_t+\Delta\theta_t \end{bmatrix} \tag{4-13}
$$

里程计是基于安装在驱动车轮上的编码器将车轮旋转转换为相对地面的线性位移这一前提，因而具有一定的局限性。其误差来源分为系统误差（Systematic Errors）和非系统误差（Non-Systematic Errors）：系统误差包括左右驱动车轮半径的差异、车轮半径平均值与标称值的差异、车轮安装位置的差异、有效轮间距的不确定性、有限的编码器精度和采样速率，它对里程计误差的积累是恒定的；而非系统误差则包括运行地面的不平整、运行中经过意外物体，以及多种原因造成的车轮打滑，它对里程计误差的影响是随机变化的。

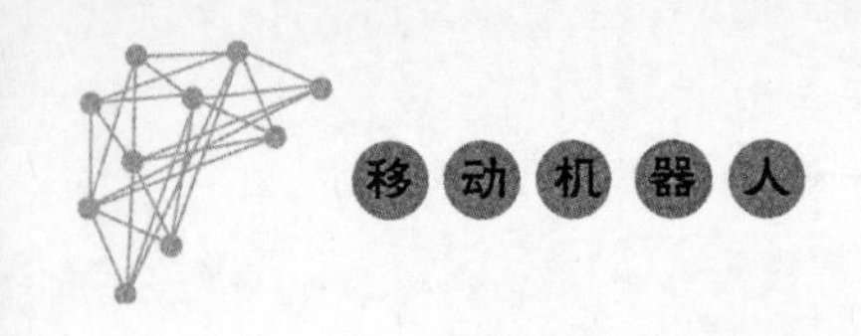

4.2.3 双轮驱动差速运动模型

双轮在移动机器人中使用广泛，如波士顿公司在 2017 年推出的双轮移动机器人 Handle，如图 4-3 所示[3]，该机器人专职于物流行业，两个“风火轮”保证其灵活地在仓库中搬运货物，完成货物堆叠、送往传送带等任务。

图 4-3　波士顿公司的 Handle

两轮移动机器人的运动中最常见的是双轮差速运动。如图 4-4 所示，移动机器人的驱动轮通常被安装在两边，对称且正对前方，同时每个轮子都带有独立的执行机构（如直流电动机）。一般在机器人的后方安装一个无驱动轮，从而构成移动机器人身体的三脚架形支撑结构。通常，这个无驱动轮采用一个小的带有旋轴的脚轮，也可以是无旋轴的万象滚珠。通过两个驱动轮以相同速率和方向转动实现移动机器人的直线运动。通过驱动轮以相同速率不同方向转动实现原地旋转（旋转角度为 0°）。通过动态地修改角速度和线速度或者驱动轮的旋转方向实现任意运动路径。实际上，一般采用交替的直线运动和原地旋转的运动方式，以此降低运动的复杂性，便于计算里程。

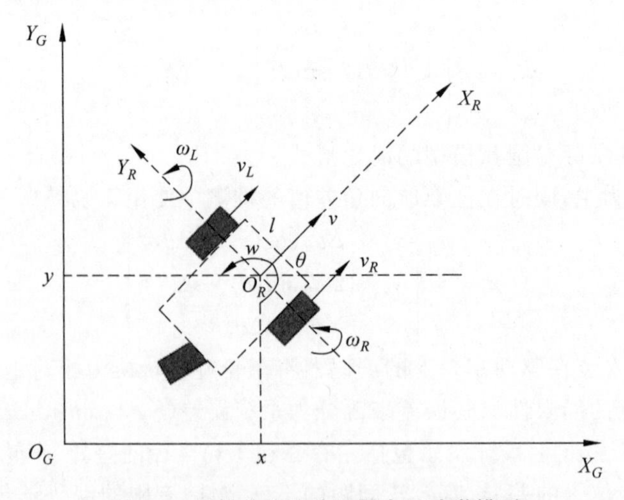

图 4-4　两轮差速移动机器人运动学模型

双轮驱动差速系统原理非常简单，但缺点是很难保证完全的直线运动。因为每个驱动轮是独立的，一旦它们的旋转速度不是精确相同的话，机器人就会向一边偏离。由于电动机

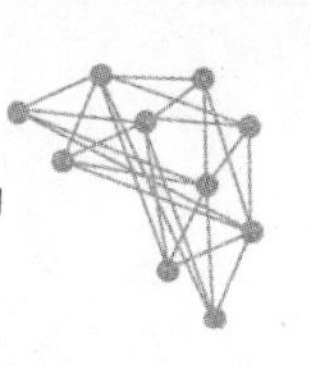

轻微的速度差异、马达驱动系统的摩擦力差异以及轮子与地面的摩擦力差异，实现驱动轮电动机以相同速率旋转是很困难的。为了保证机器人直线运动，有必要频繁调整电动机的转速。

令两驱动轮中心连线的中点为移动机器人中心 O_R，即移动机器人局部坐标系的原点，移动机器人的前进方向为 X_R，通过右手法则设置 Y_R。t 时刻移动机器人的位姿描述为 $\boldsymbol{X}(t)=[x(t),y(t),\theta(t)]^{\mathrm{T}}$，控制输入 $\boldsymbol{u}_t$ 为电动机驱动左右轮的转速，即 $\boldsymbol{u}_t=[\phi_L(t),\phi_R(t)]^{\mathrm{T}}$。

理想情况下，左右轮转动时仅做圆周运动且车轮不会打滑，即只能进行前进或者后退的曲线运动，而没有侧移的横向滑动和空转。左右轮的线速度可以通过电动机转速和驱动轮半径 r 求得，即

$$\begin{cases}v_L(t)=r\phi_L(t)\\ v_R(t)=r\phi_R(t)\end{cases} \tag{4-14}$$

通过左右轮的线速度 v_L 和 v_R 以及两轮间的距离 l，可以计算出移动机器人的线速度 v 和角速度 ω 为

$$v(t)=\frac{v_R(t)+v_L(t)}{2} \tag{4-15}$$

$$\omega(t)=\frac{v_R(t)-v_L(t)}{l} \tag{4-16}$$

利用式(4-15)和式(4-16)可以获得移动机器人瞬时的转动半径 R 为

$$R=\frac{v(t)}{\omega(t)}=\frac{l}{2}\cdot\frac{v_R(t)+v_L(t)}{v_R(t)-v_L(t)} \tag{4-17}$$

通过控制左右轮线速度的差速关系，实现移动机器人的三种运动状态：

(1) 当 $v_R=v_L$ 时，移动机器人做直线运动。

(2) 当 $v_R>v_L$ 时，移动机器人做圆弧运动。

(3) 当 $v_R=-v_L$ 时，移动机器人以左右轮中心点做原地旋转。

在驱动轮与地面接触运动为纯滚动无滑动情况下，双轮驱动差速运动学模型可以表示为

$$\begin{bmatrix}\dot{x}(t)\\ \dot{y}(t)\\ \dot{\theta}(t)\end{bmatrix}=\begin{bmatrix}\frac{1}{2}\cos\theta & \frac{1}{2}\cos\theta\\ \frac{1}{2}\sin\theta & \frac{1}{2}\sin\theta\\ \frac{1}{l} & -\frac{1}{l}\end{bmatrix}\begin{bmatrix}v_R(t)\\ v_L(t)\end{bmatrix} \tag{4-18}$$

4.2.4　全向驱动运动模型

移动机器人的全向驱动运动的实现不仅与全向轮的结构有关，也与全向轮的个数和布局方式紧密相关。由第 2 章可知，全向轮是移动机器人常用轮子类型之一。目前常用的全向轮有 Castor 轮、Rotacaster 轮、瑞典轮中的麦克纳姆轮以及近两年研发出的球形轮等，其中麦克纳姆轮和双排切换全向轮最常用。图 4-5 所示是卡内基梅隆大学(CMU)的 Toy

Robots Initiative 和 Manipulation Lab 两个研究团队联合开发的三轮全向驱动移动机器人[4]。该机器人有三个 90°的瑞典轮,径向对称,滚轴垂直于各主轮。

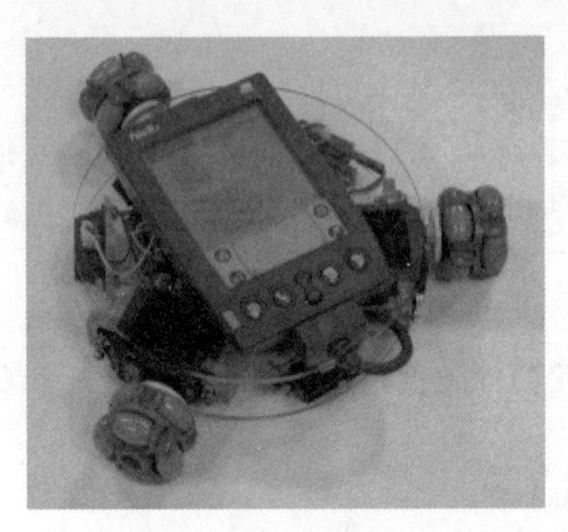

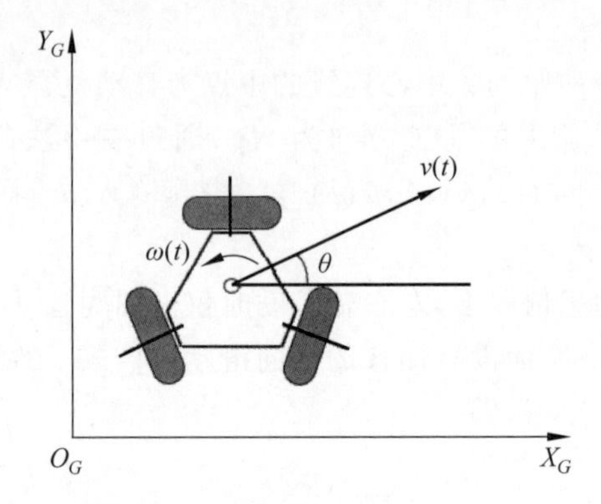

图 4-5　CMU 开发的 Palm Pilot Robot Kit(三轮全向驱动移动机器人)

除了三轮全向驱动移动机器人外,常用的还有 4 轮以及 6 轮。图 4-6 是四轮全向驱动移动机器人[5]。通过对全向轮的合理布局,能够实现移动机器人的全向驱动运动。以四轮全向驱动移动机器人为例,建立机器人的运动模型。

由图 4-7 可知,以机器人的中心点为机器人局部坐标系的原点 $\boldsymbol{O_R}$[6-7],v 是移动机器人的运动速度,则

$$\begin{cases} v_x = v \times \cos\alpha \\ v_y = v \times \sin\alpha \end{cases} \tag{4-19}$$

图 4-6　四轮全向驱动移动机器人

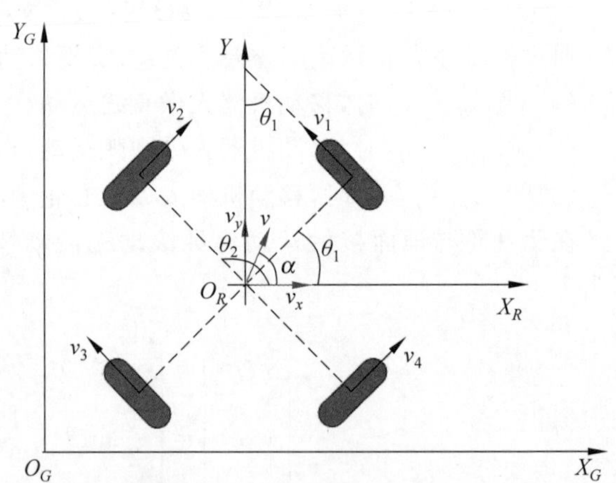

图 4-7　四轮全向驱动运动学模型

根据角度几何关系,可推出机器人四个全向轮的线速度为

$$\begin{cases} v_1 = -v_x \sin\theta_1 + v_y \cos\theta_1 + \theta l \\ v_2 = v_x \sin\theta_2 - v_y \cos\theta_2 - \theta l \\ v_3 = v_x \sin\theta_3 - v_y \cos\theta_3 - \theta l \\ v_4 = -v_x \sin\theta_4 + v_y \cos\theta_4 + \theta l \end{cases} \tag{4-20}$$

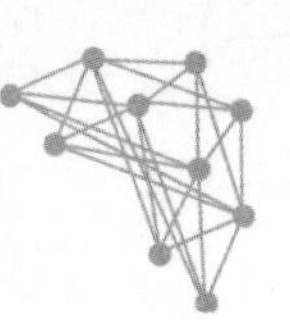

其中，$\theta_i\ (i=1,2,3,4)$表示从移动机器人几何中心处测量的第 i 个全向轮与 X_R 轴的夹角，$\dot{\theta}$ 表示机器人的角速度，由图 4-7 可知 $\theta_1=\theta$，$\theta_2=\theta+\dfrac{\pi}{2}$，$\theta_3=\theta+\pi$，$\theta_4=\theta+\dfrac{\pi}{2}$。$l$ 是车轮间的距离，可推出：

$$\begin{cases} v_1=-v_x\sin\theta+v_y\cos\theta+\theta l \\ v_2=v_x\cos\theta+v_y\sin\theta-\theta l \\ v_3=-v_x\sin\theta+v_y\cos\theta-\theta l \\ v_4=v_x\cos\theta+v_y\sin\theta+\theta l \end{cases} \tag{4-21}$$

即

$$\begin{bmatrix} v_1 \\ v_2 \\ v_3 \\ v_4 \end{bmatrix}=\begin{bmatrix} -\sin\theta & \cos\theta & l \\ \cos\theta & \sin\theta & -l \\ -\sin\theta & \cos\theta & -l \\ \cos\theta & \sin\theta & l \end{bmatrix}\begin{bmatrix} v_x \\ v_y \\ \dot{\theta} \end{bmatrix} \tag{4-22}$$

令

$$\boldsymbol{P}=\begin{bmatrix} -\sin\theta & \cos\theta & l \\ \cos\theta & \sin\theta & -l \\ -\sin\theta & \cos\theta & -l \\ \cos\theta & \sin\theta & l \end{bmatrix}$$

为转换矩阵。可得到四轮全向移动机器人的运动约束：

$$v_1+v_2=v_3+v_4 \tag{4-23}$$

式(4-23)说明四轮全向驱动移动机器人任一车轮的线速度都可由其他三个轮约束表示。设移动机器人在全局坐标系 $X_G O_G Y_G$ 下的位姿 $\boldsymbol{X}=[x,\ y,\ \theta]^{\mathrm{T}}$ 且 $\dot{\boldsymbol{X}}=[\dot{x},\ \dot{y},\ \dot{\theta}]^{\mathrm{T}}=[v_x,\ v_y,\ \dot{\theta}]^{\mathrm{T}}$，四轮线速度 $v=(v_1,v_2,v_3,v_4)^{\mathrm{T}}$，则机器人的运动模型为

$$\dot{\boldsymbol{X}}=(\boldsymbol{P}\boldsymbol{P}^{\mathrm{T}})^{-1}\boldsymbol{P}v \tag{4-24}$$

4.3　运动约束

轮式移动机器人是一类典型的受到非完整性约束的非线性系统，第 2 章介绍了四种不同的移动机器人轮子类型，四种中脚轮、瑞典轮和球形轮对移动机器人的底盘不添加任何运动学约束，固定标准轮和转向标准轮会对移动机器人的底盘运动学有运动学约束，对于不同类型的轮子，运动约束也会有所差别。假定每个轮子与运动平面总保持垂直且轮子与地面仅有一个接触点，每个车轮满足纯滚动而且侧向运动速度为 0，即只滚动无滑动，基于此可以得到对移动机器人车轮的两个约束：

(1) 每个车轮与运动平面间是滚动接触；

(2) 每个车轮无侧向滑动，即对正交于车轮的平面，车轮无滑动。

假设一个在平面上运动的移动机器人具有 N 个车轮，该 N 个车轮由 N_f 个固定的车轮和 N_s 个可操作轮组成。$\boldsymbol{\beta}_s(t)$表示 N_s 个可操纵车轮的可操纵角；$\boldsymbol{\beta}_f(t)$表示 N_f 个固定车轮的轮子角度向量。固定和可操纵情况分别用位置旋转向量 $\boldsymbol{\phi}_f(t)$和 $\boldsymbol{\phi}_s(t)$表示，则

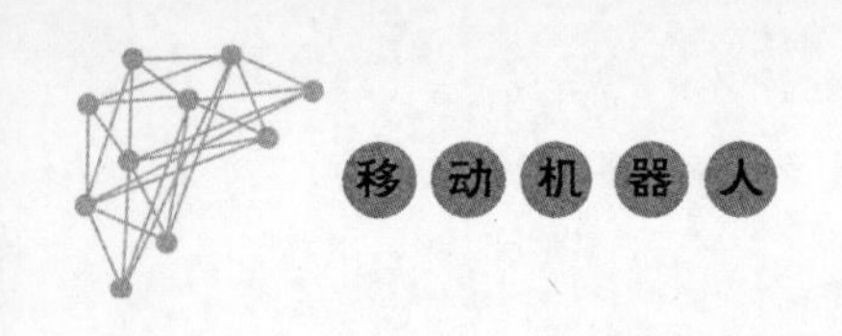

$$\boldsymbol{\phi}(t)=\begin{bmatrix}\boldsymbol{\phi}_f(t)\\ \boldsymbol{\phi}_s(t)\end{bmatrix} \tag{4-25}$$

所有轮子的滚动约束可集合成

$$\boldsymbol{J}_1(\boldsymbol{\beta}_s)\boldsymbol{T}\boldsymbol{X}_R-\boldsymbol{J}_2\boldsymbol{\phi}=0 \tag{4-26}$$

式中的 $\boldsymbol{T}$ 和 $\boldsymbol{X}_R$ 是式(4-2)中机器人的旋转坐标以及在局部坐标系下的坐标，$\boldsymbol{J}_2$是一个 $N\times N$ 的所有车轮的半径 r 的对角矩阵，$\boldsymbol{J}_1(\beta_s)$是一个投影矩阵。

对可操纵轮而言，车轮的方向是随时间而改变的函数，而固定车轮的方向是恒定的。所以，所有固定车轮的 $\boldsymbol{J}_1(\boldsymbol{\beta}_s)$都是 $N_s\times 3$ 的矩阵。

以四轮移动机器人为例。在实际的四轮移动机器人转向过程中，为了使所有车轮都处于纯滚动而无滑动，要求转向的轴内、外轮转角之间符合阿克曼原理，即四个车轮绕同一个瞬时转动中心(Instantaneous Center of Rotation，ICR)转动，如图 4-8 所示。

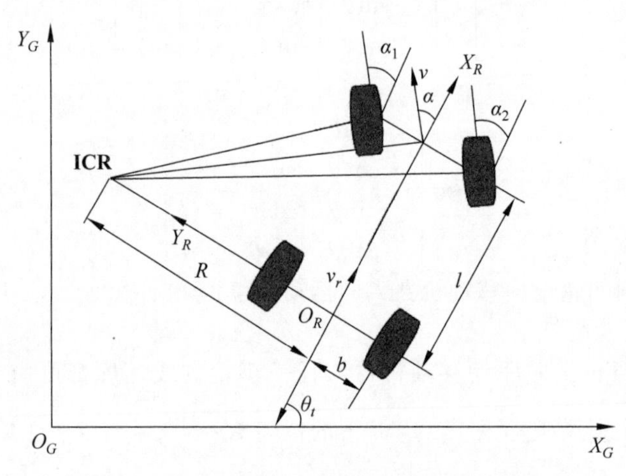

图 4-8　基于阿克曼原理的机器人运动模型

图 4-8 中，α_1、α_2分别表示内轮和外轮的转向角，α 表示前轮中轴点虚拟轮转向角；b 是轮距的二分之一；l 是轴距，θ_t表示机器人真实转角。内外轮的转角应满足如下约束

$$\begin{cases}\cot\alpha_1=\cot\alpha-\dfrac{b}{l}\\ \cot\alpha_2=\cot\alpha+\dfrac{b}{l}\end{cases} \tag{4-27}$$

解之，可得

$$\cot\alpha_2-\cot\alpha_1=\frac{2b}{l} \tag{4-28}$$

当假设机器人以及车轮均为刚体，且机器人在平面二维上运动，不考虑俯仰与侧倾的影响时，可得

$$\begin{cases}R=\dfrac{b}{\tan\alpha}\\ \omega=\dfrac{v_r}{R}\end{cases} \tag{4-29}$$

由此可推出角速度 ω 与转向角 α 的关系

$$\begin{cases}\omega=\dfrac{v_r \cdot \tan\alpha}{l}\\ \alpha=\arctan\dfrac{\omega \cdot l}{v_r}\end{cases} \tag{4-30}$$

全局坐标系与机器人坐标系之间的角度差 θ_t 为机器人在 t 时刻的航向角。若 t_n 时刻与 t_0 时刻机器人的位姿分别为 $\boldsymbol{p}(t_0)=[x(t_0),\ y(t_0),\ \theta(t_0)]^{\mathrm{T}}$，$\boldsymbol{p}(t_n)=[x(t_n),\ y(t_n),\ \theta(t_n)]^{\mathrm{T}}$，则机器人的运动模型可表示为

$$\begin{cases}x(n)=x(t_0)+\displaystyle\int_{t_0}^{t_n} v_r(t)\cos\theta(t)\mathrm{d}t\\ y(n)=y(t_0)+\displaystyle\int_{t_0}^{t_n} v_r(t)\sin\theta(t)\mathrm{d}t\end{cases} \tag{4-31}$$

机器人的运动需要满足基本的运动学约束条件，即机器人的移动速度需要在速度空间内，$v_r=\{(v,\omega)\mid v\in[v_{\min},v_{\max}],\omega\in[\omega_{\min},\omega_{\max}]\}$。

4.4 运动控制

移动机器人运动控制主要是指对机器人移动位置的控制，如图 4-9 所示，其中运动学模型可以根据 4.2 节建立。

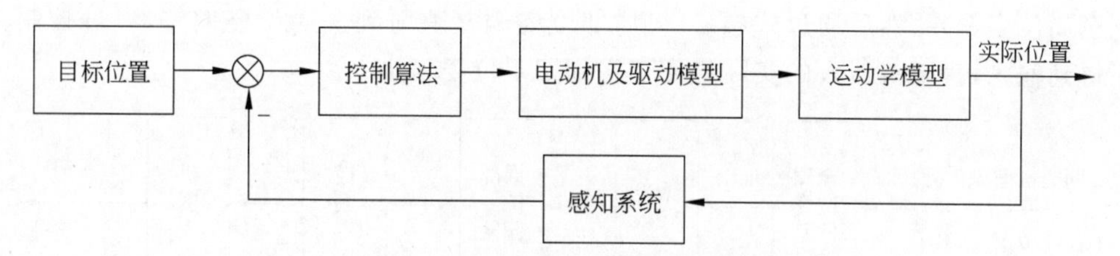

图 4-9　移动机器人运动控制结构图

移动机器人的运动控制策略可分为开环控制策略和闭环控制策略。开环控制策略是指用一个有界控制输入序列，让机器人从初始位姿到任意期望位姿。这种控制策略通常和机器人的运动规划紧密联系。但开环控制系统无检测装置，结构较为简单，控制精度相对低一些，无法准确控制系统的输出量。闭环控制策略则是反馈控制。相比于开环控制，闭环控制系统由于有检测装置，可对输出与期望输出的偏差进行估计，从而进行自动纠正，准确控制系统的输出量，控制精度高。在实际应用中，移动机器人的闭环控制系统更常用。

闭环控制策略中最经典的算法是 PID 控制算法，如图 4-10 所示。PID 控制器是一种线性控制器，由比例、积分和微分三个调节环节组成。

PID 控制算法的数学描述为

$$u(t)=k_p e(t)+\frac{1}{T_i}\int_0^t e(t)\mathrm{d}t+T_d\frac{\mathrm{d}e(t)}{\mathrm{d}t} \tag{4-32}$$

式中，$e(t)$是偏差函数，是期望输出与实际输出的偏差；k_p 是比例系数；T_i 是积分时间常数；

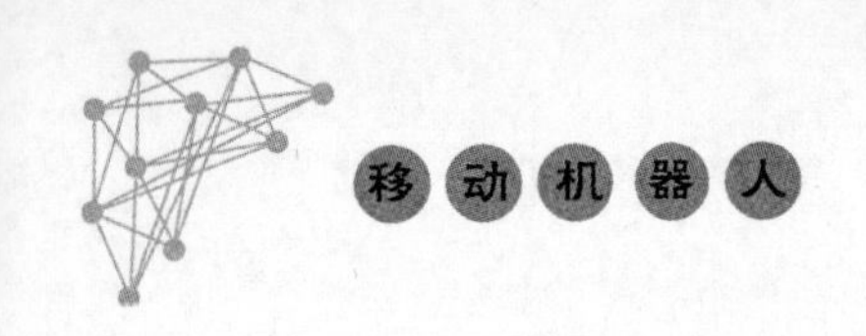

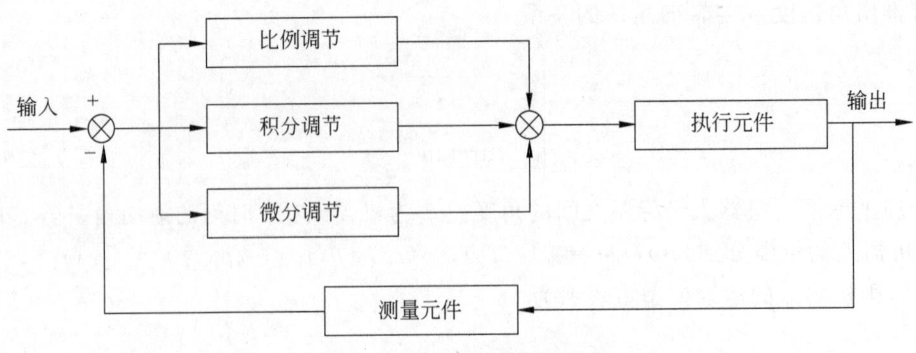

图 4-10　PID 控制算法结构

T_d 是微分时间常数。比例调节可实时地控制系统的偏差信号 $e(t)$，控制信号的大小与偏差成正比。一旦实际输出与期望输出存在偏差，控制器立即产生控制作用以减少偏差信号，控制的强度取决于比例系数 k_p。增大 k_p 可加快系统的响应速度，减小稳态误差；而减小 k_p 能使得系统超调量减小，稳定裕度增大。积分调节主要是消除系统静态误差，提高系统的抗干扰能力和无差度。积分的强度取决于积分时间常数 T_i，T_i 越大，积分速度越慢。而微分调节则是反映 $e(t)$ 的变化速率，当 $e(t)$ 有变化时，微分调节就能在系统中提前引入一个修正信号，改善系统的动态特性，减少调节时间。

移动机器人的 PID 控制过程如图 4-11 所示。给定机器人的期望轨迹，确定移动机器人的控制输入速度和角速度，然后识别出机器人的位姿，将当前位姿坐标与期望位姿进行比较得到全局位姿偏差，然后通过式(4-2)将局部位姿偏差映射到全局位姿偏差，经过控制算法校正得到输入，直至机器人的实际位姿镇定到期望位姿为止[7]。

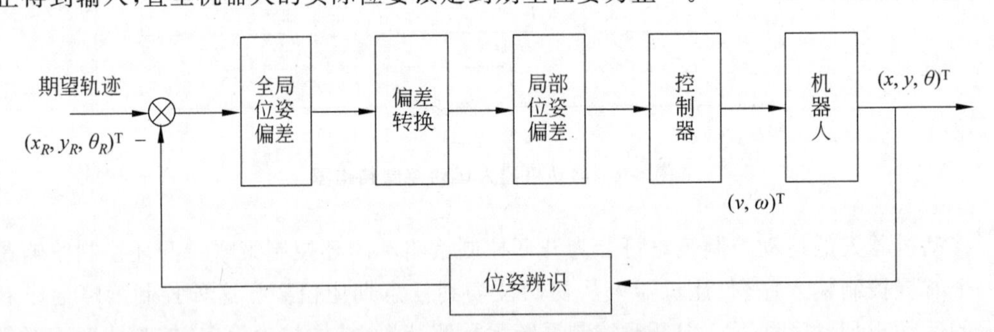

图 4-11　移动机器人的 PID 控制过程

闭环控制根据控制目标的不同又可形成点镇定、轨迹跟踪和路径跟踪三种非完整移动机器人运动控制的基本问题。

点镇定即对固定点的镇定，或称位姿镇定，简称镇定控制，是指根据某种控制理论为非完整移动机器人系统设计一个反馈控制律，使得非完整移动机器人能够达到任意指定的目标点，并且能够稳定在该目标点，即该控制率可使闭环系统的一个平衡点渐进稳定。

轨迹跟踪是指根据某种控制理论设计一个控制率，使得机器人能够达到并且最终以给定的速度跟踪运动平面上的给定的某条轨迹。轨迹跟踪与路径跟踪最大的区别在于，轨迹跟踪要跟踪的理想轨迹是一条与时间呈一定关系的几何曲线，或者说移动机器人必须跟踪一个移动的参考机器人。

移动机器人最主要的运动控制是路径跟踪控制，其任务是控制移动机器人使其运动轨迹渐进收敛于期望轨迹。路径跟踪是指移动机器人跟踪一个与时间无关的几何曲线，要求运动载体达到给定曲线上的最近点，没有时间上的约束，操作起来比较灵活。它强调首要的任务是到达空间位置，其次才考虑机器人本身的机动性，所以它有很好的灵活性和鲁棒性，在实际应用中更加方便。移动机器人轨迹跟踪与路径跟踪如图 4-12 所示。

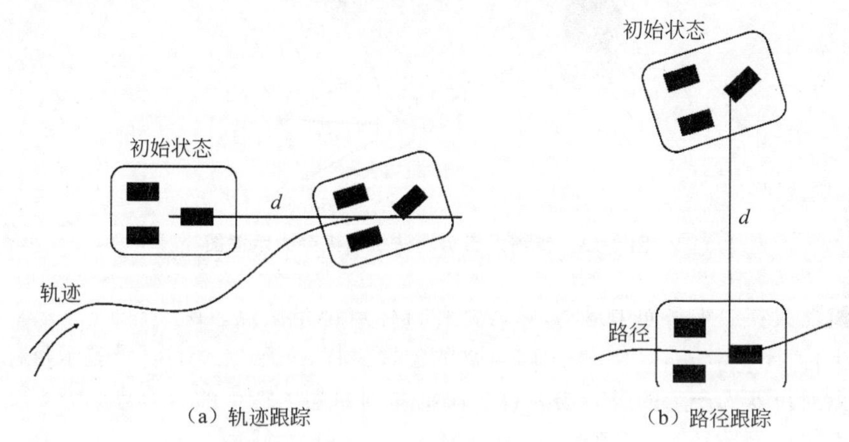

图 4-12　移动机器人轨迹跟踪与路径跟踪

4.5　避障运动

避障是指移动机器人根据采集的障碍物的状态信息，在行走过程中通过传感器感知到妨碍其通行的静态和动态物体时，按照一定的方法有效地避开，最后达到目标点。实现避障与导航的必要条件是环境感知，在未知或者是部分已知的环境下，避障需要通过传感器获取周围环境的信息，包括障碍物的尺寸、形状和位置等信息，因此传感器技术在移动机器人避障中起着十分重要的作用。避障使用的传感器主要有声呐传感器、视觉传感器、红外传感器、激光雷达传感器等。

作为机器人必须具备的一项基本功能，避障常用的方法有人工势场法、栅格法、模糊逻辑控制法、人工神经网络法、可视图法等。下面主要介绍常用的人工势场法和栅格法。

4.5.1　人工势场法

人工势场法首先由 Khatib.O 在 1986 年提出[8]，它是一种虚拟力场法，用于移动机器人路径规划和避障。人工势场法将机器人的工作环境抽象为一个虚拟的人工势场，移动机器人在该势场中受力的作用而运动。障碍物对机器人产生斥力，目标对机器人产生引力，斥力和引力的合力控制机器人的运动方向，以便机器人能够躲避障碍物到达目标点。

如图 4-13 所示，在传统的人工势场法中，目标点对机器人产生的引力方向由机器人指向目标点，引力的大小与两者之间的距离成正比。距离越大，机器人受到的引力越大，反之

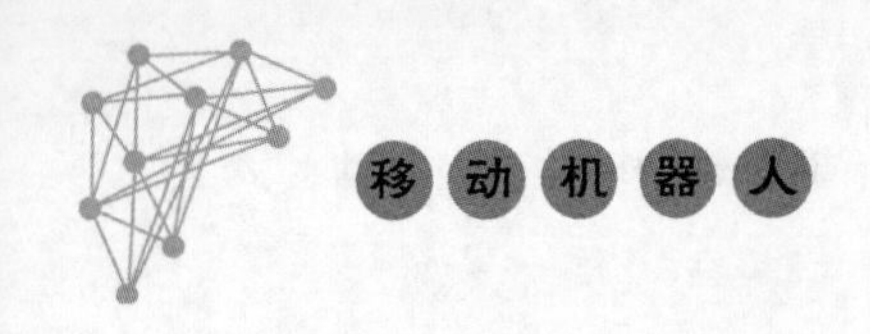

就越小；当机器人和目标点间的距离为零时，引力为零。斥力的大小与机器人和障碍物之间的距离成反比，方向由障碍物指向机器人。机器人靠近障碍物的时候，斥力增大；机器人远离障碍物的时候，斥力减小。机器人向力小的方向运动，所以机器人能够在引力势场产生的引力作用下逐渐靠近目标位置，在斥力势场产生的斥力作用下避开障碍物[9]。

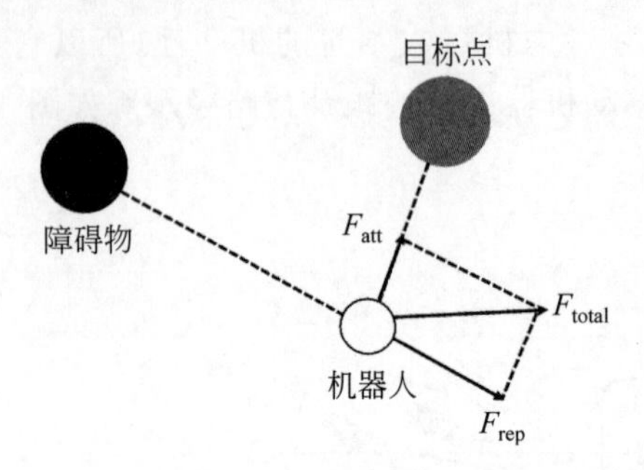

图 4-13　传统人工势场法机器人受力示意图

假设机器人在二维平面中运动，障碍物和目标点都是质点。$\boldsymbol{N}=(x,\ y)^{\mathrm{T}}$为机器人在平面中的坐标，$\boldsymbol{N}_0=(x_0,\ y_0)^{\mathrm{T}}$表示障碍物的位置坐标，$\boldsymbol{N}_g=(x_g,\ y_g)^{\mathrm{T}}$表示目标的位置坐标。目标点对机器人产生的引力场为$\boldsymbol{U}_{\mathrm{att}}$，障碍物对机器人产生的斥力势场为$\boldsymbol{U}_{\mathrm{rep}}$。

则引力势场函数是

$$\boldsymbol{U}_{\mathrm{att}}(\boldsymbol{N})=k\ \frac{\|\boldsymbol{N}-\boldsymbol{N}_g\|^2}{2} \tag{4-33}$$

式中，k 为引力势场正比例增益系数；$\|\boldsymbol{N}-\boldsymbol{N}_g\|$ 是目标与机器人之间的相对距离。引力 $\boldsymbol{F}_{\mathrm{att}}$是引力场的负梯度，所以引力 $\boldsymbol{F}_{\mathrm{att}}$为

$$\boldsymbol{F}_{\mathrm{att}}(\boldsymbol{N})=-\nabla\boldsymbol{U}_{\mathrm{att}}(\boldsymbol{N})=k\ \|\boldsymbol{N}-\boldsymbol{N}_g\| \tag{4-34}$$

斥力势场函数为

$$\boldsymbol{U}_{\mathrm{rep}}(\boldsymbol{N})=\begin{cases}\dfrac{m}{2}\times\left(\dfrac{1}{d}-\dfrac{1}{d_0}\right)^2, & d<d_0\\ 0, & d\geqslant d_0\end{cases} \tag{4-35}$$

式中，m 是斥力势场距离增益函数；$d=\|\boldsymbol{N}-\boldsymbol{N}_0\|$是机器人与障碍物间的距离；$d_0$是一个常数，表示障碍物斥力对机器人有影响的距离界限，当 $d\geqslant d_0$时，机器人不受斥力作用，在界限范围内时，机器人受到障碍物的斥力作用。斥力是斥力势场的负梯度，故斥力 $\boldsymbol{F}_{\mathrm{rep}}$为

$$\boldsymbol{F}_{\mathrm{rep}}(\boldsymbol{N})=-\nabla\boldsymbol{U}_{\mathrm{rep}}(\boldsymbol{N})=\begin{cases}\dfrac{m}{d^2}\times\left(\dfrac{1}{d}-\dfrac{1}{d_0}\right), & d<d_0\\ 0, & d\geqslant d_0\end{cases} \tag{4-36}$$

所以，当移动机器人周围有 n 个障碍物时，机器人受到的斥力合力是 $\sum_{i=1}^{n}\boldsymbol{F}_{\mathrm{rep}i}$，机器人所受的合力 $\boldsymbol{F}_{\mathrm{total}}$为

$$\boldsymbol{F}_{\mathrm{total}}=\boldsymbol{F}_{\mathrm{att}}+\sum_{i=1}^{n}\boldsymbol{F}_{\mathrm{rep}i} \tag{4-37}$$

合力提供了机器人运动的力以及方向。

由构造的势场函数可知，若目标点非全局势能最低点或者说环境中存在局部势能最低

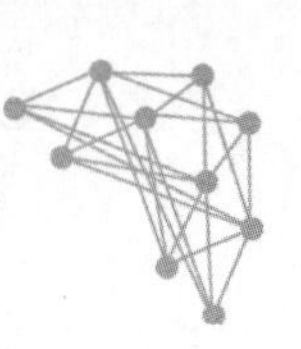

点，那么移动机器人不是总能运动到目标位置，易陷入局部最优，同时，若合力中引力不是主导力，则机器人难以避免会发生障碍物碰撞，所以传统的人工势场法存在如下几点缺陷。

（1）易陷入局部最优。

由势场函数可知，移动机器人距离目标点较远时，若机器人所受的斥力与引力大小相等、方向相反，则机器人所受的合力为零，此时机器人失去合力对其运动的指导，机器人就误以为到达终点，陷入了局部最优点。

（2）目标点非可达点。

理论上，机器人在目标位置所受的合力为零，目标位置也是全局势场最低点。但是，若目标位置附近有障碍物且目标位置在障碍物的影响范围内时，目标的引力势场被斥力势场拉高，目标点不再是全局势能最低点，故机器人无法运动到目标位置，而是在目标位置附近徘徊震荡或者停止，等同于陷入了局部最优点。

（3）狭窄通道中路径优化不足。

当通道过于狭窄时，由于障碍物斥力势场的作用，通道附近的总势场被拉高，若两障碍物的距离较小，则机器人可能从外部势能更低的地方绕过，而无法发现通道间的路径；即使是机器人发现了狭窄通道中的路径，但机器人有一定的速度，在过狭窄通道时，由于通道的势场值起伏较大，机器人通过通道时会在通道的两侧来回摆动。

（4）计算冗余量大。

每步都要计算合力，实时计算的冗余量大。

由于上述的缺陷，传统的人工势场法需要改进，改进的方法有很多，如可将机器人移动速度因素考虑进去，以机器人移动的方向角为中线，只考虑方向角周围固定范围内障碍物对机器人的斥力作用，这样不仅降低了计算量，还提高了机器人路径规划的效率。改进后的斥力函数能有效排除对机器人路径规划影响很小的障碍物。

图 4-14 是机器人在势能场中自主避障导航到目标位置的实例。图 4-14(a)是引力势场和多个斥力势场在机器人行驶过程中产生合势场的机理图，图中的圆弧曲线是引力势场，目标点产生的引力势场作用于全局环境，且越远的地方，引力越大（由曲线密度可知，曲线越密，引力越大）。障碍物是图 4-14(a)中的圆点，圆点周边的灰色圆圈为障碍物的斥力势场，其影响范围较小，仅在局部环境中。图 4-14(b)是机器人在合势场中的行驶轨迹[10]。

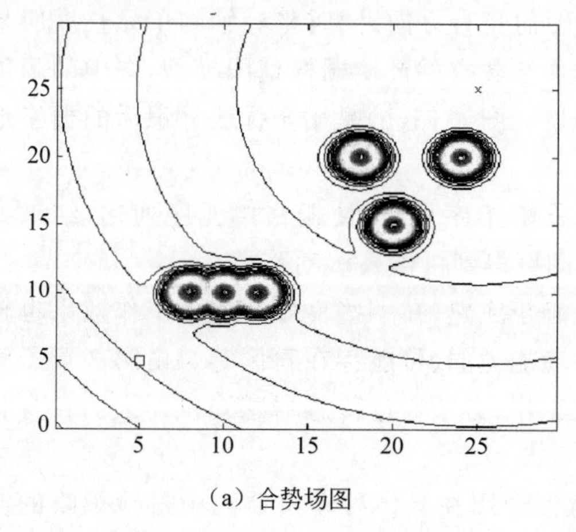

（a）合势场图

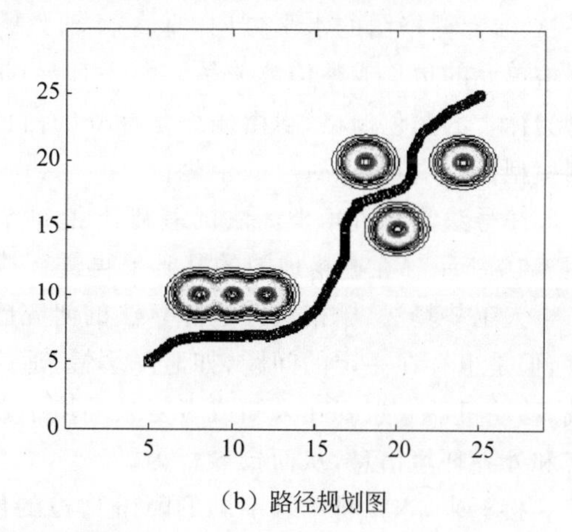

（b）路径规划图

图 4-14　人工势场中的路径规划

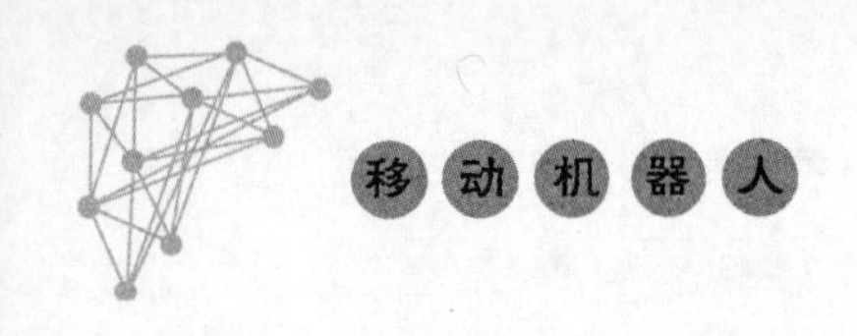

4.5.2 栅格法

相比于人工势场法，栅格法出现得更早，W.E.Howden 于 1968 年提出用栅格表示地图进而进行路径规划的方法。栅格法主要用于环境建模，该方法将移动机器人的工作环境空间按照一定的划分粒度分解为相互连接但不重叠的网格单元，即栅格。所有的栅格尺度一致，所以可将复杂的环境信息转换成离散的栅格信息。机器人在工作空间中的移动关系就变成了栅格间的移动，从而变得简单。起始栅格与目标终点栅格之间经过的栅格序列即移动机器人的路径。

在栅格法中，栅格的大小和数量直接影响到移动机器人路径规划的效率。当栅格划分太大，栅格数量就会太少，每个栅格中环境信息量不足，环境的分辨率下降，机器人的规划能力和规划精度低下；若栅格划分过细，障碍物表示虽然很精确但栅格数量过多，占据大量存储空间，机器人进行规划时的搜索量就会呈指数增大，耗时过长，不利于系统的维护运行。因此，使用时需要平衡栅格法的规划精度和时间。

栅格搜索算法过程基本如下：

(1) 确定起始位置、目标位置和障碍物所在的栅格位置。

(2) 初始化栅格，给障碍物所在栅格和自由栅格赋不同的初值。

(3) 从移动机器人邻近栅格开始搜索，找出自由栅格。

(4) 定义代价函数，计算自由栅格中心点与目标栅格中心点之间的距离。

(5) 比较各自由栅格的代价函数值，选出代价函数最小的栅格作为下一步机器人将要到达的位置。

(6) 判断移动机器人是否移动到达目标位置，若到达，则停止搜索；否则转到步骤(3)继续搜索。

二维平面中，栅格法主要赋值为 0 和 1，将有障碍物的栅格赋值为 1，机器人能够自由移动的自由栅格赋值为 0，即 1 代表该栅格路径不可搜索，0 代表可搜索。然后对二值栅格单元进行标识，标识的方法主要有直角坐标法和序号法。

直角坐标法是以二维栅格环境模型的左上角为坐标原点创建直角坐标系，坐标系的水平 X 轴为栅格图的水平方向，垂直 Y 轴为栅格图的竖直方向，同时坐标轴的单元长度应与栅格单元的边长成整倍数关系。图 4-15(a)是二值法建立的环境栅格地图模型，图中的障碍物为标 1 的黑色栅格，自由栅格是标 0 的白色栅格。图 4-15(b)是用坐标法标识后的栅格地图模型，每个栅格点对应一个坐标。

序号法是在直角坐标法的基础上给每个栅格赋予序号值，使栅格单元序列化，结果如图 4-16 所示。在栅格地图的基础上再进行搜索即可得到机器人移动路径。

人工势场法、栅格法等避障算法的研究已经趋于成熟，在一些良好环境下工作效果也较好，但是也存在一定的问题，如避障缓慢、适应环境能力弱、可能存在盲区等。由第 3 章了解到，移动机器人想要在未知或者复杂环境中顺利工作，必须通过传感器感知机器人的自身状态和外界环境信息，从而指导行为。

接下来，本章将结合不同的障碍物检测传感器介绍在具体移动机器人中避障策略的实例，包括基于声呐的避障和基于激光雷达的避障。

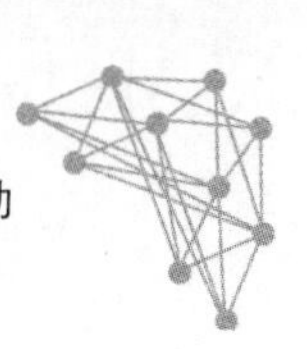

0	0	0	0	0	0	0	0
0	1	0	0	0	1	1	0
0	0	0	0	0	0	1	0
0	1	1	1	1	1	1	0
0	1	0	0	0	0	0	0
0	1	1	0	0	0	1	0
0	0	0	0	0	0	0	0
0	0	0	0	0	0	0	0

（a）二值栅格环境模型

O　X　Y

(1,1)	(2,1)	(3,1)	(4,1)	(5,1)	(6,1)	(7,1)	(8,1)
(1,2)	(2,2)	(3,2)	(4,2)	(5,2)	(6,2)	(7,2)	(8,2)
(1,3)	(2,3)	(3,3)	(5,3)	(4,3)	(6,3)	(7,3)	(8,3)
(1,4)	(2,4)	(3,4)	(4,4)	(5,4)	(6,4)	(7,4)	(8,4)
(1,5)	(2,5)	(3,5)	(4,5)	(5,5)	(6,5)	(7,5)	(8,5)
(1,6)	(2,6)	(3,6)	(4,6)	(5,6)	(6,6)	(7,6)	(8,6)
(1,7)	(2,7)	(3,7)	(4,7)	(5,7)	(6,7)	(7,7)	(8,7)
(1,8)	(2,8)	(3,8)	(4,8)	(5,8)	(6,8)	(7,8)	(8,8)

（b）坐标法栅格环境模型

图 4-15　二值栅格环境模型和坐标法栅格环境模型

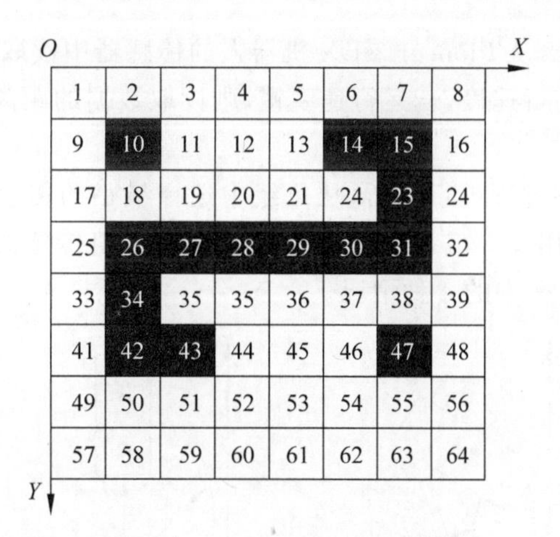

1	2	3	4	5	6	7	8
9	10	11	12	13	14	15	16
17	18	19	20	21	24	23	24
25	26	27	28	29	30	31	32
33	34	35	35	36	37	38	39
41	42	43	44	45	46	47	48
49	50	51	52	53	54	55	56
57	58	59	60	61	62	63	64

图 4-16　序号法栅格环境模型

4.5.3　避障策略实例——基于声呐的避障

Pioneer 3-DX 是美国 ActivMedia Robotics 公司生产的一个具有典型的非完整约束双轮差动机器人，如图 4-17(a)所示，主要应用在教学研究上。Pioneer 3-DX 在使用上具有较高的可靠性和耐用性，在开发应用上具有多功能性，这使得它在教学研究领域成为最受欢迎的差分驱动移动机器人[11]。Pioneer 3-DX 装配有 500 线编码器的电机、19cm 的轮胎、铝制外壳、16 个声呐传感器。图 4-17(b)列出了其前端 8 个声呐传感器的位置。声呐传感器测量频率为 25Hz(即每隔 40ms 读取一次声呐传感器数据)，探测范围为 0.1～5m。每个声呐传感器的位置是固定的：两侧各一个，其余六个以 20°为间隔顺时针方向排列，如此，这 8 个声呐传感器组成了 180°的探测范围。

将 Pioneer 3-DX 移动机器人前端的 8 个声呐传感器分为左、中、右三组，并对每个传感器预先设定一个阈值 d_{ii}，见表 4-1。

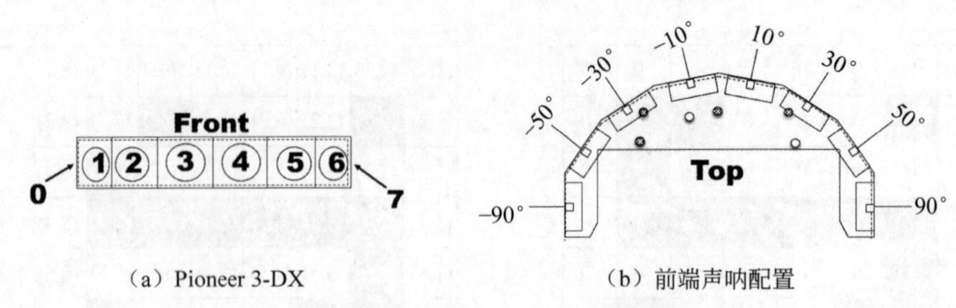

（a）Pioneer 3-DX　　（b）前端声呐配置

图 4-17　Pioneer 3-DX 机器人及其声呐配置声呐避障实例

表 4-1　各传感器设定的阈值

分组	左组			中组		右组		
传感器 i	0 号	1 号	2 号	3 号	4 号	5 号	6 号	7 号
d_{ii}/mm	150	200	250	300	300	250	200	150

在恒定的时间间隔下，从 Pioneer 3-DX 机器人的传感器中读取数据，读取数据距离的长短取决于移动机器人的运行速度，若运行速度慢，则读取数据的距离间隔短，反之，则读取数据的距离间隔长。

对移动机器人的漫游过程进行分析，从每组中选择最小的传感器测量值作为该组传感器与障碍物的距离，分别用 d_l、d_m 和 d_r 表示左、中和右三组传感器各自与障碍物的距离测量值，测量中会出现图 4-18 中的 4 种情况。

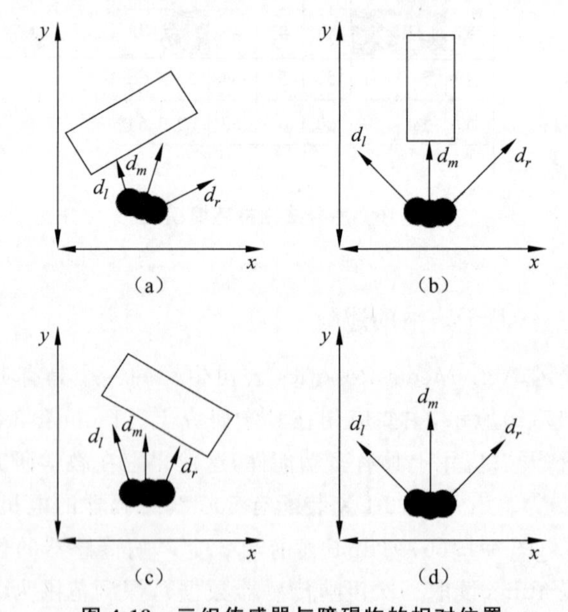

图 4-18　三组传感器与障碍物的相对位置

图 4-18(a)中，左组传感器与障碍物的距离 d_l 最小，如果小于其设定的阈值，则使移动机器人做右转运动，否则保持其原有运动方式不变。图 4-18(b)中，中组传感器与障碍物的

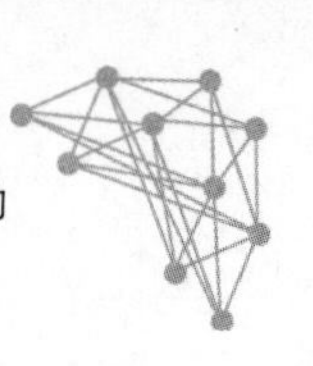

距离 d_m 最小，如果小于其设定的阈值，可以使移动机器人右转或左转，否则保持其原有运动方式不变。图 4-18(c)中，右组传感器与障碍物的距离 d_r 最小，如果小于其设定的阈值，则使移动机器人做左转运动，否则保持其原有运动方式不变。图 4-18(d)中，三组传感器都没有探测到障碍物，即均大于各自设定的阈值，所以保持机器人的原有运动方式不变。

上述避障方案对应的程序流程图如图 4-19 所示。

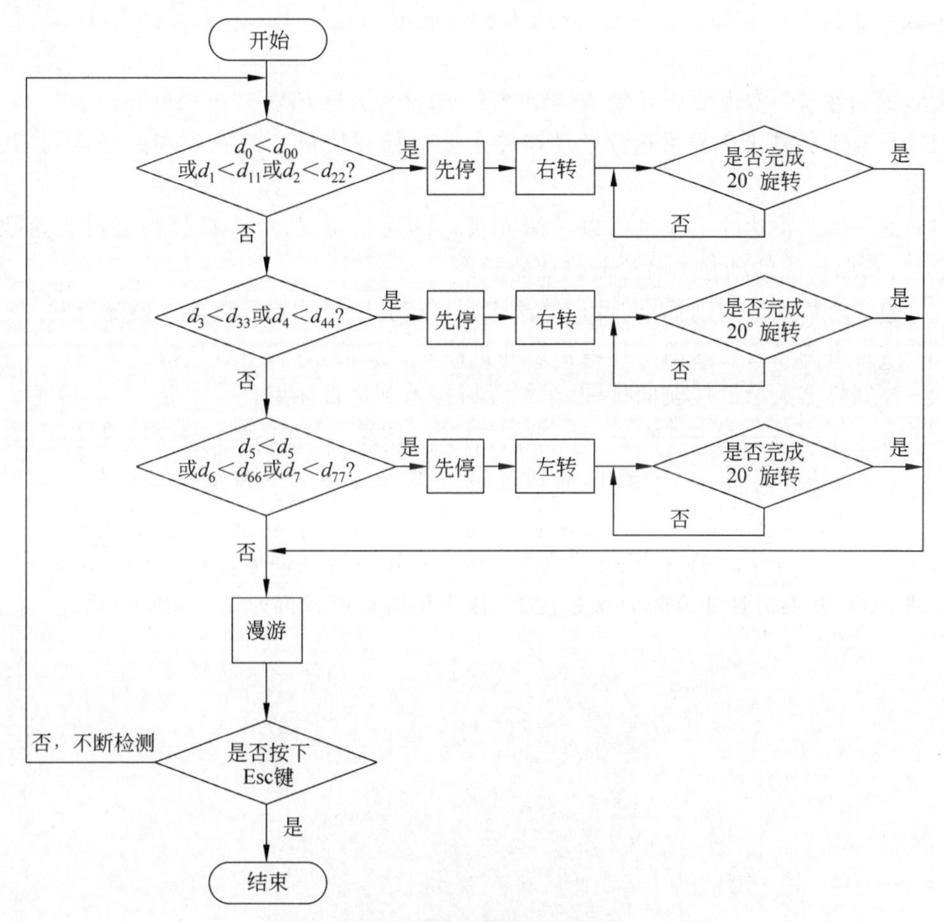

图 4-19 漫游避障程序流程图

4.5.4 避障策略实例——基于激光雷达的避障

MORCS-Ⅰ(中南移动Ⅰ号)是由中南大学智能所自行设计和开发的面向未知环境下的移动机器人实验平台，装配了里程计、光纤陀螺仪等内部传感器测量机器人的位姿，利用激光雷达、摄像头作为外部传感器实现环境的感知，如图 4-20 所示[12]。MORCS-Ⅰ配备了自主开发的系统导航软件，具有避障灵活可靠、适应未知环境等特点，并具备建模、规划、故障诊断等多项智能。其硬件总体性能指标如下。

图 4-20 移动机器人 MORCS-Ⅰ

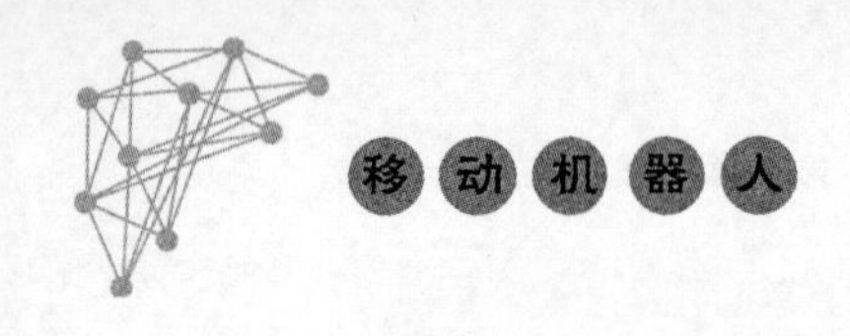

车体尺寸：长为80cm，高为90cm，宽为70cm，质量为72kg。

最大直线速度：0.6m/s，最大旋转速度为0.5r/s，绕轴零半径自转。

越障性能：5～6cm台阶以及小于25°斜面。

车体驱动电动机：4个步进电动机，36V DC。

外部传感器系统：激光雷达与摄像机视觉系统。

车载计算机：3台工控机系统，分别为负责规划与控制IPC0、激光感知IPC1、视觉感知IPC2。

无线通信系统：室内障碍环境通信距离50m，室外开阔环境150～200m。

MORCS-Ⅰ的基于激光雷达的运动避障主要包括环境信息的获取和路径规划，其步骤如下：

(1) 根据激光雷达的工作过程以及激光雷达的通信协议，对串口接收到的雷达数据进行预处理，获取环境信息并实时绘制障碍物轮廓。

(2) 建立可行驶区判别标准，设计算法识别可行驶区域并指导机器人避障行驶。

(3) 结合由激光雷达返回的环境信息和机器人位姿信息，实时规划最佳航向。

(4) 控制机器人沿最佳航向行驶，最终无碰撞地到达目标点。

MORCS-Ⅰ配置的是SICK公司的激光雷达LMS291。LMS291不仅可以通过RS-232/RS-422接口传输测距信息，而且也能通过设置参数使用三个警戒区域的报警信号。如图4-21所示，每个区域对应一个开关量信号，当激光雷达在该区域内探测到障碍物时，开关量就被置位。由于LMS291的警戒区域信息可以直接通过硬件传递给IPC0，不需要经过计算机处理，所以其实时性非常好且灵敏度高，作为反射式避障行为设计非常合适。

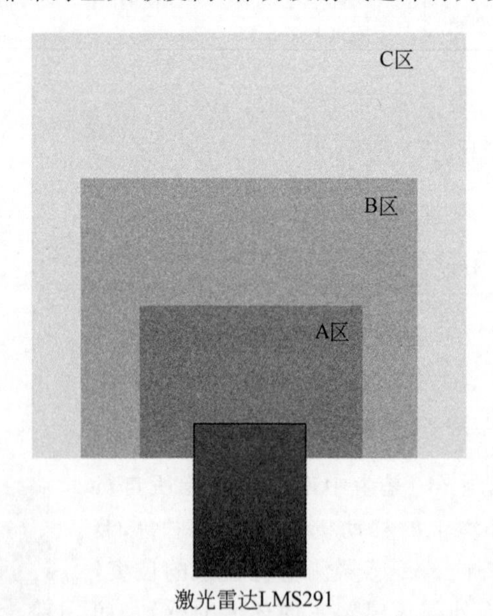

图4-21 LMS291警戒区示意图

如图4-21设计避障反射式行为。A区为躲避区域，当在A区探测到障碍物时，机器人处于危险逃逸状态，为保护激光雷达等敏感设备，机器人执行强制性的后退指令，其优先级

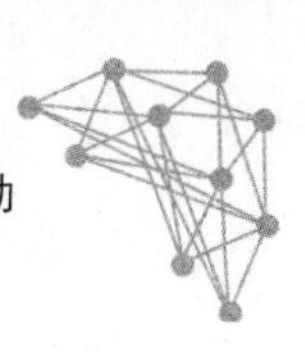

最高。B 区为避障急停区域，当障碍物进入该区域时容易相碰，机器人急停以等待机器人较优的决策。C 区为减速区域，当机器人进入该区域时，强制让机器人的速度控制在一个较低的行驶状态，以保障机器人的安全。由于 A、B、C 警戒信号是直接通过 IPC0 的 ADT850 运动控制卡上的数字输入通道输入的，所以不需要经过计算机处理，反应灵敏度高，在复杂环境下对移动机器人起到了很好的保护作用。

反应式避障行为是针对传感器探测到的距离信息的实时响应，它以路径的子目标点，机器人的实时位姿参数和实时环境距离信息为输入，输出为移动机器人驱动轮速度控制参数。

对激光雷达采集的实时环境信息设计了一个滚动的窗口模型，以机器人当前的位置为圆心在机器人正前方开辟一个长度为 R 的半圆作为活动窗口。激光雷达的实时数据是机器人前方 180°范围内的距离信息，每 0.5°一个距离值，共 361 个方向上的距离数据。为了简化模型把在活动窗口中 361 个方向压缩为 37 个方向，取每 5°一个方向共 37 个候选方向。该候选方向的距离值为每 5°最小的激光雷达采集的距离值，这样，每个候选方向上存在一个距离值 l_j，由式(4-38)确定。

$$\begin{cases} l_j = \min\limits_{j\cdot 5\leqslant i\leqslant j\cdot 5+5} d_i, & 0 < j < 36 \\ l_0 = \min\limits_{5\leqslant i\leqslant 5} d_i, & j = 0 \\ l_{36} = \min\limits_{175\leqslant i\leqslant 180} d_j, & j = 36 \end{cases} \tag{4-38}$$

其中，$0\leqslant j\leqslant 36$，$0\leqslant i\leqslant 180$。这样，主要根据 37 个候选方向及候选方向上的 l_j 进行方向评估。

此外，在该模型中把活动窗口按距离机器人中心的距离远近分成 7 层，最内层是保护层，即前面所说的 A 区，如果障碍物进入保护层，机器人就会作反射式动作，如停止或后退，以保护机器人不会碰上障碍物，机器人的保护层是矩形机器人的外切半圆。外面的 6 层称为影响层，其作用是当障碍物进入该层时，会影响相应的候选方向。影响层按照图 4-22 所示的方法划分[13]。

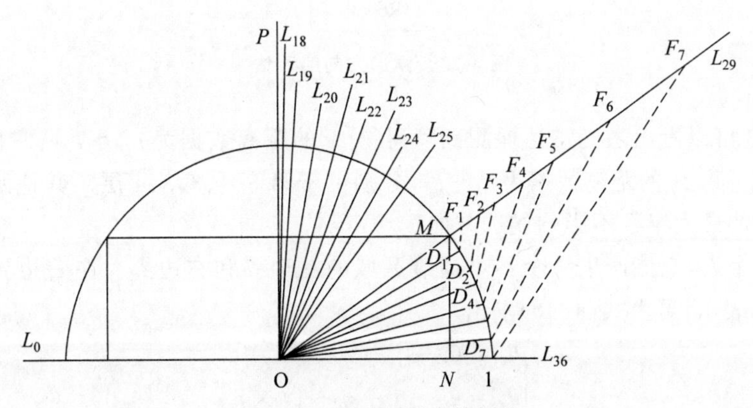

图 4-22　影响层层次的划分

图 4-22 中，圆弧为保护层，矩形代表矩形机器人的前半部分，MN 表示机器人右侧边界，L_0～L_{36}所在的方向分别表示机器人候选方向。过 L_{30}～L_{36}与机器人外切半圆弧的焦点

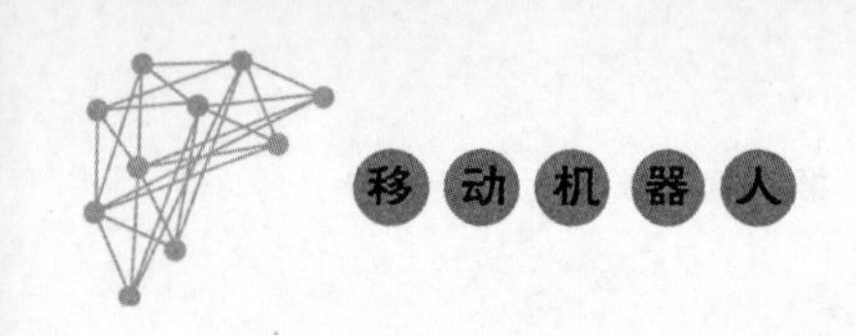

$D_1 \sim D_7$，作 $L_{19} \sim L_{25}$ 的平行线，交 L_{29} 于 $F_1 \sim F_7$。机器人候选方向之间的夹角为 5°。当移动机器人旋转选择方向时，其右侧边界 MN 的可选方向的分辨率也为 5°。假设在 L_{29} 方向上有障碍点位于 F_i 和 F_{i+1} 之间，则 MN 可以选择的方向为 $D_i F_i$ 及其左边的方向。因此，把 MN 可选的角度间隔映射到 L_{29} 上，从而可以把机器人活动窗口划分为相应的 7 层。图 4-22 中，$F_1 \sim F_7$ 为各影响层 L_{29} 的焦点，$OF_1 \sim OF_7$ 为各影响层距离机器人中心的长度，可由式(4-39)求出。

$$OF_i = \frac{OD_i \cdot \sin\angle ODF_i}{\sin\angle OD_iF_i} \tag{4-39}$$

其中，OD_i 为矩形机器人外切圆的半径，$\angle ODF_i = 125°$，$\angle F_iOD_i = i \cdot 5°$。

以 OF_4 为例，若障碍物处在 OF_4 与 OF_5 之间，机器人的右侧边界 MN 能避开障碍点的方向是 DF_4 所在的方向及其左边的方向。所以，机器人能选择的最靠右的方向就是与 DF_4 平行的方向 L_{22}，在 ΔODF_4 中，$OF_4 = \dfrac{OD \cdot \sin\alpha}{\sin\beta}$，$\alpha = \angle ODF_4 = 125°$，$\beta = \angle OF_4D = 35°$。

设激光雷达压缩后的数据为 $l_0 \sim l_{36}$，将保护层和影响层表示出来，如图 4-23 所示。

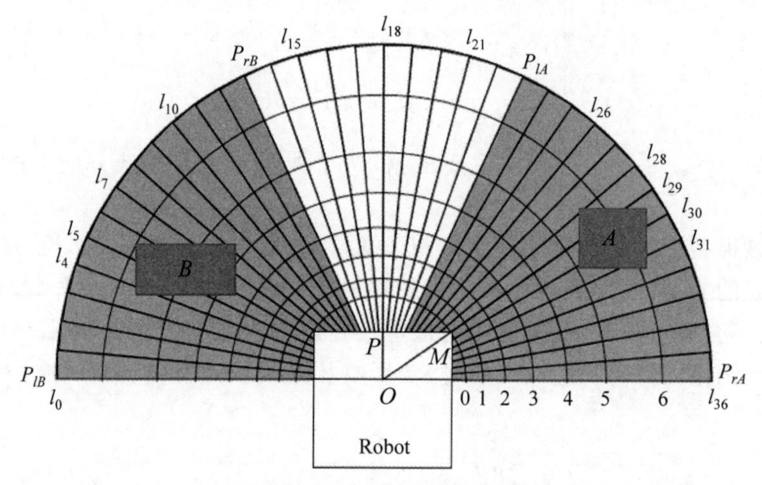

图 4-23 候选方向的评估

由图 4-23 可以看出激光雷达探测到障碍物 A 的距离数据为 $l_{28} \sim l_{31}$，它们都位于第 5 层。探测到障碍物 B 的距离数据为 $l_4 \sim l_8$，分别位于第 5、4、3、3、4 层。其他距离数据为反应式避障窗口的最大半径不影响候选方向。

对于每一个 l_i，它能产生一个不可通过区域的左边界和右边界。左右边界所在方向的角度用 θ_l 和 θ_r 表示，可由式(4-40)求出。

$$\begin{cases}\theta_l = (i + j - \eta) \times 5 \\ \theta_r = (i - j + \eta + 1) \times 5\end{cases} \tag{4-40}$$

式中，i 为 l_i 所在的候选方向 L_i 的序号；j 为 l_i 所在影响层的序号；$\eta = (\text{int})\dfrac{\angle POM}{5°}$，由机器人机械结构决定。

每个周期的 37 个距离数据 $l_0 \sim l_{36}$ 都可由式(4-40)计算出所影响的边界角度 θ_{li} 和 θ_{ri}，

若 l_i 为反应式避障窗口的最大半径不影响候选方向，故机器人的可选方向可由式(4-41)确定。

$$L_i=\left\{L_i \mid i<\frac{\min\limits_{k\in\Gamma}\theta_{lk}}{5^\circ}, i>\frac{\max\limits_{k\in\Gamma}\theta_{rk}}{5^\circ}\right\} \tag{4-41}$$

其中，Γ 为集合[0～36]。

如图4-23所示，灰色部分为受到影响的候选方向，白色部分为可选的可行方向。可以看出，障碍物越靠近内层，其影响的候选方向越多。

要确定机器人下一时刻的最佳方向，还需对各可行方向进行评估。选取式(4-42)为评估的代价函数。

$$g(c)=\mu_1\cdot\Delta(c,k_g)+\mu_2\cdot\Delta(c,k_r) \tag{4-42}$$

式中，c 表示待评估的方向；$\Delta(c,k_g)$表示 c 方向和目标方向的夹角；$\Delta(c,k_r)$表示 c 方向和机器人航向的夹角；μ_1 和 μ_2 为调节参数常数，μ_1 越大，表示机器人越以目标方向为导向，μ_2 越大，表示机器人方向的变化越平滑。计算每一个可选方向的 $g(c)$，选取最小值的方向作为移动机器人下一时刻的方向。

参考文献

[1] d'Andrea-Novel B, Bastin G, Campion G. Modelling and control of non-holonomic wheeled mobile robots[C]. Proceedings. 1991 IEEE International Conference on Robotics and Automation. Sacramento, CA, USA: IEEE Computer Society Press Order, 1991 (vol.2): 1130-1135.

[2] Jha A, Kumar M. Two wheels differential type odometry for mobile robots[C]. Balvinder Shukla. Proceedings of 3rd International Conference on Reliability, Infocom Technologies and Optimization. Noida, India: IEEE, 2014: 1-5.

[3] https://www.bostondynamics.com/handle.

[4] http://www.cs.cmu.edu/~pprk/images/ppr1.jpg.

[5] http://www.hangfa.com/robot/CompassQ2/top.jpg.

[6] Lauria M, et al. Design and Control of a Four Steered Wheeled Mobile Robot[C]. Industrial Electronics Society: IECON 2006—32nd Annual Conference on IEEE Industrial Electronics. Paris, France: IEEE Service Center, 2006: 4020-4025.

[7] Julio E Normey-Rico, Ismael Alcalá, Juan Gómez-Ortega, et al. Mobile robot path tracking using a robust PID controller[J]. Control Engineering Practice, 2001, 9(11): 1209-1214.

[8] Khatib O. Real-time obstacle avoidance for manipulators and mobile robots[C]. Proceedings. 1985 IEEE International Conference on Robotics and Automation. St. Louis, MO, USA: IEEE Computer Society Press, 1985: 500-505.

[9] 罗强，王海宝，崔小劲，等. 改进人工势场法自主移动机器人路径规划[J].控制工程，2019，26(06)：1091-1098.

[10] 豆祥忠. 基于改进人工势场法和栅格法的自主配送车避障研究[D]. 陕西：长安大学工程机械学院，2019：23-46.

[11] https://robots.ros.org/assets/img/robots/pioneer-3-dx/image.jpg.

[12] 蔡自兴，肖正，于金霞. 动态环境中移动机器人地图构建的研究进展[J].控制工程，2007(03)：231-

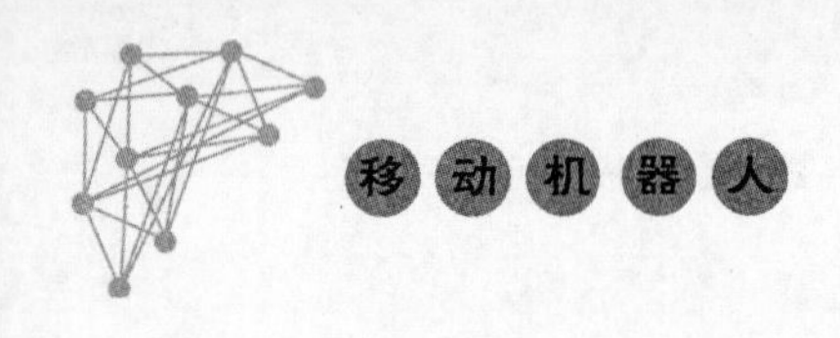

235,269.

[13] 蔡自兴,郑敏捷,邹小兵.基于激光雷达的移动机器人实时避障策略[J].中南大学学报(自然科学版),2006(02):324-329.

习　题

1. 移动机器人运动学的参考坐标系一般有几种?

2. 里程计模型分哪几种? 具体指什么?

3. 举出几个双轮差速运动移动机器人和全向驱动移动机器人实例。

4. 移动机器人的运动控制策略有哪两个? 具体是什么?

5. 闭环控制根据控制目标的不同又可形成哪几种非完整移动机器人运动控制的基本问题?

6. 传统的人工势场法存在什么缺陷?

7. 栅格搜索的基本过程是怎样的?

8. 对二值栅格单元进行标识,标识的方法有什么? 具体如何操作?

第5章　移动机器人感知

移动机器人对环境的感知，即移动机器人可以根据自身携带的传感器对所处周围环境进行环境信息的获取，并提取环境中有效的特征信息加以处理和理解，最终根据建立所在环境的模型表达所在环境的信息。随着传感器技术的发展，传感器在移动机器人中得到了充分的使用，大大提高了智能移动机器人对环境信息的获取能力。本章主要介绍常用的激光雷达和视觉的感知技术。

移动机器人环境感知技术是完成自主机器人定位、导航的前提，通过对周围的环境进行有效的感知，移动机器人能够更好地进行自主定位、环境探索与自主导航等基本任务的实施。环境感知技术是智能机器人自主行为理论中的重要研究内容，具有十分重要的研究意义。

5.1　地图表示及构建

环境模型的表示是解决环境建模问题的第一步。环境建模本质上属于环境特征提取与知识表示方法的范畴，决定了系统如何存储、利用和获取知识，即怎样获取环境信息、怎样表示环境地图、怎样构建环境地图。所以，环境建模(Mapping)是建立机器人所处工作环境的各种物体(如障碍、路标等)准确的空间位置描述，即空间模型或地图。

构建地图需要关注以下几个问题：

(1) 便于理解和计算。构建地图的目的是供机器人进行路径规划，所以地图必须便于机器理解和计算。

(2) 方便扩展。当探测到新环境信息时，应该可以方便地添加到地图中。

(3) 便于定位。

典型的地图表示方法有尺度地图、拓扑地图、直接表征地图和混合地图。地图表示方法不同，适用场合和作用也就不一样。

尺度地图表示环境的几何属性。为了构建地图，移动机器人必须处理从传感器(激光雷达、声呐、摄像机等)获取的外部环境信息和自身的运动姿态。因为这些数据的来源不是很准确，所以在构建地图时需要对这些不确定性信息进行处理。概率理论和方法可以很好地处理不确定性信息，在移动机器人的地图构建中取得了广泛的应用。尺度地图又分为栅格地图和几何特征地图。

拓扑地图用顶点和边描述空间中各种物体之间或不同环境之间的关系，并没有一个明显

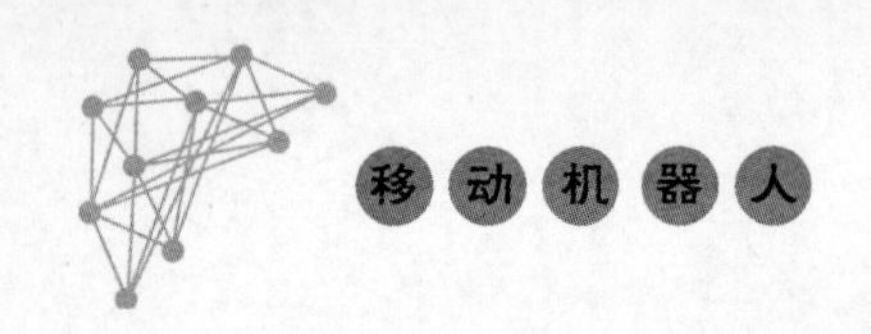

的尺度概念。拓扑地图通常用图表表示，需要的存储空间小，通过其进行路径规划效率很高，适合大规模环境下的应用。然而，因为无精确的尺度信息，所以并不适合机器人的定位。

直接表征法省去了特征或栅格表示这一中间环节，直接使用传感器读入的数据描述环境，但因其数据存储量大，环境噪声干扰严重，特征数据的提取与匹配困难，使其应用受到一定限制。

混合地图是将上述地图组合在一起。近年来，为了结合以上几种环境描述方法的优点，人们提出了拓扑与几何相结合的混合地图模型，将整个环境表示为一个拓扑图，拓扑图中的每个节点都有该节点对应区域的详细几何描述。获得这种混合地图的方式有两种：一种是在拓扑地图中加入几何信息予以注释；另一种是在几何地图上提取拓扑信息形成拓扑地图。混合地图模型结合了拓扑地图与几何特征地图（栅格地图）的优点，是今后的发展趋势。

5.1.1 栅格地图

栅格地图的主要思想是把环境空间分解为局部单元并用它们是否被障碍占据进行状态描述。简单来说，栅格地图将环境分解成一系列离散栅格，每个栅格有一个值，表示该栅格被障碍物占用的情况，能够详细地描述环境的信息，易于机器人进行定位和路径规划，但路径规划效率不高。最简单的方式是用 0、1 表示空闲（Free）和占用（Occupied），则栅格地图等同于二值图。然而，传感器对障碍物的判断带有一定的概率，所以一般会用 0～1 的概率值描述栅格有障碍物的概率。这样，栅格地图不再是二值图，而是灰度图。图 5-1(a)显示了根据二维传感器构建的栅格地图模型。在栅格地图中，对于一个点，当引入其 Free 状态的概率与其 Occupied 状态的概率的比值作为点的状态时，便引入占用率的概念，这样的表达方式称为占用栅格地图。

占用栅格地图生成的是概率地图。因为贝叶斯滤波器提供了一种计算后验概率的总体框架，标准的占用栅格地图构建算法通过贝叶斯滤波器（Bayes Filters）计算每个栅格占用的后验概率。假设 $\{x,y\}$ 表示一个 x,y 栅格的坐标，$P(m_{x,y}=1)$ 表示其占用的概率。每个栅格只有两种状态：占用或空闲。所以，问题就能够转换为计算二元变量集合的后验概率。每

(a) 栅格地图

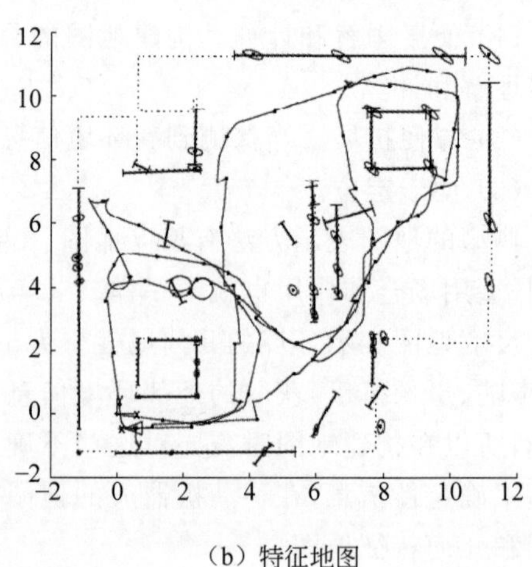

(b) 特征地图

图 5-1 常用的地图模型

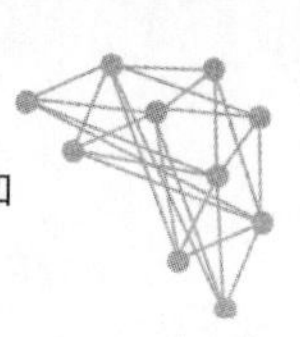

```
        C8  R6
        |
R5      C7
        |
        C6
        |
R4 — C5
        |
R3 — C4
        |
R2 — C3
        |
R1 — C2
        |
        C1
        |
C13—C10—C9          R12    R11
     |                  |    /
    C12     R7—R8—C11— R10
     |                  |
    R13                R9
     |
    R14
```

（c）拓扑地图

（d）直接表征法地图

图 5-1　（续）

个栅格的占用概率可由传感器的观测数据 $z^1 \cdots z^t$ 和先验占用信息 $m_{x,y}^{t-1}$ 确定，即每个栅格被占用的后验概率为 $P(m_{x,y}=1|z^1 \cdots z^t, m_{x,y}^{t-1})$。通过二维数组记录环境地图中对应栅格是否有障碍物，即栅格的障碍属性。为了简便，实际操作中可以设置栅格单元初始占用概率为 0.5，之后按照地图更新公式计算获得当前时刻的占用概率值，占用概率值大于 0.5 的栅格障碍属性值置为“1”，表示有障碍；占用概率值小于 0.5 的栅格障碍属性值置为“0”，表示无障碍。占用概率栅格地图如图 5-2 所示。

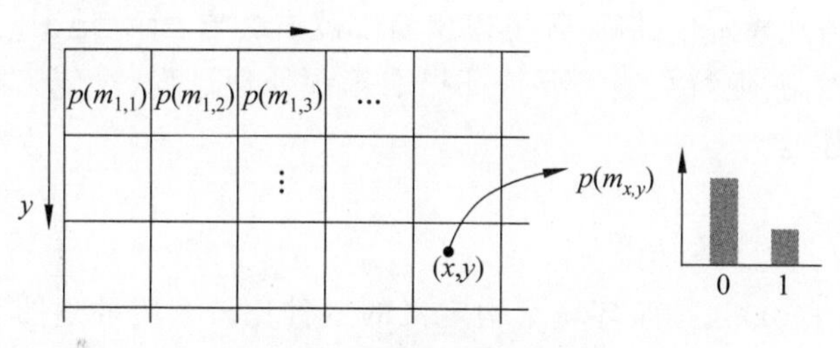

图 5-2　占用概率栅格地图

不同于特征地图，栅格地图不需要对应用环境中的特征信息进行精确的描述。栅格表示地图属于近似描述，对某个栅格的感知信息可直接与探测环境中的某个区域对应，因此栅格地图易于创建和维护。机器人对测得的障碍物的具体形状不太敏感，特别适于处理声呐的测量数据。栅格地图为移动机器人的空间感知和导航中的许多问题提供了一个鲁棒和统一的解决方案，主要优点有：

（1）栅格地图简单、直观，可以精确地表示移动机器人的工作环境。

（2）栅格地图本身对不确定性信息进行了描述，有利于进行多传感器信息融合的地图构建。

（3）栅格地图为移动机器人的导航、避障、规划、定位等提供了基础。

（4）匹配临时局部栅格地图可以检测运动物体。

栅格地图的缺点是,当在大型环境中或栅格单元划分比较细时,栅格法计算量迅速增长,需要大量内存单元,使计算机的实时处理变得很困难。

5.1.2 特征地图

基于特征信息的地图表示方法主要是依赖移动机器人从所探测环境的信息中提取抽象的具有几何特征的数据构建地图,如图 5-1(b)所示。

在某些特定的室内结构化环境中,最常见的墙、走廊、门、房间等其特征就是边、角、面。因此,可以将环境定义为线段、平面、角点的集合,这些几何特征信息一般会使用坐标、长度、宽度以及颜色等一系列参数表示。一般来说,室外环境的特征提取比较困难,特征地图比较适合于室内结构化的环境描述。特征地图使用这些几何信息描述环境,其表示方法更为紧凑且便于位置估计和目标识别。

基于特征信息的地图一般使用以下的特征集合表示:

$$D_{\sigma} = \{c_k \mid k = 1, 2, \cdots, n\} \tag{5-1}$$

其中,c_k 是一个特征;n 是这个地图中的特征总数。

近年来,很多 SLAM 研究都采用几何特征地图。该类方法的难点主要体现在如何从机器人收集的环境感知信息中提取出抽象的几何特征,以及定位与模型更新时如何基于观测到的特征在地图中寻找对应的匹配,即数据关联问题。提取特征需要对感知信息作额外的处理,且需要一定数量的感知数据才能获得结果。

通过人工标识的定位方法是比较常用的特征定位方法。此方法需要事先在作业环境中设置易于辨识的标识物。当应用自然标识定位时,自然信标的几何特征(如点、线、角等)得事先定义。特征方法建模定位准确,环境模型易于被描绘与表示,地图的参数化设置也适用于路径规划与运动控制,但特征法需要特征提取等预处理过程,对传感器噪声也比较敏感,只适于高度结构化环境。

5.1.3 拓扑地图

拓扑地图(图 5-1(c))是按照环境结构定义的一种比较紧凑的地图表示方法,一般应用于室内环境。通常,环境的复杂度决定了拓扑地图的分辨率。拓扑地图由位置节点和节点间的连线(边)组成,两者间有严格的对应准则。环境的拓扑地图就是一张连接线图,其中节点表示环境中的重要位置点,如门、楼梯、电梯等,边表示节点间的连接关系。地铁、公交车线路图均是典型的拓扑地图实例,其中停靠站为节点,节点间的路为边。

拓扑地图可组织为层次结构,例如,在底层一个位置可能就是一个房间,但在上一层时则可能是一栋建筑物或一座城市。这种表示方法能够完成快速的路径规划,并且为多线程的人机交互指令的下达提供了一个更理想的接口。拓扑地图把环境建模成一张具有拓扑意义的图,忽略了具体的几何特征数据。它不必精确描述不同节点间的地理位置关系,图形抽象,表示方便。采用抽象的理论直观地描述环境,因此拓扑地图对移动机器人位姿信息的准确度要求并不高,对于移动机器人的位姿误差,有了更好的鲁棒性。当移动机器人离开一个节点时,机器人只知道它正在哪一条边上行走就够了。

在拓扑地图中进行定位,移动机器人必须准确地分辨节点,该问题又称为地点识别。所

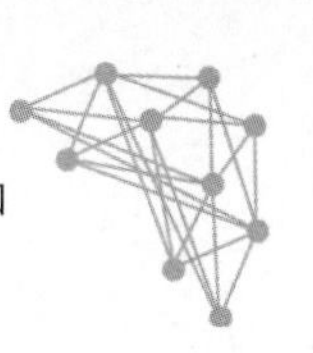

以，节点一般要有明显可区分和辨别的标识或者特征，并能被传感器识别。如果探测环境中存在两个或者两个以上相似的节点时，并且机器人从不同路径进行探测时，使用拓扑地图就很难分辨是否为同一节点。

拓扑地图表示简单，其易于扩展，能够完成快速路径规划。但因为信息的抽象性，使得机器人难以进行精确、可靠的自定位。

5.1.4　直接表征法

直接表征法(图 5-1(d))是直接使用传感器读入的数据描述环境，一般用于基于视觉传感器建图。传感器数据本身比特征或栅格这一中间表示环节包含了更丰富的环境描述信息，如图像、激光点云。所以，在直接应用原始传感器数据表示探测环境的同时，记录下来自不同位置以及方向的环境外部感知数据(包含某些坐标、几何特征或符号信息)，使用这些数据作为在这些位置处的环境特征描述。通过直接表征地图进行定位方法，与识别拓扑位置采用的方法原理上是一样的，差别仅在于此方法试图从所获取的传感器数据中创建一个函数关系，以便更精确地确定机器人的位姿。因为在不同的方位获得的外观图像不同，如果在局部地图中传感器数据到移动机器人位姿间具有一一对应关系，那么将当前位置获取的图像与原来的参考图像进行比较，则能够跟踪移动机器人的位姿。该函数经过一定的转换，还能够进行全局定位。

直接表征法数据存储量大，环境噪声干扰严重，特征数据的提取与匹配困难，使其应用受到一定限制。

5.2　基于激光雷达的感知

由于测量精准，激光雷达是移动机器人常用的外部感知传感器。对于室内环境，考虑到地面平整、环境结构化以及成本原因，一般采用单线激光雷达。对于室外较复杂的环境，可采用多线的激光雷达。采用激光点云数据不仅能够构建栅格地图，还能够完成更复杂的环境感知任务，如地面分割、车道线检测、目标识别等。

5.2.1　激光点云

激光雷达测量的数据为激光发射器到障碍物的距离 R 和激光线水平旋转的角度 α。此外，一般还提供激光反射强度 I 和采样时间。如图 5-3 所示，按照激光线与水平面的俯仰角 ω，能够求得激光测量点在三维空间以激光中心构建的坐标系下的坐标，其换算公式为

$$\begin{cases} x = R \times \cos\omega \times \sin\alpha \\ y = R \times \cos\omega \times \cos\alpha \\ z = R \times \sin\omega \end{cases} \tag{5-2}$$

激光雷达线束数量和采样频率不同，每帧采集的激光点数量从几百到几十万不等，这些点的集合构成了点云(Point Cloud)。

激光点云数据一般包括以下特征。

(1) 精确。激光点的精确度可达 2cm。

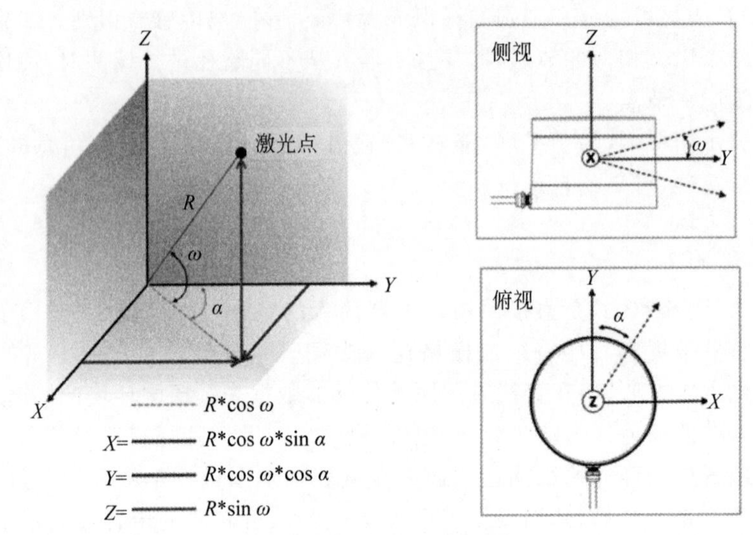

图 5-3　激光测量数据换算

(2) 稀疏。相对于场景的尺度来讲，激光雷达的采样点覆盖具有很强的稀疏性，即点数量比较少，点与点的间距比较大。

(3) 无序性。激光雷达的原始点云是没有顺序的，相同的点云能够由两个完全不同的矩阵表示，如图 5-4 所示。

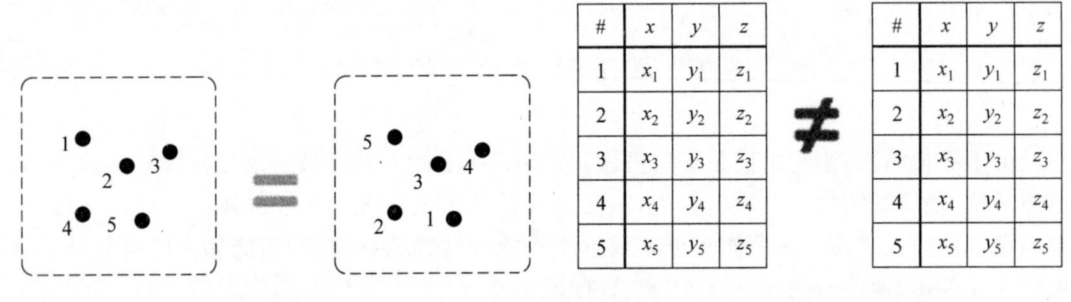

#	x	y	z
1	x_1	y_1	z_1
2	x_2	y_2	z_2
3	x_3	y_3	z_3
4	x_4	y_4	z_4
5	x_5	y_5	z_5

#	x	y	z
1	x_1	y_1	z_1
2	x_2	y_2	z_2
3	x_3	y_3	z_3
4	x_4	y_4	z_4
5	x_5	y_5	z_5

(a) 编号不同，点云相同　　(b) 点云相同，矩阵不同

图 5-4　点云的无序性

(4)点与点之间的关联性。因为点云中的点来自具有距离度量的空间，这意味着点不是孤立的。某些点之间存在空间关系并构成局部特征，如图 5-5 所示的桌子点云、杯子点云、汽车点云等。

(5) 旋转性。对同一目标，激光从不同的角度获取的点云不一样。换言之，相同的点云在空间中经过一定的刚性变化(旋转或平移)，坐标会发生变化。在基于点云的任务中，通常期望最终输出的结果能够对点云本身的几何变换具有鲁棒性，即点云做变换之后不会影响模型的结果，如图 5-6 所示。

在点云的处理和应用开发上，推荐使用点云库(Point Cloud Library，PCL)。PCL 是一个用于 2D/3D 图像和点云处理的大型的开源项目，用来进行点云的读写、处理等各种操作，

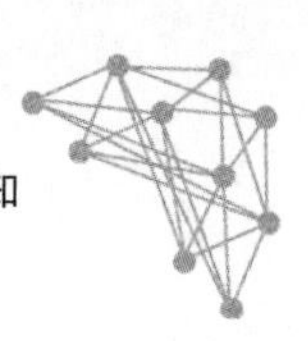

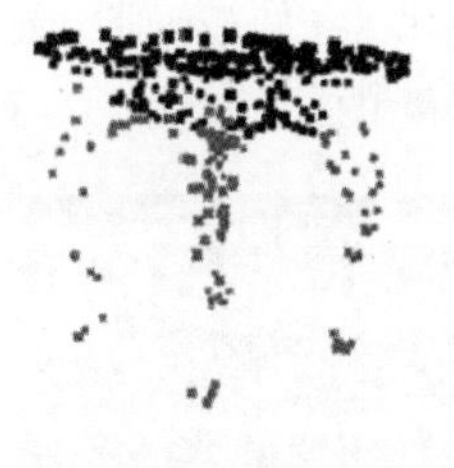

（a）桌子点云

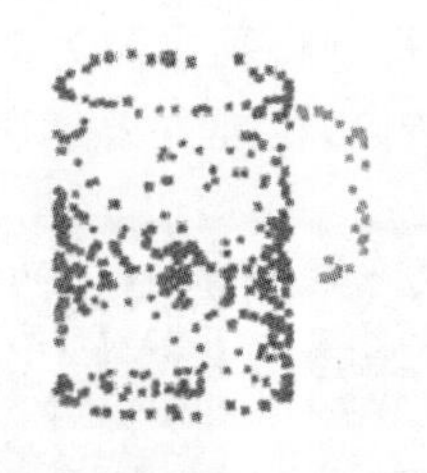

（b）杯子点云

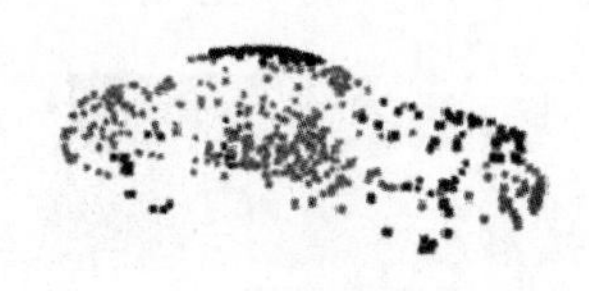

（c）汽车点云

图 5-5　点云中的点之间存在关联性

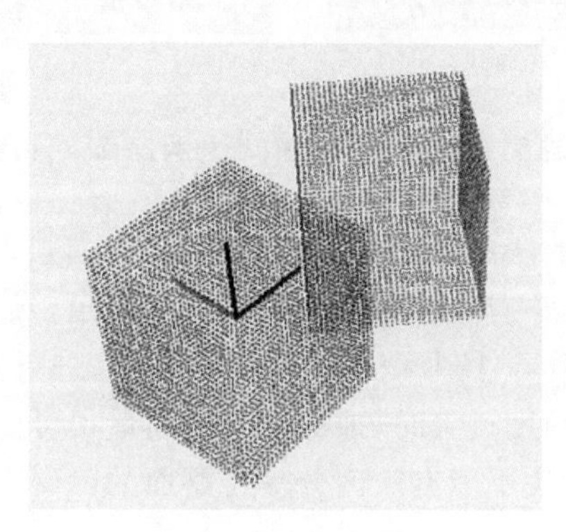

图 5-6　点云的旋转性

由许多先进算法构成，主要有滤波、特征估计、表面重构、配准、模型拼合和分割等，能够完成如过滤噪声数据中的异常值、拼合多组 3D 点云、分割场景中的相关部分、通过点云创建并可视化物体表面等功能。支持跨平台，能够在 Windows、Linux、Mac OS、iOS、Android 上部署。PCL 可分为很多小的库文件，非常适合计算资源有限或者内存有限的应用场景，方便移动端开发。详细的信息见 PCL 的官网 http://pointclouds.org。

5.2.2　基于激光点云的路面分割

移动机器人通常需要快速识别可行驶区域，对于地面移动机器人来说，就是要识别无障碍的路面。此外，原始激光点云数据中包含的地面点会对后续的目标识别造成很大的干扰，所以，在完成目标检测和识别任务时往往需要从激光点云中将路面分割出来，以降低复杂度。因为激光雷达点云数据通常是稀疏的、不均匀的，从点云中提取路面特征有困难，且无法确保分割出的路面就是移动机器人可行驶的区域。

传统的基于激光点云的路面分割方法可分为基于几何特征的方法和平面模型优化的方法。此外，近年有学者引入深度学习中的卷积网络完成路面分割。本节着重介绍传统的方法。

基于几何特征的方法是按照地面点与非地面点的几何特征不同而进行路面分割的，常用的有高度阈值法、法向量法、栅格高度差法和平均高度法等。

高度阈值法按照校准后的点云高度进行分割，根据设定的阈值将点云分为地面点和障碍物点，如图 5-7 所示(见彩插)。激光雷达在采集数据时，会出现其 z 轴与地面法向量不平行的情况，如无人车这类移动机器人在行驶过程中因为路面不平整(如减速带)而出现颠簸、转弯时速度过大而出现一定侧倾等。所以，校准点云是很有必要的。

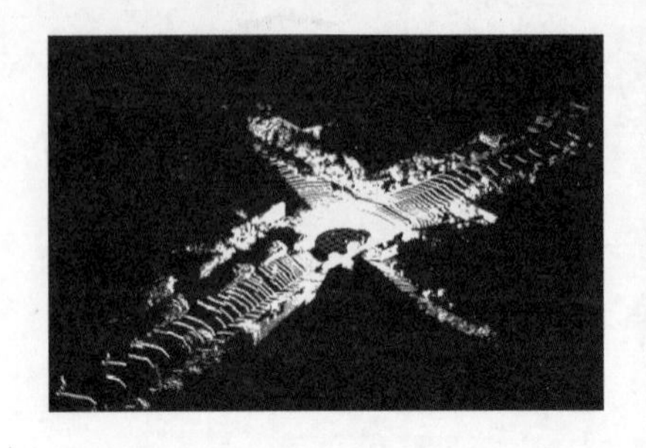

(a) 俯视图

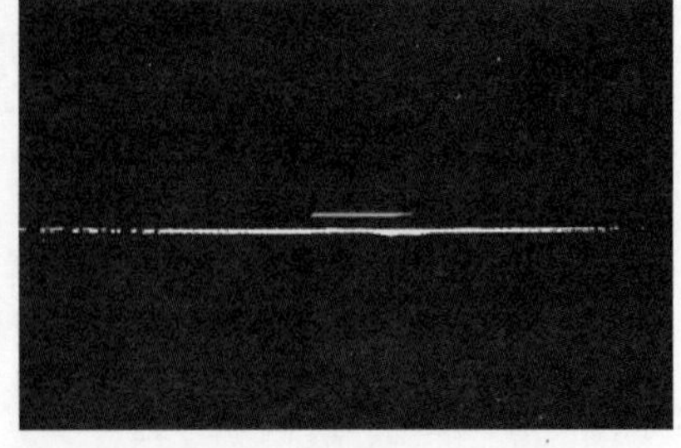

(b) 侧视图

图 5-7　高度阈值法路面分割结果示意图(绿色为路面点，白色为其他障碍物点)

法向量方法假设地面点的法向量为竖直的，即竖直法向量的值为 1，其余方向的法向量值为 0。法向量方法的步骤为：首先计算激光点的法向量值，然后按照设定的法向量阈值进行分类，如图 5-8 所示(见彩插)。按照法向量方法的假设，进行路面分割前同样要对点云校正。当激光雷达的竖直倾斜角度过大时，地面点的法向量很可能不满足假设条件，导致不能正确分割路面。此外，法向量法不能有效区分平行路面的障碍物平面点。

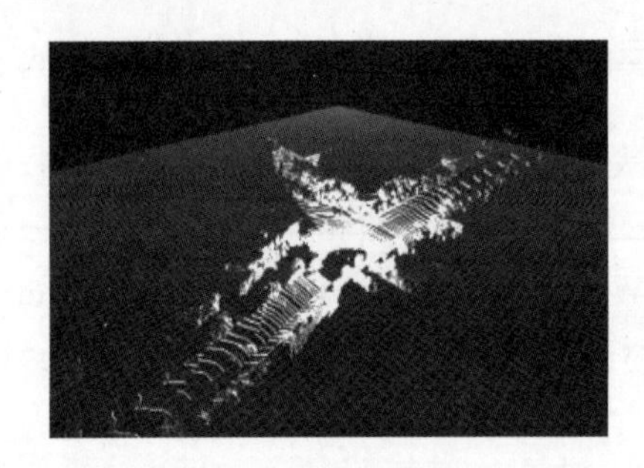

(a) 俯视图

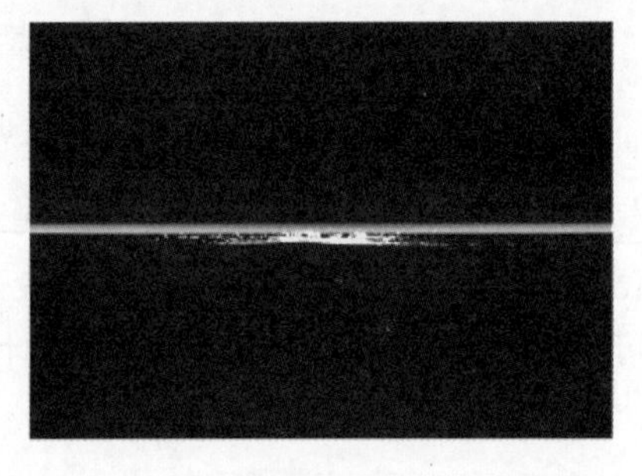

(b) 侧视图

图 5-8　法向量法路面分割结果示意图(绿色为路面点，白色为其他障碍物点)

栅格法首先按照栅格尺寸生成栅格，计算每个栅格最低点与最高点的高度差，利用高度差与预设高度差阈值比较大小的结果对栅格进行分类。最后，按照栅格的分类对栅格内的激光点进行分类，如图 5-9 所示(见彩插)。

平均高度法一般会结合其他路面分割方法使用，无法单独使用。此方法假设预处理分割后的点中绝大部分为路面点，从而可将平均高度作为进一步滤波的基准。此方法的步骤为：首先使用预处理分割出路面点，然后计算取得路面点的平均高度，最后以平均高度为阈值再进一步分割获得路面，如图 5-10 所示(见彩插)。

平均高度法作为其他方法的补充，可对分割出的点中的一些悬浮物点进行进一步滤波。

基于平面模型的路面分割的思想是根据最优化方法找到点云中的平面，即平面拟合，常用的方法有最小二乘法(Least Squares)和随机抽样一致性算法(Random Sample Consensus，RANSAC)。

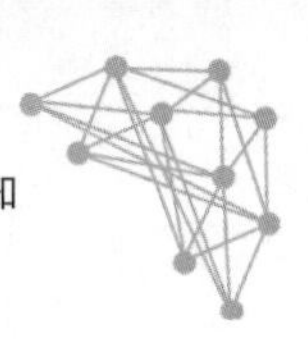

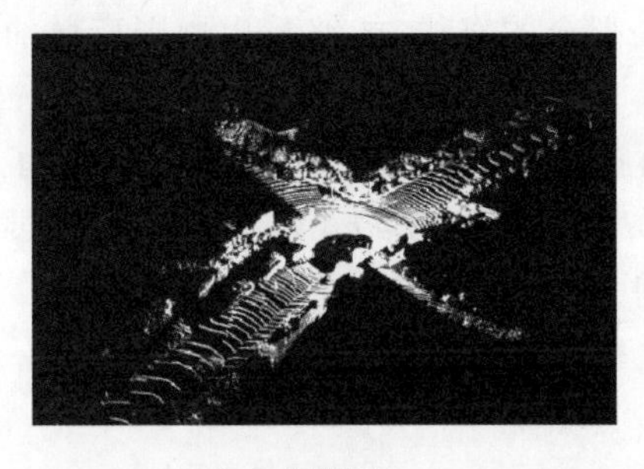

(a) 俯视图

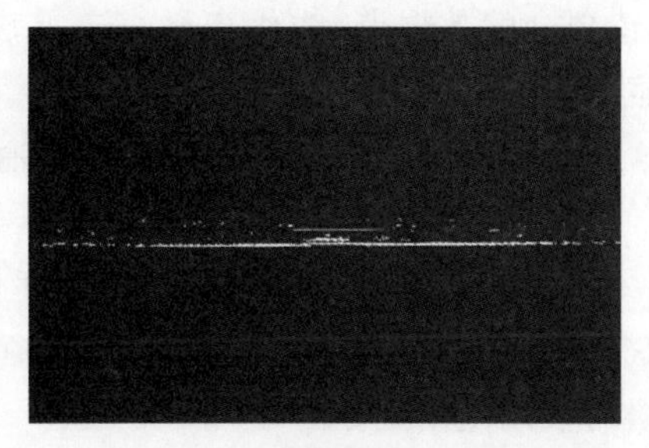

(b) 侧视图

图 5-9　栅格法路面分割结果示意图(绿色为路面点,白色为其他障碍物点)

(a) 俯视图

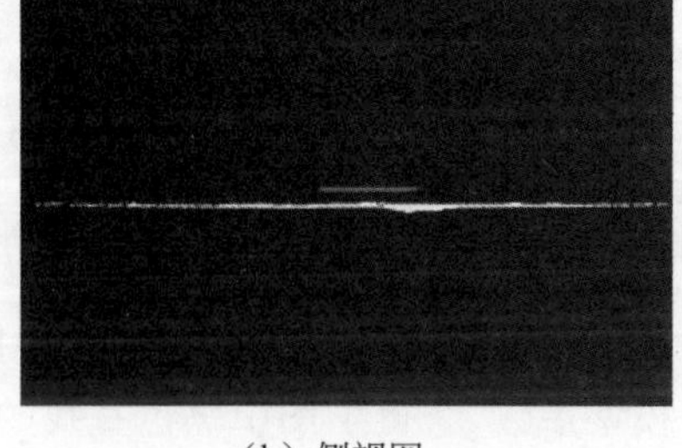

(b) 侧视图

图 5-10　平均高度法路面分割结果示意图(绿色为路面点,白色为其他障碍物点)

最小二乘法的思想在于求解未知参数,使得理论值与观测值之差(即误差,或者说残差)的平方和达到最小,误差公式为式(5-3)。

$$E=\sum_{i=1}^{n}(y_i-\hat{y})^2 \tag{5-3}$$

其中,E 为误差;y_i 为观测值;$\hat{y}$为理论值。

最小二乘法在噪声较少的情况下拟合效果较好,如图 5-11(a)所示,点代表待拟合的数据点,线代表最小二乘法拟合的直线,能够看出图中数据点较集中即误差较小,此时拟合线可以较好地描述所有点。当数据误差太大,噪声较多时,最小二乘法将失效,如图 5-11(b)所

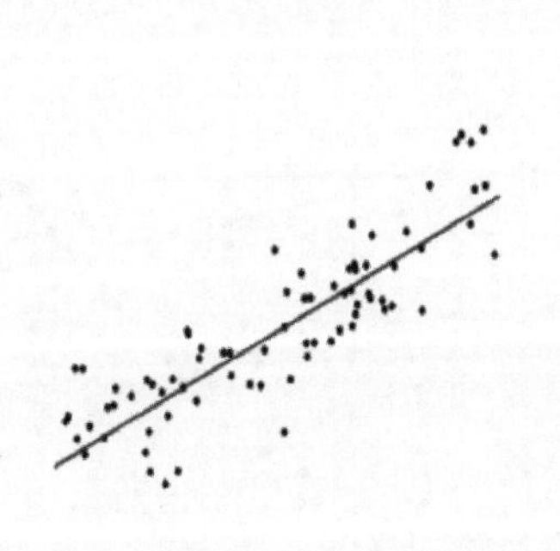

(a) 数据误差较小的情况

(b) 数据误差较大的情况

图 5-11　最小二乘法的拟合效果

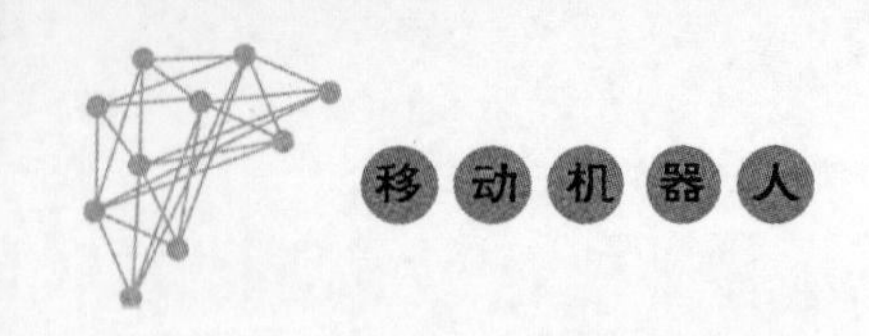

示，点代表待拟合的数据点，线代表最小二乘法拟合的直线，能够看出周围离散的噪声使得拟合线明显偏离了真实值。

对于这个问题，RANSAC 算法能够很好地解决。RANSAC 的思想在于，为了找到点云的平面，不停地改变平面模型（$ax+by+cz+d=0$）的参数：a，b，c 和 d。经过多次调参后，找出哪一组参数能使得这个模型一定程度上拟合最多的点。

RANSAC 算法的输入是一组观测数据（往往含有较大的噪声或无效点）和一个用于解释观测数据的参数化模型。

RANSAC 算法的步骤如下：

(1) 从观测数据中随机选择一个子集（Hypothetical Inliers），估计出适合这些子集的模型。

(2) 用这个模型测试其他数据。通过损失函数，取得符合这个模型的点的集合，称为一致性集合（Consensus Set）。

(3) 如果足够多的数据都被归类于一致性集合，就说明这个估计的模型是正确的；如果这个集合中的数据太少，就说明模型不合适，弃之，返回第一步。

(4) 最后，按照一致性集合中的数据，用最小二乘法重新估计模型。

图 5-12(a)（见彩插）中，红色的点为从数据点集中随机选择一个子集；图 5-12(b)表示按照子集估计模型参数，获得了图中黑色直线的模型；图 5-12(c)中，黄色的直线表示数据集中

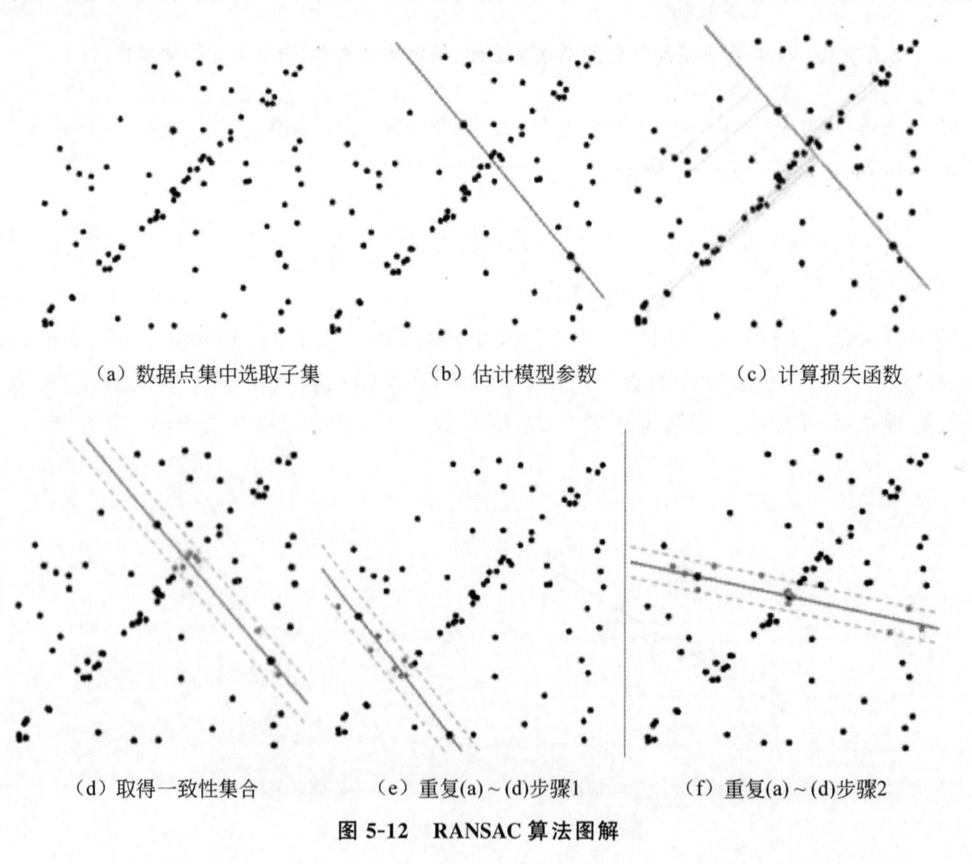
(a) 数据点集中选取子集　(b) 估计模型参数　(c) 计算损失函数

(d) 取得一致性集合　(e) 重复(a)~(d)步骤1　(f) 重复(a)~(d)步骤2

图 5-12　RANSAC 算法图解

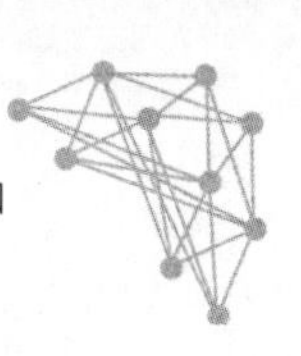

每个点到直线的距离，即计算损失函数；图 5-12(d)中，绿色的点为符合该直线模型的一致性集合，很明显，相比数据集，该一致性集合数据量太少，完全无法代表整个数据集，所以需要重复前面的步骤；图 5-12(e)和图 5-12(f)为重复前面步骤的模型参数估计和测试过程。

在模型确定以及最大迭代次数允许的情况下，RANSAC 总是能找到最优解。经过测试发现，对于包含 80%误差的数据集，RANSAC 的效果远优于直接的最小二乘法，如图 5-13 所示(见彩插)。图中，红色线为最小二乘拟合效果，绿色线为 RANSAC 拟合效果，黑色点为待拟合的数据。

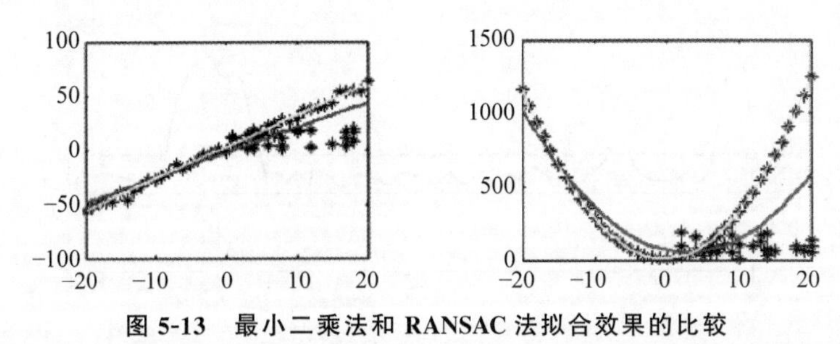

图 5-13　最小二乘法和 RANSAC 法拟合效果的比较

能够看出，最小二乘法是保守派，而 RANSAC 算法是改革派。最小二乘法是从整体误差最小的角度考虑，尽量不忽略一个数据。RANSAC 算法假设数据具有某种目的，为了达到目的，会适当割舍一些现有的数据。

5.2.3　基于激光点云的车道线检测

目前，激光雷达检测车道线有四种方法。

(1) 基于回波宽度法。按照激光雷达回波宽度对路面和车道线进行分类。

(2) 基于反射强度法。按照激光雷达反射强度信息形成的灰度图，或者按照反射强度信息与高程信息配合，筛选出车道线。

(3) 基于高精度地图法。基于激光的 SLAM 与高精度地图配合检测车道线，同时进行自主定位。

(4) 推算法。根据激光雷达可以获取路沿高度信息或物理反射信息不同的特性，先检测出路沿。若道路宽度已知，按照距离再推算出车道线位置。对于某些路沿与路面高度相差非常小(如低于 3cm)的道路，这种方法不能使用。

后三种方法一般需要多线激光雷达，最少也是 16 线激光雷达。前者可使用 4 线或单线激光雷达。

基于激光雷达回波宽度的车道线检测方法的应用中最典型的是采用德国 IBEO 激光雷达。激光脉冲在传播过程中遇到距激光发射源不同距离的障碍物时会发生多次反射，只要回波信号的强度足以被接受并且回波信号的间距满足一定的条件，就能够被记录并获得该次反射测得的距离。一束激光脉冲在传播过程中被多次反射，每次反射距离不同，光敏系统按一定时间间隔接收并解析到从不同距离反射回来的激光脉冲，这样就能够通过一束激光测得两次以上的距离值。

而 IBEO 激光雷达具有特殊的三次回波技术，即每束激光脉冲将返回三个回波。因为反射率作为物体的固有属性，受物体材质、颜色和密度等的影响，所以可以很好地反映物体特征，而物体反射率决定 IBEO 回波脉冲宽度特性，所以能够根据回波脉冲宽度的差异对目标进行区分，如图 5-14 所示[1]，W 表示回波脉冲宽度，d 表示扫描目标的距离，A、B、C 三次回波分别有不同的脉冲宽度，且回波距离也各不相同，根据目标物体固有的相关脉冲宽度，可区分出哪个才是真正的目标。三次回波返回的信息可以更加可靠地还原被测物体，同时可以精确分析物体属性并能识别雨、雾、雪等不相关物体。另外，路面和车道线的属性有明显的差异，因此能够通过回波脉冲宽度的差异对目标进行区分。

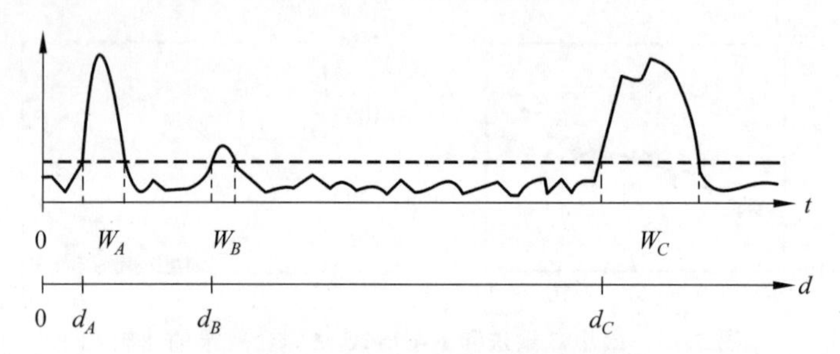

图 5-14　IBEO 激光雷达的三次回波

在各种方法的求解过程中均需要找到能对路面和车道线分类的阈值。对于车道线检测，最大的干扰在于路面，一般可使用最小类内方差算法找到路面与车道线的分割阈值。然后，通过误差分析剔除干扰信息，提取出车道线特征种子点。最后，将车道线特征种子点拟合成车道线。

最小类内方差是一种自适应阈值的求取方法，也是一种模糊聚类方法。因为方差是数值分布是否均匀的度量，此方法的基本思想是根据方差评估和调整分类阈值，从而实现激光数据的自适应两分类。首先，使用一个初始阈值将整体数据分成两个类，按照每类的方差评估分类是否最优。如果两个类的内部方差和越小，每一类内部的差别就越小，那么两个类之间的差别就越大。不断调整阈值，直到使得类内方差和最小，则说明这个阈值就是划分两类的最佳阈值。使用最佳阈值划分意味着划分两类出现偏差的概率最小。

5.2.4　基于激光点云的目标检测与识别

除了路面分割、车道线检测，还能采用激光点云完成目标的检测与识别。基于激光点云的目标检测是指从采集的激光点云数据中经过数据预处理，剔除掉复杂的地形场景中的大量路面点，利用目标分割等算法找出可能存在的感兴趣区域(Regions Of Interest，ROI)，从而锁定目标区域。基于激光点云的目标识别是指将检测到的目标经过数据分析或处理，获得该目标确切的类别，如行人、车辆、植被、建筑物等。在深度学习流行之前，主要采用传统的方法对点云进行分类和检测，且重点主要放在对数据本身特性的理解上。随着深度学习广泛应用在各个领域，点云的目标检测和识别也逐步转向了深度学习，且逐步实现了端到端的目标检测与识别过程。

早期，大多数激光点云目标检测方法都是基于传统的点云处理展开的，一般包括基于数学形态学的目标检测方法、基于特征的目标检测方法和基于图像处理的目标检测方法。基于数学形态学的目标检测方法主要是对点云数据完成形态学目标检测。基于特征的目标检

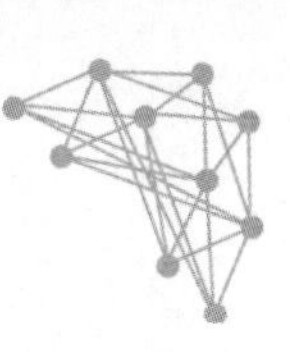

测方法的基本思想是先获取目标高度、曲率、边缘、阴影等特征,然后完成条件筛选,最后通过聚类或重组的方法获得目标。而基于图像处理的目标检测方法的思想是将激光点云数据转换成图像,如点云网格化成高度图像、按照点云的距离值转换成类似前视图的距离图(Range Image)等,然后通过图像处理算法实现目标检测。

以 32 线激光雷达的数据为例,设水平角分辨率为 0.2°,每条激光线束构成图像的一行像素,则构建的距离图宽为 360/0.2=1800PPI,高为 32PPI,即距离图的分辨率为 32×1800 像素。每个像素值表示对应点到激光中心原点的距离。点云对应的距离图的可视化样例如图 5-15 所示,黑色部分是缺少对应的点云信息,其他的不同颜色则代表不同距离。一般来说,移动机器人前方的环境与路径规划、行为决策等相关,所以,通常从激光扫描线的 360°扫描点中取前方的某个感兴趣角度值(如前方的 180°或 120°)的激光点云。

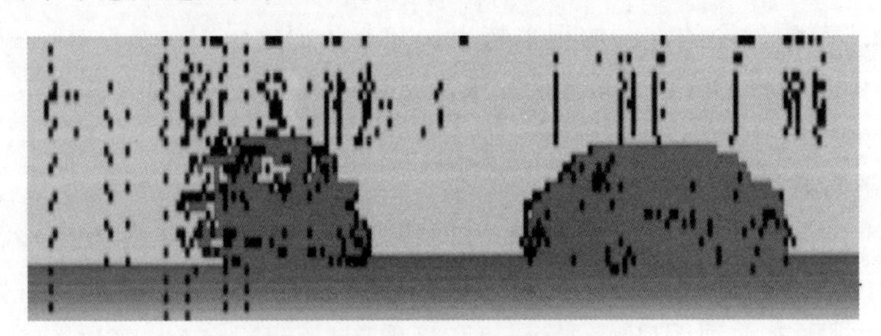

图 5-15 激光点云距离图示例

获得激光点云的距离图后,能够利用图像处理技术中的一些方法检测出目标。此外,也能够根据距离图构建图(Graph)实现目标检测。此处的图非图像,而是数据结构中的图概念。

在距离图中建立无向图 $G=\{N, E\}$,每一个像素代表一个节点,以每一个节点为中心在距离图二维平面上以一定距离搜索其他节点,如果两个节点在三维空间中满足某些条件,则建立一条边,边的权重是两个点在三维空间中的距离。建好的无向图按照基于图的分割算法即可得到聚类结果。这种方法建图的速度非常快,在实际使用过程中还需要处理多个点映射到同一个像素的情况,其建图的结果和直接在三维点云中建图相比非常接近。

对于移动机器人某些特定任务,仅检测出目标是不够的,还需要识别出目标的类别。例如,服务机器人需要准确地识别出其服务对象——人,无人车需要识别出汽车、行人、交通标志等,从而完成服务任务和驾驶行为决策。随着基于视觉传感器的目标识别算法易受环境因素影响的缺陷日益凸显以及激光雷达成本的降低,越来越多的研究者开始致力于基于激光雷达的目标识别算法的研究。其中,应用较广泛的目标识别算法可分成两大类:基于几何模型匹配的目标识别方法和基于特征描述的目标识别方法。

基于几何模型匹配的目标识别方法需要自行构建匹配模型库,然后将待识别的目标与模型库中的场景目标进行比较,找出最相似的模型作为该目标的类别。Mahalanobis 等人提出的基于体相关器的方法是一种比较具有代表性的基于几何模型匹配的目标识别方法。此方法对场景目标按形状进行划分,例如矩形、柱形、平面等,从而获得多个几何元素,并且对其空间位置进行标记,同样,对真实目标也进行类似操作并与场景目标进行比较,得出最匹配的结果作为模型结果。这种方法有一定的识别成功率,但缺陷在于构造体相关器时较为

困难。

区别于几何模型匹配的方法，基于特征描述的方法主要研究如何提取待测目标的有效特征，然后再通过机器学习中的各种分类器对目标进行分类。这些特征有方向特征、高度特征、反射强度特征、曲率特征等，还有将点云映射成图像，根据图像特征提取方法描述点云特征的。

目前，在基于激光点云的目标检测和识别中最常用的算法是基于深度学习的算法，其效果大幅优于传统学习算法，其中很多算法都采用了与图像目标检测与识别相似的算法框架。早期的激光点云上的目标检测和图像上的目标检测算法并不一样，图像数据上常见的HOG、LBP和ACF等算法并没有应用到点云数据中，这是因为激光点云数据与图片具有不同的特点，例如图片中存在遮挡和近大远小的问题，而点云上没有这些问题，反过来，图像中也并不存在5.2.1节中讨论的点云的很多特点。在基于深度学习的算法中，一般包括基于投影的方法、基于体素网格的方法、基于原始激光点云的方法、基于视觉和激光雷达数据融合的方法。

1. 基于投影的方法

基于投影的方法是将点云数据沿某个方向投影，将3D点云转换为2D视图，然后在投影的2D图像上采用深度神经网络实现目标检测和识别，再反变换获得3D目标。

一般常用的视图有前视图(FrontView)和鸟瞰图(BirdView)。前视图类似前面提到的距离图，构建方法是将三维空间中的点投影到以激光为中心的圆柱形表面上，然后展开该圆柱形为二维图片。鸟瞰图，又称俯视图，它将点云的z轴信息转换成以点云x轴和y轴形成的2D图像中的像素信息。鸟瞰图保持了物体的物理尺寸，从而具有较小的尺寸方差，这在前视图和图像平面的情况下是不具备的。在道路场景中，因为目标通常位于地面平面上，并在垂直位置的方差较小，所以鸟瞰图牺牲了高度特征，但是更好地保留了位置特征，这也是鸟瞰图的一大优势。

然而，投影方法会丢失点云中的一些信息，不能解决目标遮挡或堆叠的情况。即便是对于汽车检测这样的常见任务，也不能获得令人满意的结果。所以，有研究者采用多个视图融合的方法弥补信息损失的不足，较为著名的方法有MV3D-Net[2]算法框架，如图5-16所示。三维MV3D-Net提出了一个多视角(Multi-View)的3D物体识别网络，将激光点云投影到多个视图中以及采用前置摄像头获得图像，提取相应的视图特征，然后融合这些特征实现精确的物体识别。多模态的输入数据有三种，分别是点云投影生成的鸟瞰图、前视图和二维RGB图像。接着分别对三种输入提取特征，从点云鸟瞰图特征中计算候选区域，并分别向另外两幅图中进行映射。因为特征在不同的视角/模态通常有不同的分辨率，所以通过感兴趣区域(ROI)的池化为每一个模态获得相同长度的特征向量。把整合后的数据经过基于区域的网络进行融合，最后采用分类和回归网络获得目标类别及目标位置。

2. 基于体素网格的方法

体素，概念上类似二维空间的最小单位：像素，是三维空间分割的最小单元。在激光点云中可运用体素建立3D网格，从而完成点云的目标识别。一般会视具体情况设计“体素”的大小，用体素对点云进行量化获得体素网格。VoxelNet是基于体素网格的目标识别经典模型之一[3]，如图5-17所示。

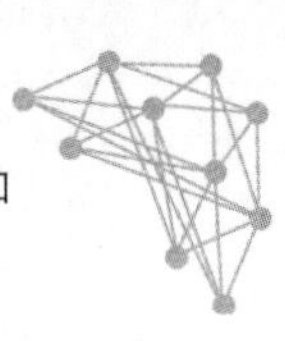

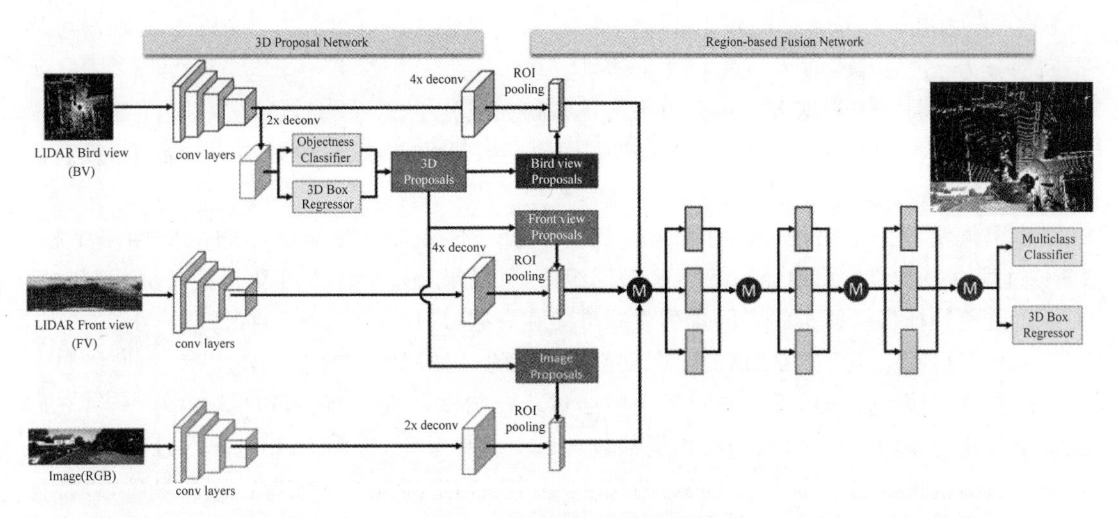

图 5-16　MV3D-Net 算法框架

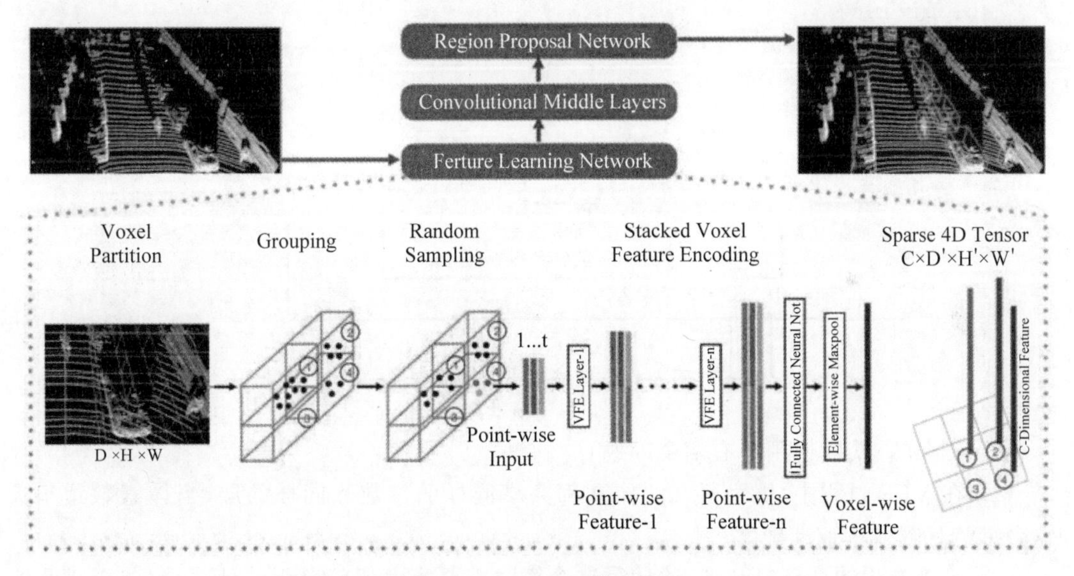

图 5-17　VoxelNet 算法框架

VoxelNet 的网络结构主要包含三个功能模块：特征学习层（Feature Learning Network）、卷积中间层（Convolutional Middle Layers）、区域提出网络（Region Proposal Network，RPN）。其中，特征学习网络主要有体素分块（Voxel Partition）、点云分组（Grouping）、随机采样（Random Sampling）、多层的体素特征编码（Stacked Voxel Feature Encoding）、稀疏张量表示（Sparse Tensor Representation）等步骤。

体素分块是点云操作里最常见的处理，对于输入点云，使用相同尺寸的立方体对其进行划分，使用一个深度、高度和宽度分别为(D,H,W)的大立方体表示输入点云，每个体素的深、高、宽为(v_D, v_H, v_W)，整个数据的三维体素化的结果是在各个坐标上生成的体素格（voxel grid）的个数为$(D/v_D, H/v_H, W/v_W)$。例如，如果点云中的点在三维空间满足$(x$，

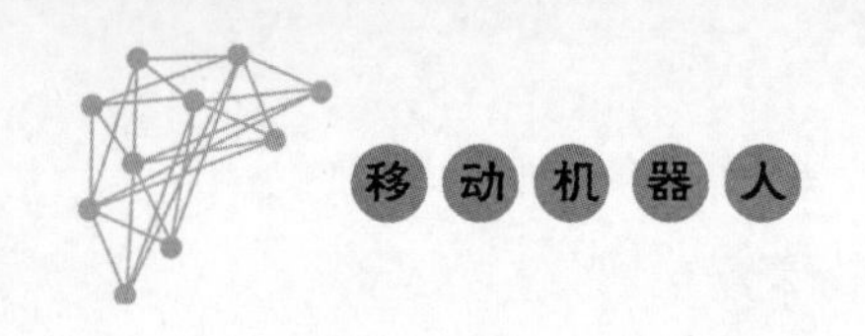

$y, z) \in ([-100, 100], [-100, 100], [-1, 3])$，当设定 Voxel 的尺寸为(1, 1, 1)时，可将空间划分为 $200 \times 200 \times 4 = 160\,000$ 个体素。

点云分组将点云根据上一步分出来的体素格完成分组。

随机采样指对于每一个体素格，随机采样固定数目的点，以减少扫描点的数量，提高计算速度和精确度。

多个体素特征编码(Voxel Feature Encoding，VFE)层是特征学习的主要网络结构，VFE 过程由一系列卷积神经网络(CNN)层组成，其结果是每个体素都获得了长度相同的特征。将这些特征根据体素的空间排列方式堆叠在一起，形成一个 4 维的特征图。

区域提出网络实际上是目标检测网络中常用的一种网络，如图 5-18 所示，该网络包含三个全卷积层块(Block)，每个块的第一层通过步长为 2 的卷积将特征图采样为一半，之后是三个步长为 1 的卷积层，每个卷积层都包含 BN(批标准化)层和 ReLU(非线性)操作。将每一个块的输出都上采样到一个固定的尺寸，并串联构造高分辨率的特征图。最后，该特征图通过两种二维卷积输出到期望的学习目标。

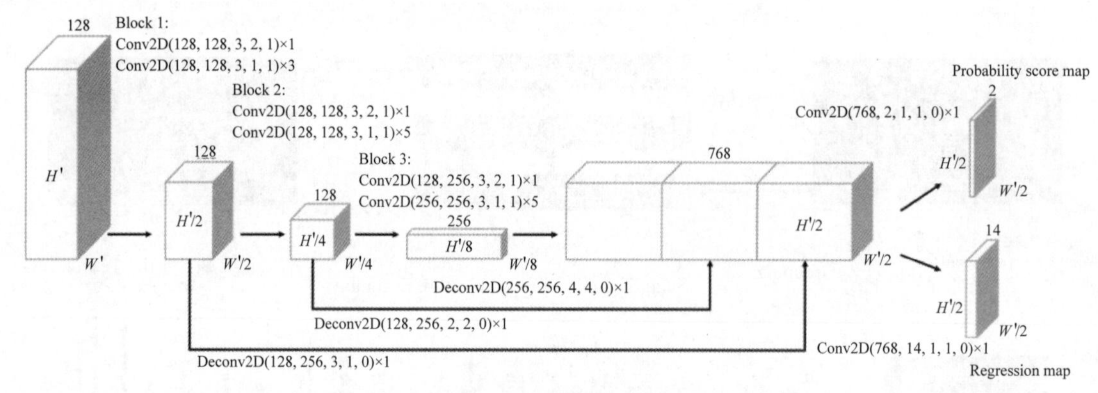

图 5-18　区域提出网络流程图

VoxelNet 在实际使用中有两个问题：

(1) 在 VFE 过程中，因为所有的体素都共享同样的参数和同样的层，当体素数量很大时，会影响计算效率或准确度。

(2) 三维卷积的计算复杂度高，使得这个算法需要高性能或专用的计算硬件，以满足实时性要求。

3. 基于原始激光点云的方法

基于原始激光点云的目标检测方法指的是直接在原始点云上进行操作，而无须转换成其他的数据格式。最早实现这种思路的是 PointNet[4]，它设计一个轻量级的网络 T-Net 解决了点云的旋转性问题以及通过最大池化解决了点云的无序性问题，所以能够直接将点云输入到神经网络中，并完成了点云的分割任务。自 PointNet 提出以来，基于原始激光点云的目标识别方法层出不穷。

激光点云最主要的特性是无序性。PointNet 通过多次 T-Net 和多层感知器(Multi-Layer Perception，MLP)首先为点云(大小为 n)中每一个点计算 1024 维度的特征。然后，利用一个与点云顺序无关的 max pool 操作将这些特征组合起来获得属于全体点云的特征(global feature)，这个特征能够直接用于识别任务。将 1024 维的全局特征与每个点的 64 维特征组合在一起形成新的 1088 维的特征，能够用于点云分割任务，如图 5-19 所示。

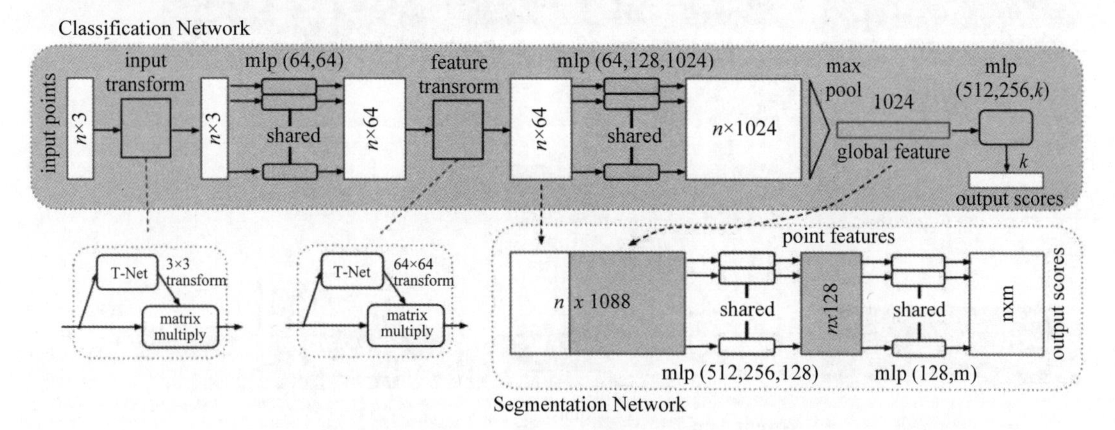

图 5-19 PointNet 算法框图

PointNet 在计算点的特征时共享一组参数，这一点和 VoxelNet 很类似，所以也有与之相同的问题。此外，PointNet 主要提取了所有点云的全局特征，而没有提取描述点与点之间关系的特征。与基于深度学习的图像检测方法相比，PointNet 中没有类似卷积的操作。

随后，其改进版 PointNet＋＋尝试通过使用聚类的方法建立点与点之间的拓扑结构，并在不同粒度的聚类中心实现特征的学习。PointNet＋＋对点云数据进行了局部划分以及局部特征提取，增强了算法的泛化能力。虽然 PointNet＋＋已经可以得到语义分割信息，但是其完成的任务是针对点的分类，并没有获得真实目标的三维检测框。

4. 基于视觉和激光雷达数据融合的方法

近几年出现了很多视觉和激光雷达数据融合的方法。激光雷达等深度传感器的数据稀疏且分辨率低(特别是低线束激光雷达)，但数据可靠性高；而摄像头传感器获取的图像分辨率高，但获取的深度数据可靠性差，所以，将二者融合可取长补短，获得更好的效果。目前，在目标检测任务中将摄像头和激光雷达融合的方法有很多，除了前面提到的 MV3D-Net，还有 MVX-Net、MLOD、AVOD、RoarNet 和 F-PointNets 等。其中，多模式 MVX-Net 采用 VoxelNet 体系结构，将 RGB 和点云模式结合起来，完成精确的 3D 目标检测[5]。

MVX-Net 有两个融合模块：

(1) Point Fusion 将激光雷达传感器的点投影到图像平面用预训练的 2D faster-RCNN 卷积滤波器计算图像特征图，用标定信息将 3D 点投影到图像上，并将相应的图像特征附加到 3D 点上，然后在 VoxelNet 架构共同处理图像特征和相应点云的联合。Point Fusion 框架如图 5-20 所示。

(2)Voxel Fusion 将 VoxelNet 创建的非空 3D 体素(voxel)投影到图像上，用预训练的 2D faster-RCNN 卷积滤波器从每个投影体素提取图像特征，用标定信息将非空体素投影到图像获得 ROI，每个 ROI 的特征放入池化，并附加到每个体素的 VFE 中，由 3D RPN 处理汇总数据并产生 3D 检测。Voxel Fusion 框架如图 5-21 所示。

MVX-Net 采用融合点云和图像的方式与只使用点云数据的方法相比，性能有了显著的提高。

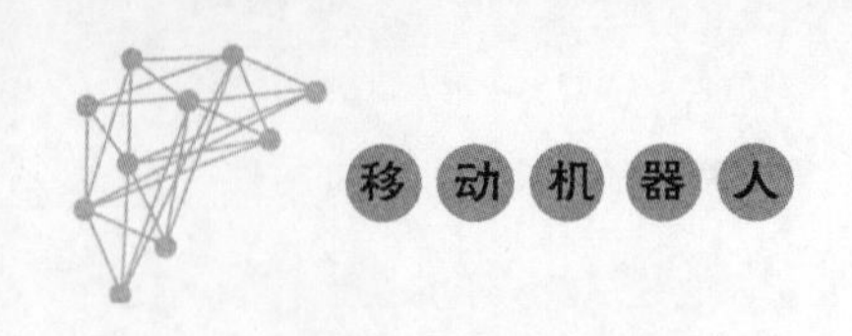

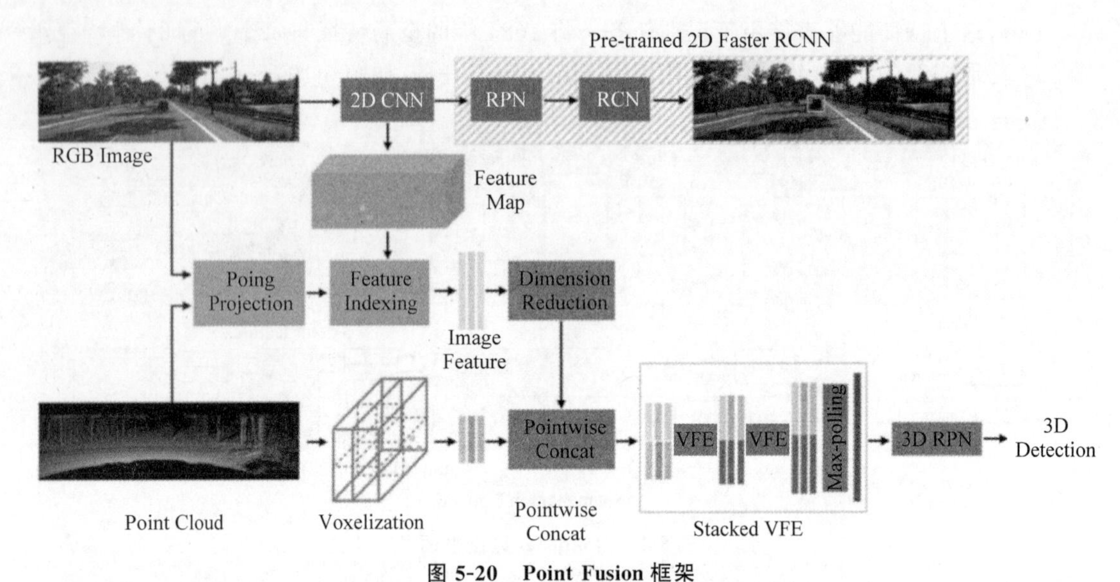

图 5-20　**Point Fusion 框架**

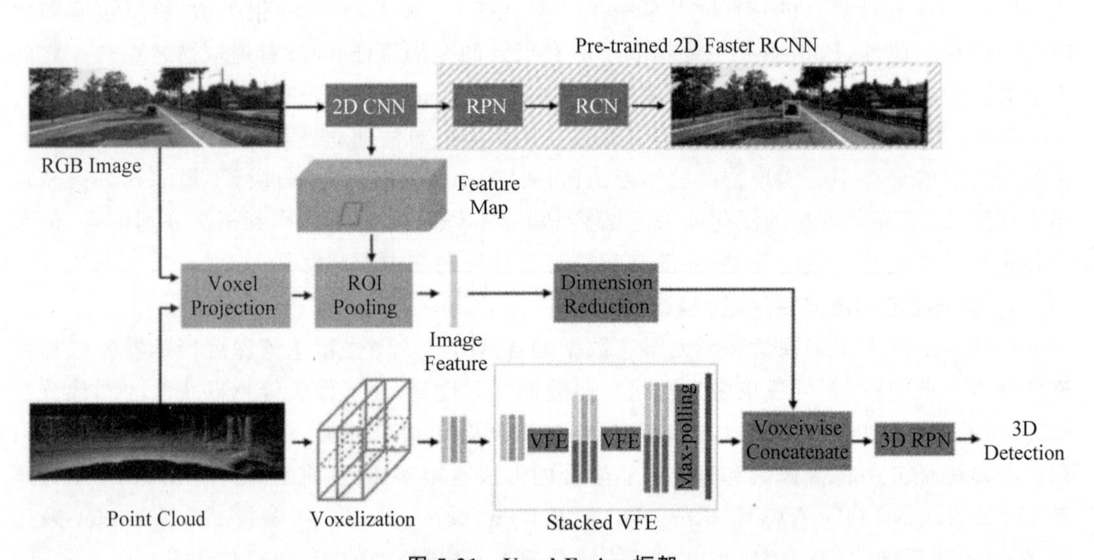

图 5-21　**Voxel Fusion 框架**

无论是基于传统的点云数据处理，还是基于深度学习的三维目标检测和识别，都需要复杂的 3D 搜索计算。随着点云分辨率的增长，计算复杂度直线上升，即便在高性能计算处理器和并行分布式计算技术的支持下，对大型场景也很难进行实时的目标检测和识别。所以，当前该领域的有效解决技术仍有待研究。

5.3　基于视觉的感知

基于视觉的感知是指使用视觉传感器，如摄像头采集的图像或视频作为输入进行环境的地图构建、目标检测与识别、场景理解等感知任务。通常，视觉感知的主要步骤可分为图像采集、预处理、特征提取、图像识别和理解以及输出。因为价格低廉、信息丰富，在移动机器人中，视觉成为一个常用且重要的感知组成。

5.3.1　视觉特征提取

视觉传感器能够提供丰富的信息，能够从中获得大量的原始特征，但另一方面，过多的原始特征包含大量冗余信息，会导致视觉感知算法的计算复杂度过高，甚至效果大幅下降。为了过滤对视觉感知无效的原始特征，一般采用视觉特征提取的方法：用映射(或变换)将输入的原始特征转换为数量较少的新特征，目的是从高维度的特征获得一个低维度的反映数据本质结构且识别率更高的特征子空间，以便完成对输入数据进行分类、检测和识别等任务。特征提取最重要的一个属性是"可重复性"，即同一场景的不同图像提取的特征应该是相同的。这使得能够按照图像提取的特征进行匹配、分类、检测和识别等。

常用的基于视觉的特征主要有颜色特征、纹理特征以及形状特征。

1. 颜色特征

颜色特征是一种全局特征，描述了图像或图像区域对应的景物的表面性质。一般颜色特征是基于像素点的特征，所有属于图像或图像区域的像素都有各自的贡献。与其他的视觉特征相比，颜色特征对图像本身的尺寸、方向、视角的依赖性较小，从而具有较高的鲁棒性。因为颜色对图像或图像区域的方向、大小等变化不敏感，所以颜色特征无法很好地捕捉图像中对象的局部特征；另外，仅使用颜色特征查询时，如果数据库很大，常会得到大量非目标图像的检测结果。

常用的基于颜色的特征有颜色直方图、颜色集和颜色矩。

1) 颜色直方图

颜色直方图描述的是不同色彩在整幅图像中所占的比例，而并不关心每种色彩所处的空间位置。颜色直方图是最常用的表达颜色特征的方法，其优点是能简单描述一幅图像中颜色的全局分布，且不受图像旋转和平移变化的影响，特别适用于描述那些难以自动分割的图像和不需要考虑物体空间位置的图像，进一步，借助归一化还可不受图像尺度变化的影响。它的缺点是，不能描述图像中颜色的局部分布及每种色彩所处的空间位置，即不能描述图像中的某一具体的对象或物体。

颜色直方图最常用的颜色空间有 RGB 颜色空间和 HSV(Hue、Saturation、Value，即色调、饱和度、明度)颜色空间等。基于颜色直方图特征匹配常用的方法有直方图相交法、距离法、中心距法、参考颜色表法和累加颜色直方图法。

2) 颜色集

颜色集是对颜色直方图的一种近似。首先，将图像从 RGB 颜色空间转换成视觉均衡的颜色空间(如 HSV 空间)，并将颜色空间量化成若干个柄。然后，用色彩自动分割技术将图像分为若干区域，每个区域用量化颜色空间的某个颜色分量索引，从而将图像表达为一个二进制的颜色索引集。利用比较不同图像颜色集之间的距离和色彩区域的空间关系实现图像匹配。因为颜色集表达为二进制的特征向量，能够通过构造二分查找树加快检索速度，这对于大规模的图像集合十分有利。

3）颜色矩

颜色矩是一种简单而有效的颜色特征，这种方法的数学基础是图像中任何颜色的分布均能够用它的矩表示。此外，因为颜色分布信息主要集中在低阶矩中，所以，仅采用颜色的一阶矩（mean，反映图像明暗程度）、二阶矩（variance，反映图像颜色分布范围）和三阶矩（skewness，反映图像颜色分布对称性）就足以表达图像的颜色分布。与颜色直方图相比，此方法的另一个好处是无须对特征进行量化。颜色矩仅使用少数几个矩描述图像特征，由于特征不足，从而导致过多的虚警，所以颜色矩常和其他特征结合使用。

2. 纹理特征

纹理是一种反映图像中同质现象的视觉特征，它体现了物体表面的具有缓慢变化或者周期性变化的表面结构组织排列属性。纹理特征也是一种全局特征，它描述了图像或图像区域对应景物的表面性质，反映为图像像素点灰度级或颜色的某种变化。但因为纹理只是一种物体表面的特性，并不足以完全反映出物体的本质属性，所以仅通过纹理特征不能获得高层次图像特征。与颜色特征不同，纹理特征不是基于像素点的特征，它需要在包含多个像素点的区域中进行统计计算。在模式匹配中，这种区域性的特征具有较大的优越性，不会因为局部的偏差而不能匹配成功。作为一种统计特征，纹理特征常具有旋转不变性，并且对于噪声有较强的抵抗能力。但是，纹理特征也有其缺点，当图像的分辨率变化的时候，求得的纹理可能会有较大偏差。另外，因为有可能受到光照、反射情况的影响，所以从2D图像中反映出的纹理不一定是3D物体表面真实的纹理。例如，水中的倒影、光滑的金属面互相反射造成的影响等都会导致纹理的变化。

在匹配具有粗细、疏密等方面较大差别的纹理图像时，利用纹理特征是一种有效的方法。但当纹理之间的粗细、疏密等易于分辨的信息之间相差不大的时候，通常的纹理特征很难准确地反映出人的视觉感觉不同的纹理之间的差别。纹理特征描述方法一般包括统计方法、几何法、模型法和信号处理法等。

3. 形状特征

形状特征是一种局部特征，描述了物体的具体形状，如平面、边缘、棱角等，各种基于形状特征的检索方法都能够比较有效地利用图像中感兴趣的目标进行检索，但它们也有一些不足，主要表现为：许多形状特征仅描述了目标局部的性质，要全面描述目标，通常对计算时间和存储量有较高的要求；另外，从2D图像中表现的3D物体实际上只是物体在空间某一平面的投影，从2D图像中反映出来的形状通常不是3D物体真实的形状，因为视点的变化可能会产生各种失真。

基于形状的特征一般包括方向梯度直方图（Histogram of Oriented Gradients，HOG）；尺度不变特征变换（Scale-Invariant Feature Transform，SIFT）；加速稳健特征（Speeded Up Robust Features，SURF）以及ORB（Oriented fast and Rotated Brief）算法等 。

1）HOG

HOG主要是利用图像每个像素的梯度检测图像强度（亮度/灰度）变化剧烈的地方，即轮廓信息。为降低图像局部的阴影和光照变化造成的影响，同时抑制噪声的干扰，求取HOG前要对图像进行灰度化和Gamma校正。首先将图像划分成小栅格，统计每个栅格的梯度直方图，获得每个栅格的描述符，然后将若干个栅格组成一个模块（block），一个模块内所有栅格的描述符串联起来便获得该模块描述符，最后将所有模块的描述符串联便可获得图像的描述符。

构建过程中同一个模块之间的栅格之间像素不重叠，但是不同的模块之间会有像素重叠。为了便于理解，可将 block 看作滑窗，滑窗的步长一般小于 block 的边长。滑窗和 block 的关系如图 5-22 所示，图中的栅格是 8×8，每 4 个栅格组成一个 block，水平和垂直方向上的滑窗步长都是 8。

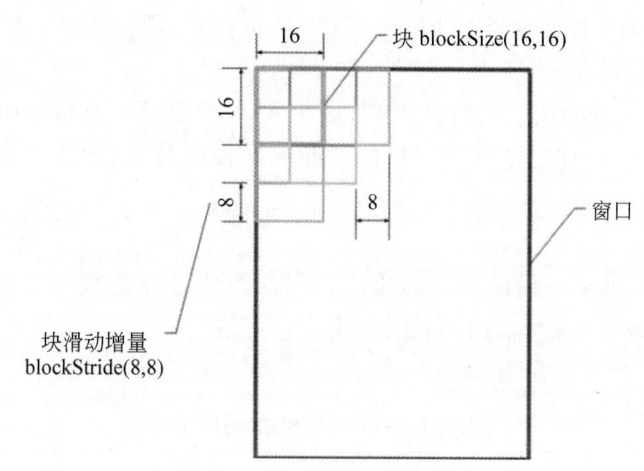

图 5-22　滑窗和 block 的关系

它的优点在于，对图像几何和光学的形变都能保持很好的不变性，适合检测行人等具有一定刚性的物体，能够允许行人有一些细微的肢体动作。它的缺点在于计算量大，不能处理遮挡。

2）SIFT

SIFT 的主要思想是在不同的尺度空间上查找关键点（特征点），并求得关键点的方向。SIFT 查找到的关键点是一些十分突出，不会因光照、仿射变换和噪声等因素而变化的点，如角点、边缘点、暗区的亮点及亮区的暗点等。

SIFT 算法可分解为如下四步。

（1）尺度空间的极值检测。尺度空间指一个变化尺度（σ）的二维高斯函数 $G(x,y,\sigma)$ 与原图像 $I(x,y)$ 卷积（即高斯模糊）后形成的空间，尺度不变特征应该既是空间域上的局部极值，又是尺度域上的局部极值。极值检测的大致原理是，按照不同尺度下的高斯模糊化图像差异（Difference of Gaussians，DoG）寻找局部极值，这些找到的极值对应的点被称为关键点或特征点。

（2）关键点定位。在不同尺寸空间下可能找出过多的关键点，有些关键点可能相对不易辨识或易受噪声干扰。该步借关键点附近像素的信息、关键点的尺寸、关键点的主曲率定位各个关键点，借此消除位于边上或是易受噪声干扰的关键点。

（3）方向定位。为了使描述符具有旋转不变性，需要利用图像的局部特征为每一个关键点分配一个基准方向。通过计算关键点局部邻域的方向直方图，寻找直方图中最大值的方向作为关键点的主方向。

（4）关键点描述子。找到关键点的位置、尺寸并赋予关键点方向后，可确保其移动、缩放、旋转的不变性，此外，还需要为关键点建立一个描述子向量，使其在不同光线与视角下皆能保持其不变性。通过对关键点周围图像区域分块，计算块内梯度直方图，生成具有独特性的向量，这个向量是该区域图像信息的一种抽象，具有唯一性。

SIFT 特征提取的优点有：SIFT 特征是图像的局部特征，其对旋转、尺度缩放、亮度变化保持不变性，对视角变化、仿射变换、噪声也保持一定程度的稳定性；独特性(Distinctiveness)好，信息量丰富，适用于在海量特征数据库中进行快速、准确的匹配；多量性，即使少数几个物体，也能够产生大量的 SIFT 特征向量；可扩展性，能够很方便地与其他形式的特征向量进行联合。

SIFT 特征提取的缺点有：实时性不高，因为要不断进行下采样和插值等操作；有时特征点较少(如模糊图像)；对边缘光滑的目标不能准确提取特征(如边缘平滑的图像，检测出的特征点过少)。

3) SURF

SITF 的缺点是，如果不借助硬件加速或专门的图像处理器很难实现，SURF 算子是对 SIFT 的改进，相比 SIFT 在算法的运行时间上有一些提升。

SURF 与 SIFT 的区别见表 5-1。

表 5-1 SURF 与 SIFT 的区别

比较项目	SURF	SIFT
尺度空间极值检测	使用方形滤波器，利用海森矩阵的行列式值检测极值，并利用积分图加速运算	使用高斯滤波器，根据不同尺度的高斯差(DOG)图像寻找局部极值
关键点定位	与 SIFT 类似	通过邻近信息插补定位
方向定位	通过计算特征点周围像素点 x、y 方向的 Haar 小波变换，将 x、y 方向小波变换的和的向量模值最大的方向作为特征点方向	通过计算关键点局部邻域的方向直方图，寻找直方图中最大值的方向作为关键点的主方向
特征描述子	关键点邻域 2D 离散小波变换响应的一种表示，是 16×4=64 维向量	关键点邻域高斯图像梯度方向直方图统计结果的一种表示，是 16×8=128 维向量
应用中的主要区别	描述子大部分基于强度的差值，计算更快捷	通常在搜索正确的特征时更加精确，当然也更加耗时

4) ORB

ORB 特征描述算法的运行时间远优于 SIFT 与 SURF，可用于实时性特征检测。ORB 特征基于 FAST 角点的特征点检测与描述技术，具有尺度与旋转不变性，同时对噪声及透视仿射也具有不变性。

ORB 特征检测主要有以下两个步骤。

(1) FAST 特征点检测。FAST 角点检测是一种基于机器学习的快速角点特征检测算法。具有方向的 FAST 特征点检测是对兴趣点所在圆周上的 16 个像素点进行判断，根据判断后的当前中心像素点为暗或亮决定其是否为角点。FAST 角点检测计算的时间复杂度小，检测效果突出。

(2) BRIEF 特征描述。BRIEF 描述子主要采用随机选取兴趣点周围区域的若干点的方

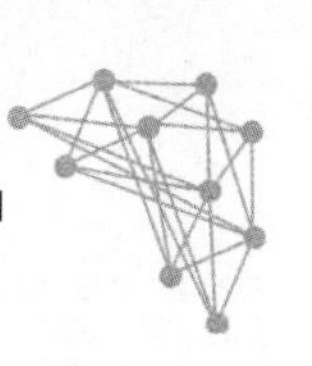

法组成小兴趣区域，将这些小兴趣区域的灰度二值化并解析成二进制码串，将串特征作为该特征点的描述子。BRIEF 描述子选取关键点附近的区域并对每一位比较其强度大小，然后根据图像块中两个二进制点判断当前关键点编码取值。BRIEF 描述子的所有编码都是二进制的，能够节省大量的计算机存储空间。

5.3.2　基于视觉的车道线检测

车道线检测可以使移动机器人正确定位自身相对车道的位置，并辅助随后的车道偏离或轨迹规划决策，所以，实时准确的车道线检测是实现移动机器人自动导航以及自动驾驶的关键推动因素。基于视觉的成像在车道线检测任务中起主导作用，其原因有二：首先，车道线的设计确保人类驾驶员可以在所有驾驶条件下观察到它们，使用视觉作为计算等效系统获得相同的视觉提示非常有意义；其次，视觉是目前自动驾驶中价格最低、鲁棒性较好的模态，视觉模态能够用于环境理解的所有相关阶段。所以，本节将主要讨论基于视觉的车道线检测技术。

基于视觉的车道线检测技术已经广泛应用在辅助驾驶系统，利用提前预警的方式提醒人类驾驶员即将到来的危险。但是，其在车道属性上使用了许多假设，例如路面平坦、天气晴朗、能见度变化平稳等。由于上述的假设，当前车道线检测技术的鲁棒性低，容易受到以下因素影响：车道线的复杂性、受污损程度、磨损程度；道路上来往的车辆对车道线的遮挡程度；沿途建筑物、树木、高架桥、过街天桥等道路阴影的影响；夜晚光照的变化；车辆光照条件的突然变化等。车道线检测技术在上述环境中准确率和召回率会严重下降，与普通人类驾驶员相比，缺乏自适应能力。为了构建鲁棒性更高的基于视觉的车道线检测算法，目前常用的方法有传统方法的车道线检测和基于深度学习的车道线检测。

1．传统方法的车道线检测

传统的车道检测方法依赖于手工提取特征识别车道段。这些特征提取的选择主要基于颜色结构张量、条形滤波器、脊线的特征等，这些特征提取与 Hough(霍夫)变换和粒子滤波器或卡尔曼滤波器相结合，在识别出车道段后，通过后处理技术滤除误检的情况，并对车道段完成分组，形成最终的车道。其步骤如下。

1）建立 ROI

首先对采集到的图像进行灰度转换，然后用 Canny 算子提取边缘，再对提取的边缘进行 Hough 变换提取直线。基于 Hough 变换拟合直线的交点进行投票，得票数最多的点为消失点，消失点水平以下部分即为 ROI。

2）车道线检测

车道线检测基于颜色识别，运行效果很大程度上依赖于颜色模型，如 RGB 模型、YCbCr 模型等。RGB 模型算法简单、易于实现，且在白天光线均匀时效果较好，但其受亮度变化影响较大，当路面存在树影或夜晚路灯照射时，很难从路面中分离出车道线。相比之下，因为 YCbCr 模型能将图像亮度和色度进行分离，所以能够使系统对车道线的亮度和色度分别建模，有效避免复杂光照的影响。

YCbCr(Y 亮度，Cb 蓝色度分量、Cr 红色度分量)模型的计算公式如下：

$$H_{\mathrm{sum}}(k)=\sum_{i=1}^{k}H_{\mathrm{ist}}(k) \tag{5-4}$$

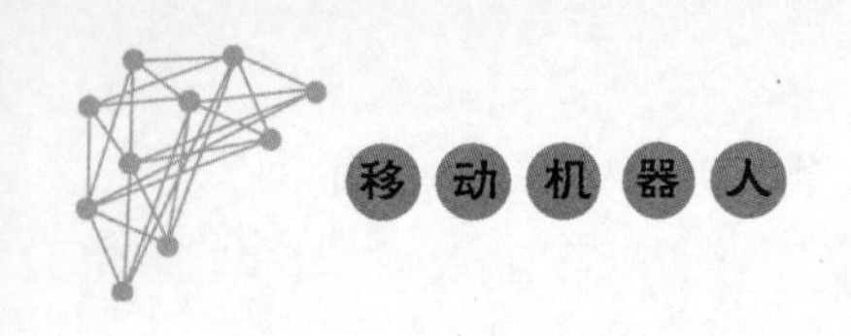

$$B_Y(x,y)=\begin{cases}1, & H_{\text{sum}}(Y(x,y))>T_Y \\ 0, & \text{其他}\end{cases} \tag{5-5}$$

$$B_{Cb}(x,y)=\begin{cases}1, & H_{\text{sum}}(Cb(x,y)<T_{Cb}) \\ 0, & \text{其他}\end{cases} \tag{5-6}$$

式中，$H_{\text{sum}}(k)$代表累积颜色直方图；$H_{\text{ist}}(k)$代表颜色直方图；$Y(x,y)$代表点(x,y)的亮度值；$Cb(x,y)$代表点(x,y)的蓝色色度值；T_Y代表亮度值Y的阈值；T_{Cb}代表蓝色色度值Cb的阈值；$B_Y(x,y)$代表白色车道线二值化结果；$B_{Cb}(x,y)$代表黄色车道线二值化结果。

3）车道线拟合和筛选

Hough变换将直角坐标系下的像素点坐标转换到极角坐标系下的参数坐标，其原理是，直角坐标系下图像里共线的点转换到参数域后形成一系列相交于某一点的正弦曲线，可用式(5-7)表示：

$$\rho=x\cos\theta+y\sin\theta \tag{5-7}$$

式中，ρ代表极径，$\rho\in(0,r)$；r表示最大极径；θ代表极角，$\theta\in(0,180°)$。Hough变换的具体步骤如下：

(1) 在二值化图像区域中找到白色点(x,y)。

(2) 在$\theta\in(0,180°)$范围内，按照式(5-7)计算出对应的极径ρ。

(3) 进行投票，遇到点(ρ,θ)则为该点投票加1，计算公式为$P(\rho,\theta)=P(\rho,\theta)+1$。

在车道线被拟合的同时，图像上一些非车道线的干扰线也会被当成候选车道线拟合出来，如图5-23中的斑马线，这显然不符合事实，需要予以剔除。而在标准结构化道路上行驶时，视野里左右两条车道线的倾斜角度都在一定范围内，对应到参数域就是极角处于某一固定范围内。由此能够通过限定极角的范围剔除虚假车道线，保留有效候选车道线。

图5-23　实际中的车道线检测图

如图5-24所示，将左车道线区域的极角限定在$\theta_1\in(\theta_{11},\theta_{12})$，右车道区域的极角限定在$\theta_r\in(\theta_{r1},\theta_{r2})$，利用极角约束能够筛选出合格的候选车道线，再按照长度和角度等信息对候选车道线实现最优选择，最终获得对左、右车道线最佳的拟合直线，如图5-25所示。

传统车道线检测的重点在于车道线特征提取方法的设计。这些方法的优点是简单易懂，但手工提取的特征的方法很难满足实际过程中遇到的情况，其对呈直线的车道线有较好的检测效果，但当车道线弯曲时不能正确地检测出车道线的位置。传统方法因为道路场景的变化很容易出现鲁棒性问题，存在检测场景单一、实时性差的问题。

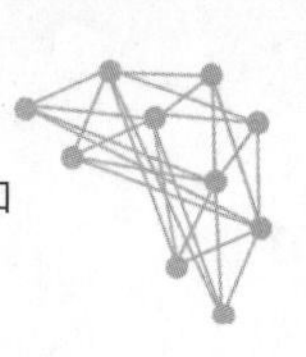

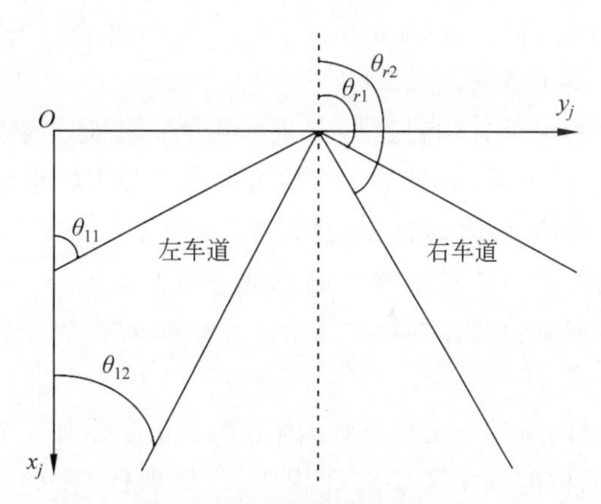

图 5-24　车道线的极角关系

图 5-25　处理后的车道线检测图

2. 基于深度学习的车道线检测

随着深度学习的兴起，深度网络常替代手工提取特征的方法，用以提升特征的表达能力，并应用到如像素级的车道线分割这一类任务。但是，深度学习网络产生的二值化车道线分割图仍需要分离到不同的车道实例中，所以，为处理这个问题，出现了后处理和目标分类两类解决方法。

1）后处理

后处理技术主要是用启发式的方法（如几何特性）解决车道线分割后产生的二值化分割图分离到各个实例中的问题。启发式方法存在计算量大和受限于场景变化的鲁棒性问题，对背景较单一的车道线图片检测效果较好，但在车道线背景发生连续变化时，车道线检测效果不好，所以，此方法的检测效果无法得到保证。

2）目标分类

另一种思路是将车道检测问题转为多类别问题，即将车道线进行分类处理，从而实现端到端的训练，得出具有分类号的二值化分割图。其具体步骤可分为：点抽样、聚类和车道回归。

首先，从多标签任务中车道通道概率高的区域对局部峰值进行采样。采样点是车道段的潜在候选点，此外，利用反向透视映射（Inverse Perspective Mapping，IPM）将选定的点投

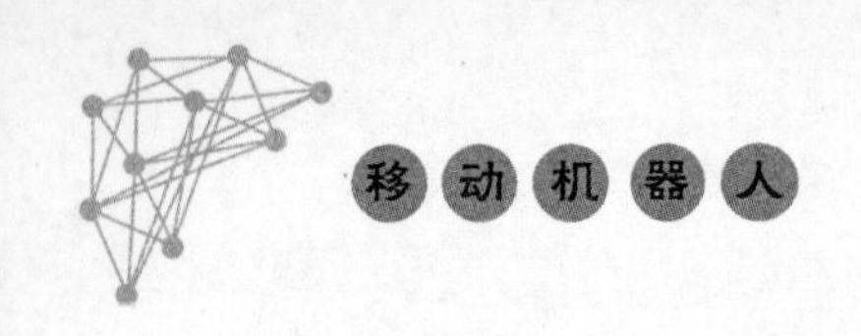

射到鸟瞰视图，采用 IPM 对消失点(Vanishing Point，VP)附近的采样点进行分离。这种方法不仅适用于直路，也适用于弯路。

然后，使用基于密度的聚类方法对这些点进行聚类。根据像素距离决定簇的顺序。按照垂直索引对这些点完成排序后，如果某点离现有的一个类别较近，则将这些点放入这个类别中，否则创建一个新的点簇，以此降低聚类的时间复杂度。

最后，利用消失点的位置对取得的簇中的直线进行二次回归。如果每个车道簇的最远采样点都接近消失点，则将其包含在同簇中估计一个多项式模型，这使得消失点附近的车道检测结果稳定。

对于预先定义的数量固定的车道线图像，因为每个车道都有一个指定的类别，采用分类处理的车道线检测方法的检测效果和实时性相比，后处理技术的车道线检测方法有明显的提升，但是这种分类方法也存在明显的问题，提取出的描述子破坏了线的基本形态特征，使得算法只能根据路面像素在描述子中的占比区分虚线与实线，这就导致当图像中出现新的未定义的车道线类型时(如双实线、双虚线、虚实线、鱼骨线、鱼刺线等线型)，该分类方法不能准确识别。

为了克服上述网络的局限性，即只能检测预先定义的类别的固定数量的车道线，可将车道检测作为实例分割问题，对每个车道像素分配它们对应车道的 ID，进行端到端的车道检测训练。这样，网络就不会受到它能检测到的车道数的限制，并且能够应对车道线类型的变化[6]。主要步骤可分为二值化分割、实例分割、车道线拟合。

(1) 二值化分割。二值化分割可使用语义分割，将图像像素分为前景(车道线)和背景(非车道线)，为了提升网络的分类效果，可将训练集的车道线像素连接成线，这样能够确保即使车道线被遮挡或存在污损，网络仍能预测出车道线的位置。

(2) 实例分割。经过二值化分割获得车道线像素后，训练车道线实例分割网络，将车道线像素根据自身所在的车道线分离。利用聚类损失函数训练网络后，输出车道线像素点间的距离，属同一车道的像素点距离近，不同车道的像素点则距离远。

分割策略为：随机选取一个车道线像素将其视作当前车道的点集，然后将周围和它距离小于类内点阈值的所有点视作同一类；遍历其他点，如果有某个点和当前点集内任意点的距离小于类内阈值，则将该点加入点集；重复该过程，直到点集不再发生变化，给这些点集分配一个车道 ID；接着选取任意一个没有分配 ID 的像素，重复该过程。

(3) 车道线拟合。拟合曲线时的一般策略是把图像转换为鸟瞰图，这样，车道线就会相互平行，便于拟合且可靠性更高，然后求出相应的点，再映射回原始图像，获得实际曲线。

如图 5-26 所示，设原始车道线上的点 $\boldsymbol{p}_i=[x_i, y_i, 1]^{\mathrm{T}}$，先基于转移矩阵 $\boldsymbol{H}$ 将车道线坐标映射到鸟瞰图上，鸟瞰图上对应的点 $\boldsymbol{p}_i'=[x_i', y_i', 1]^{\mathrm{T}}$；对鸟瞰图上的坐标拟合一条曲线 $x_i'^*=f(y_i')$，再将鸟瞰图上的点 $\boldsymbol{p}_i'^*=[x_i'^*, y_i', 1]^{\mathrm{T}}$ 映射回原图 $\boldsymbol{p}_i^*=[x_i^*, y_i, 1]^{\mathrm{T}}$，损失函数即 x_i^* 与 x_i 的偏差：

$$Loss=\frac{1}{N}\sum_{i=1}^{N}(x_i^*-x_i)^2 \tag{5-8}$$

曲线拟合车道线 $\boldsymbol{P}$ 时，一般会用转移矩阵 $\boldsymbol{H}$ 将车道线投影为鸟瞰图。

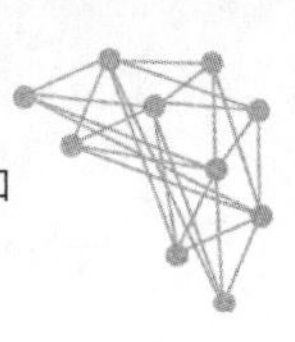

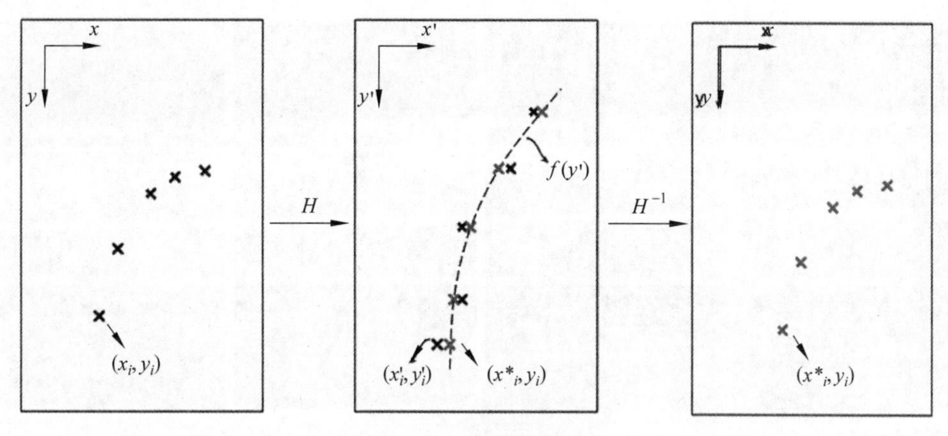

图 5-26　车道线拟合

$$\boldsymbol{H}=\begin{bmatrix} a & b & c \\ 0 & d & e \\ 0 & f & 1 \end{bmatrix} \tag{5-9}$$

式中，a、b、c、d、e、f 需按照视觉传感器位置进行推算，0 是为了让水平线经过映射后仍然保持水平。车道线拟合流程图如图 5-27 所示。

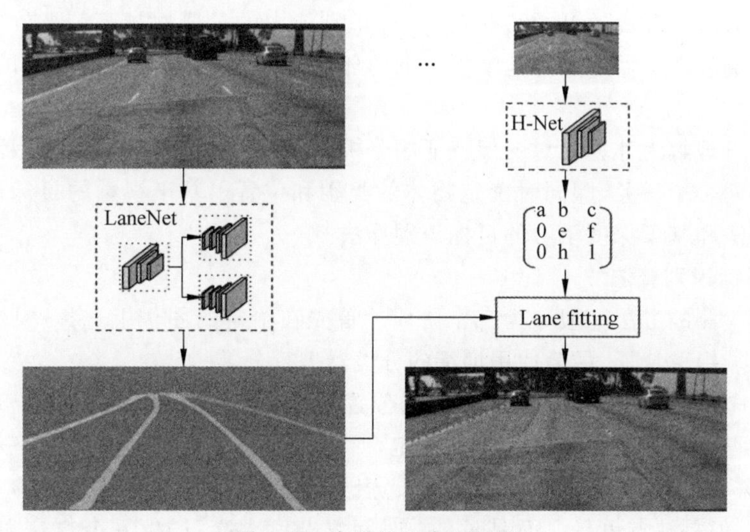

图 5-27　车道线拟合流程图

车道线的检测效果如图 5-28。

5.3.3　基于视觉的目标识别

基于视觉的目标识别是当前智能机器人研究的热点之一，它使得移动机器人的应用场景能够覆盖人类生活和工作的各个方面。若要移动机器人自主完成一定的任务，它必须先掌握周围环境和自身的状态信息，即移动机器人通过传感器感知环境，对周围环境和物体进行识别理解，进而执行相应的任务。

图 5-28 车道线检测效果

移动机器人目标识别的对象按照其应用场景的不同会略有不同。例如，在工业领域，搬运移动机器人需要首先对物体进行分类识别，才能正确完成预定的搬运任务；在服务领域，管家服务等移动机器人须识别不同的人和物体，以完成运输、打扫、看护等功能；而在执行搜救等高危任务时，移动机器人则需要对更加不规则的未知环境进行识别，以正确找到要搜救的目标物体。总的来说，在移动机器人的各种应用场景中都需要一定的目标识别技术，而且随着移动机器人所处环境的开放性越高，目标识别能力的重要性越高。高效精准的目标识别能力能够帮助移动机器人更好地掌握周围的环境信息，进而降低规划控制的难度，更好地完成规定任务。

目标识别可理解为计算机对图像特征的分析，然后对目标概念理解的过程，包含物体定位和物体分类两个子任务，即同时确定物体的类别和位置。基于视觉的目标识别主要有传统目标识别算法和基于深度学习的目标识别算法。

1. 传统目标识别算法

传统目标检测的方法一般分为三个阶段。首先在给定的图像上选择一些候选的区域，然后对这些区域提取特征，最后使用训练的分类器进行分类。

（1）区域选择。这一步是为了对目标的位置进行定位。因为目标可能出现在图像的任何位置，而且目标的大小、长宽比例也不确定，所以首先采用滑动窗口的策略对整幅图像进行遍历，而且需要设置不同的尺度、不同的长宽比。这种穷举的策略虽然包含了目标所有可能出现的位置，但是缺点也是显而易见的：时间复杂度太高，产生冗余窗口太多，严重影响后续特征提取和分类的速度和性能。

（2）特征提取。因为目标的形态多样性，光照变化多样性，背景多样性等因素，所以设计一个鲁棒的特征并不是那么容易。提取特征的好坏直接影响到分类的准确性。常用的特征有 SIFT、HOG 等。

（3）分类。按照第二步提取到的特征对目标进行分类，分类器一般包括机器学习中的支持向量机、集成学习算法等。

传统的目标识别算法存在很多不足，如因为根据滑窗的区域选择策略没有针对性，时间复杂度高，窗口冗余；手工设计的特征对于环境多样性的变化并没有很好的鲁棒性，这对传

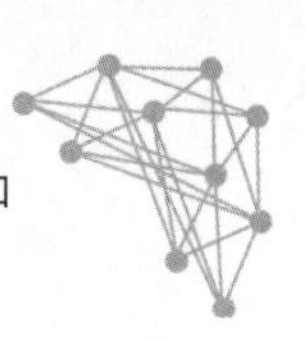

统目标识别算法的准确性和实时性都有很大的影响。

2. 基于深度学习的目标识别算法

随着计算机性能的不断提高，卷积神经网络在图像处理和目标识别方面取得了突破，极大地提高了图像识别模型的精度。基于深度学习的目标识别，主要有两个关键的子任务：目标定位和目标分类。目标定位任务负责确定输入图像或所选择图像区域中感兴趣目标的位置和范围，输出目标的中心或闭合边界等，通常使用方形包围盒(Bounding Box)表示目标的位置信息。目标分类任务负责判断输入图像或所选择图像区域(Proposals)中是否有感兴趣类别的目标出现，并输出目标类别。典型的代表网络有 R-CNN、Fast R-CNN、Faster R-CNN 等。此外，还有仅利用一个阶段直接产生物体的类别概率和位置坐标值，如 YOLO、SSD 和 CornerNet 等深度网络。目标检测模型的主要性能指标是检测准确度和速度，其中准确度主要考察物体的定位以及分类准确度。

以 Faster R-CNN 为例[7,8]，目标检测算法主要分四个模块：特征提取(Feature Extraction)、区域候选网络(Region Proposal Network，RPN)、目标区池化(ROI Pooling)以及目标分类与回归(Classification and Regression)，如图 5-29 所示。整体流程可分为以下 5 个步骤：

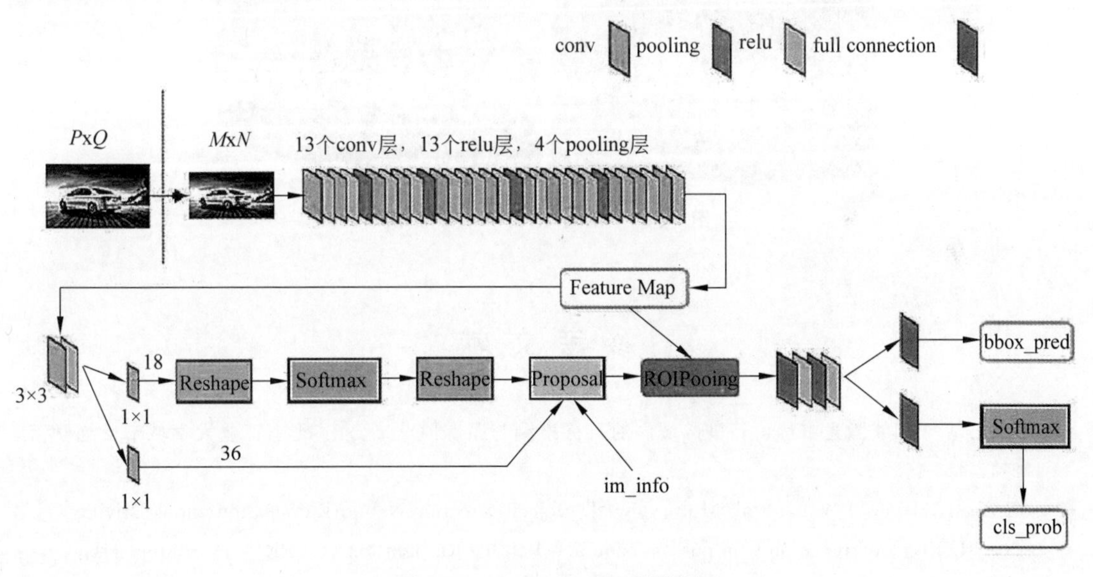

图 5-29　Faster R-CNN 架构图

(1) 对输入的图片进行裁剪操作，并将裁剪后的图片送入预训练好的分类网络中获取该图像对应的特征图。

(2) 在特征图上的每一个锚点上取 9 个候选的感兴趣区域(感兴趣区域通常选择 3 个不同的尺度和 3 个不同的长宽比)，并按照相应的比例将其映射到原始图像中。

(3) 用候选区域网络将所有感兴趣区域按前景和背景分类，其中前景是算法的识别目标区域，而背景一般不包括识别目标。对属于前景的感兴趣区域进行初步回归，计算这些前景感兴趣区域与真实目标框的偏差值，然后用非极大值抑制，获得各个前景感兴趣区域的得

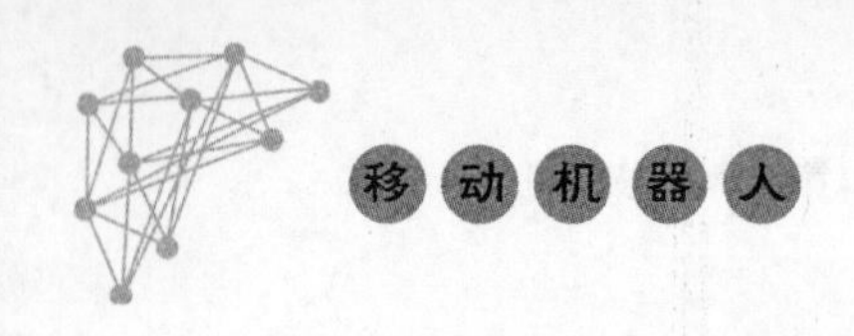

分，并按得分进行排序，选择其中得分最高的前几项。

(4) 对提取出的不同大小的感兴趣区域进行池化操作，映射为特定大小的特征图。

(5) 将其输入检测网络中，利用 1×1 的卷积进行分类，按照 Softmax 得分区分不同的类别，同时进行边界框回归，输出结果边界框的集合。

Faster R-CNN 检测结果如图 5-30 所示，Faster R-CNN 网络会输出每个检测对象的类别和概率。由于采用了非极大值抑制和边界框回归，对于同一对象，只保留了预测概率最大的候选框，且与真实值较接近。

图 5-30 Faster R-CNN 检测结果

参考文献

[1] 任璐. 基于四线激光雷达可行驶区域内的目标检测与跟踪[D]. 北京：北京工业大学城市交通学院，2017：15-16.

[2] X Chen, H Ma, J Wan, et al. Multi-view 3D Object Detection Network for Autonomous Driving[C]// 2017 IEEE Conference on Computer Vision and Pattern Recognition (CVPR), Honolulu, HI, USA: IEEE, 2017: 6526-6534.

[3] Y Zhou, O Tuzel. VoxelNet: End-to-End Learning for Point Cloud Based 3D Object Detection[C]// 2018 IEEE/CVF Conference on Computer Vision and Pattern Recognition, Salt Lake City, UT: IEEE, 2018: 4490-4499.

[4] R Q Charles, H Su, M Kaichun, et al. PointNet: Deep Learning on Point Sets for 3D Classification and Segmentation[C]//2017 IEEE Conference on Computer Vision and Pattern Recognition (CVPR), Honolulu, HI, USA: IEEE, 2017: 77-85.

[5] V A Sindagi, Y Zhou, O Tuzel. MVX-Net: Multimodal VoxelNet for 3D Object Detection[C]//2019 International Conference on Robotics and Automation (ICRA), Montreal, QC, Canada: IEEE, 2019: 7276- 7282.

[6] D Neven, B D Brabandere, S Georgoulis, et al. Towards End-to-End Lane Detection: an Instance Segment- ation Approach[C]//2018 IEEE Intelligent Vehicles Symposium (IV), Changshu: IEEE, 2018: 286-291.
[7] S Ren, K He, R Girshick, et al. Faster R-CNN: Towards Real-Time Object Detection with Region Proposal Networks[J]. IEEE Transactions on Pattern Analysis and Machine Intelligence, 39(6), 2017: 1137-1149.
[8] 王欣. 基于快速SSD深度学习算法的机器人抓取系统研究[D]. 武汉: 武汉科技大学机械自动化学院, 2018: 14-15.

习 题

1. 地图有哪些表示方法?
2. 激光点云数据有哪些特征?
3. 传统的基于激光点云的路面分割方法有哪些?
4. 解释三次回波技术。
5. 在基于激光点云的目标检测和识别中有哪些基于深度学习的算法?
6. 常用的视觉特征有哪些?
7. 在视觉感知中,基于形状的特征主要有哪些?
8. 基于深度学习的车道线检测算法基本分为哪两类?
9. 简述传统目标检测的三个阶段。
10. 简述基于深度学习的目标识别算法的关键任务。

第 6 章　移动机器人定位

6.1　定　　位

移动机器人定位(Localization)即机器人在环境中运行时实现移动机器人相对于世界坐标系的位置及其本身的位姿的判断,是移动机器人完成自主能力的最基本问题。精确的环境模型(地图)及机器人定位有助于高效地路径规划和决策,是保障机器人安全导航的基础。

移动机器人一开始是通过自身携带的内部传感器基于航迹推算的方法进行定位,后来进一步发展到使用各种外部传感器对环境特征进行观测,从而计算出移动机器人相对于整个环境的位姿。到现在为止,形成了基于多传感器信息融合的定位方法。

如今,移动机器人的定位方法可以分为相对定位、绝对定位、组合定位三类。

相对定位的基本原理是在移动机器人位姿初始值给定的前提下,基于内部传感器信息计算出每一时刻位姿相对于上一时刻位姿的距离以及方向角的变化,进而实现位姿的实时估计,此方法又称为航迹推测(Dead Reckoning,DR),能够依据运动学模型自我推测机器人的航迹。相对定位方法常用的内部传感器主要有编码器、陀螺仪(Gyroscopes)、惯性测量单元(IMU)。

绝对定位是指确定移动机器人在全局参考框架下的位姿信息。例如,采用导航信标(Landmark Navigation);主动或被动标识(Active or Passive Beacons);地图匹配(Map Matching)或全球定位系统(Global Positioning System,GPS)进行定位。由于绝对定位方法不需要时间和初始位姿,所以,不仅没有累积误差问题,还具有精度高、可靠性强等特点。同时,基于超声波、激光、卫星、WiFi、射频标签(RFID)、蓝牙(Bluetooth,BT)、超宽带(Ultra Wide Band,UWB)、计算机视觉等定位方法,也属于绝对定位范畴。位置计算方法主要有三边测量法(Trilateration)、三角测量法(Triangulation)、模型匹配算法(Model Matching)等。

组合定位则是结合相对定位与绝对定位的方法。相对定位方法存在累积误差,而绝对定位方法也存在一些不足,例如,GPS 只能用于室外,信标或标识牌的建设和维护成本较高,地图匹配技术处理速度较慢等。由于单一定位方法的不足,因此移动机器人定位主要基于航迹推测与绝对信息矫正相结合的方法。

当然,不同方法对应的定位性能也有差异。以室内定位为例,其性能指标为定位精度和规模化难易程度,常用各定位方法的分布如图 6-1 所示。其中,属于相对定位范围的惯性传感器定位精度大部分在亚米级,也是最容易实现规模化的一类。属于绝对定位范围内的WiFi、RFID、超声波、蓝牙、计算机视觉、激光和超宽带的定位方法的定位精度跨越米级、亚米

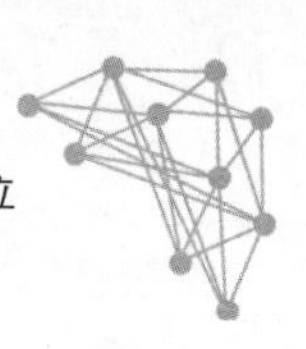

级以及分米级的定位精度，并且规模化实现由易到难。

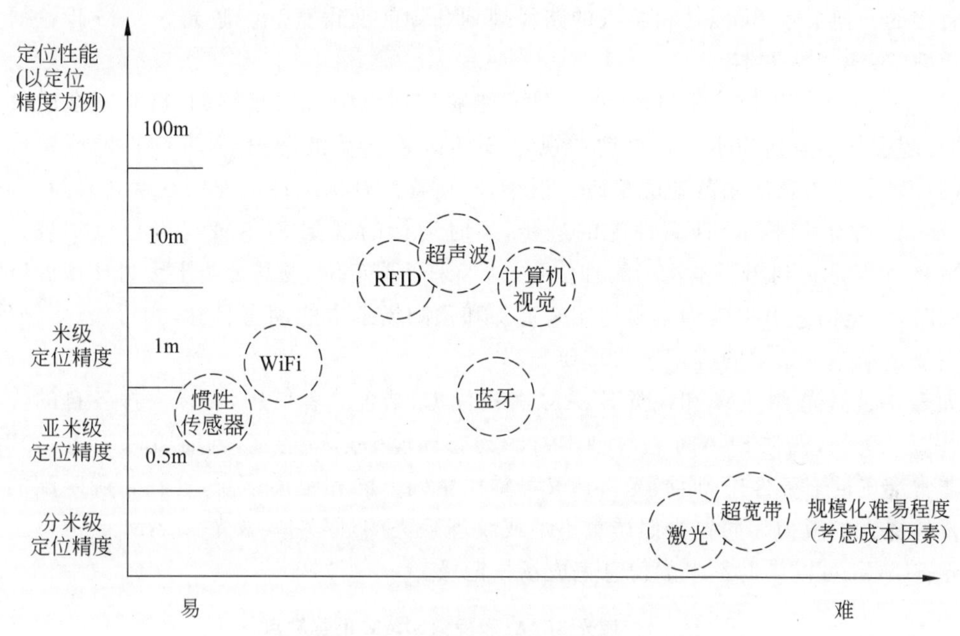

图 6-1　室内定位主要技术对比

移动机器人的环境建模依赖于机器人精确的定位，而定位又依赖于精确的环境地图，因此，机器人的定位和建图问题是一个“鸡和蛋”的问题，而同时进行定位和地图提供了解决这个问题的可能性：机器人在构建一个环境地图的同时，利用这个地图进行机器人定位，这样的方法称作同时定位与建图(Simultaneous Localization And Mapping，SLAM)。

SLAM 指的是机器人在不确定自身位姿的条件下，在完全未知的环境中创建地图，同时利用地图进行自主定位。SLAM 因为其重要的理论和应用价值而引起移动机器人研究人员的极大兴趣，它被认为是实现真正全自主移动机器人的关键。

SLAM 问题基本包含四个方面：

(1) 如何进行环境描述，即环境地图的表示方法。

(2) 怎样获得环境信息，涉及机器人的定位与环境特征提取问题。

(3) 怎样表示获得的环境信息，并根据信息更新地图。

(4) 发展稳定、可靠的 SLAM 方法。

目前，SLAM 按照使用的传感器可以分为两类：一类是基于激光雷达的激光 SLAM (Lidar SLAM)；另一类是基于视觉的 SLAM(Visual SLAM，VSLAM)。

激光 SLAM 中按照环境复杂程度可采用 2D 或 3D 激光雷达(也叫单线或多线激光雷达)。2D 激光雷达通常用于室内机器人上(如扫地机器人)，而 3D 激光雷达一般用于无人驾驶领域。激光雷达的出现和应用使得测量的快速性和准确性有了很大提高，信息更丰富。激光雷达采集到的物体信息表现为一系列离散的、具有准确角度和距离信息的点，被称为**点云**。通常，激光 SLAM 系统经过对不同时刻两片点云的匹配和比对，计算激光雷达相对运动的距离和姿态的改变，也就完成了对机器人自身的定位。激光雷达测距比较准确，误差模

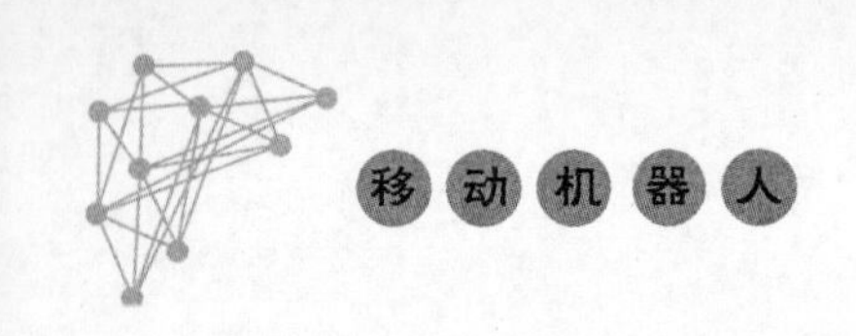

型简单，在强光直射以外的环境中工作稳定，点云的处理也比较简单。并且，点云信息本身含有直接的几何关系，可以让机器人的路径规划和导航变得直观。激光 SLAM 理论研究也更加成熟，落地产品更丰富。

视觉 SLAM 一般使用相机作为传感器，能够从环境中获取足够的、富于冗余的纹理信息，拥有超强的场景辨识本领。早期的视觉 SLAM 基于滤波理论，其非线性的误差模型和庞大的计算量成为它实用落地的阻碍。近年来，随着具有稀疏性的非线性优化理论(Bundle Adjustment)和相机技术、计算性能的进步，实时运行的视觉 SLAM 已经可以实现。视觉 SLAM 的优点是它利用了丰富的纹理信息，这带来了重定位、场景分类上无可比拟的巨大优势。同时，视觉信息可以较为容易地用来追踪和预测场景中的动态目标，如行人、车辆等，这对于在复杂动态场景中的应用至关重要。

如表 6-1，激光 SLAM 和视觉 SLAM 各有优劣，结合二者使用，可以发挥各自的优势以取长补短。例如，视觉 SLAM 在纹理丰富的动态环境中运行稳定，同时可以为激光 SLAM 提供非常准确的点云匹配，而激光雷达又可提供精确方向和距离信息，这在正确匹配的点云上会发挥更大的威力。而在光照严重不足或纹理缺失的环境中，激光 SLAM 的定位工作使得视觉 SLAM 可以借助不多的信息完成场景记录。

表 6-1　激光 SLAM 和视觉 SLAM 的优缺点

优缺点	激光 SLAM	视觉 SLAM
优点	可靠性高、技术成熟	结构简单，安装方式多元化
	建图直观、精度高、无累计误差	无传感器探测距离限制，成本低
	地图可用于路径规划	可提取语义信息
缺点	受激光雷达探测范围影响	环境光影响大，暗处(无纹理区域)无法工作
	安装有结构要求	运算负荷大，构建的地图本身难以直接用于路径规划与导航
	地图缺乏语义信息	传感器动态性能还需提高，地图存在累积误差

近年来，SLAM 导航技术已取得很大的发展，它将赋予机器人和其他智能体前所未有的行动能力，而激光 SLAM 与视觉 SLAM 必将在相互竞争和融合中发展，使机器人走出实验室和展厅，达到真正服务于人类的目的。

6.2　同时定位与建图

移动机器人同时定位与建图问题可以描述为：移动机器人从一个未知的位置出发，在不断运动过程中按照自身位姿估计和传感器对环境的感知构建增量式地图，同时运用该地图更新自己的定位。定位与增量式建图同时进行，而不是独立的两个阶段。

设 t 时刻移动机器人的位姿表示为 $\boldsymbol{x}_t$。对于二维空间移动机器人，$\boldsymbol{x}_t$ 是三维矢量，包括平面上的二维坐标和一个单向旋转的方向值。对于三维空间移动机器人，$\boldsymbol{x}_t$ 是六维矢量，包括空间中的三维坐标和三个方向旋转的方向值。移动机器人的位姿序列表示如下：

$$X_t = \{\boldsymbol{x}_0, \boldsymbol{x}_1, \boldsymbol{x}_2, \cdots, \boldsymbol{x}_t\} \tag{6-1}$$

其中，初始位姿 $\boldsymbol{x}_0$ 通常作为参考点。

设 $\boldsymbol{u}_t$ 表示机器人在 $t-1$ 时刻和 t 时刻之间的运动，移动机器人的相对运动序列可以描述如下：

$$U_t = \{\boldsymbol{u}_0, \boldsymbol{u}_1, \boldsymbol{u}_2, \cdots, \boldsymbol{u}_t\} \tag{6-2}$$

对于无噪声运动，$\boldsymbol{u}_t$ 将足以从初始位姿 $\boldsymbol{x}_0$ 推导出最终位姿，这就是通常所说的航迹推算。然而，里程计是有噪声的，直接航迹推算的位姿是存在偏差的。

用 m 表示环境中地标、物体等的位置。环境映射 m 通常被假设为静态的。

移动机器人通过传感器对环境的观测 z 可以建立 m 特征与移动机器人位姿 $\boldsymbol{x}_t$ 之间的信息。移动机器人的观测序列表示为

$$Z_t = \{\boldsymbol{z}_1, \boldsymbol{z}_2, \boldsymbol{z}_3, \cdots, \boldsymbol{z}_t\} \tag{6-3}$$

图 6-2 展示了 SLAM 问题的典型模型[1]。SLAM 主要解决在已知移动机器人的相对运动序列 U_t 和移动机器人的测量序列 Z_t 的情况下恢复环境模型 m 和机器人的位姿序列 X_t 的问题。

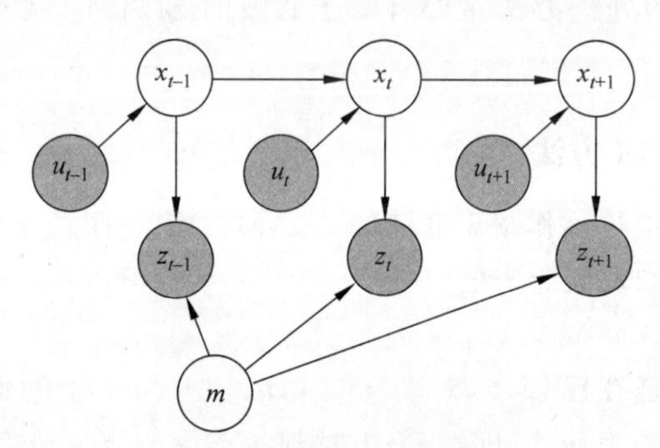

图 6-2　SLAM 问题模型

SLAM 主要有 full SLAM 和 online SLAM 两种形式。

(1) full SLAM，可描述为

$$p(X_t, m \mid Z_t, U_t) \tag{6-4}$$

full SLAM 是根据移动机器人直接观察到的数据 Z_t 以及 U_t 计算 X_t 和 m 上的联合后验概率的问题，得到的是整个地图和移动机器人轨迹的估计。full SLAM 算法通常是批处理的，即同时处理所有数据。

(2) online SLAM，可描述为

$$p(x_t, m \mid Z_t, U_t) \tag{6-5}$$

online SLAM 只估计目前移动机器人的位姿，而不是整个轨迹。online SLAM 通常是增量式的，一次处理一个数据项。

因为自主移动机器人缺少自身位姿和环境的先验信息，仅能利用外部和内部传感器获得知识，所以环境、传感器信息及机器人运动本身都具有不确定性，因此，各类 SLAM 算法都是一个"估计-校正"的过程。

SLAM 算法通常可分为传感器数据读取、前端里程计、后端优化、建图和回环检测 5 个

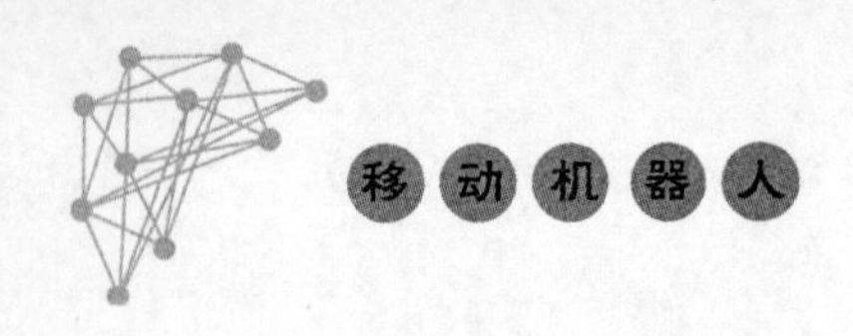

模块,如图 6-3 所示。

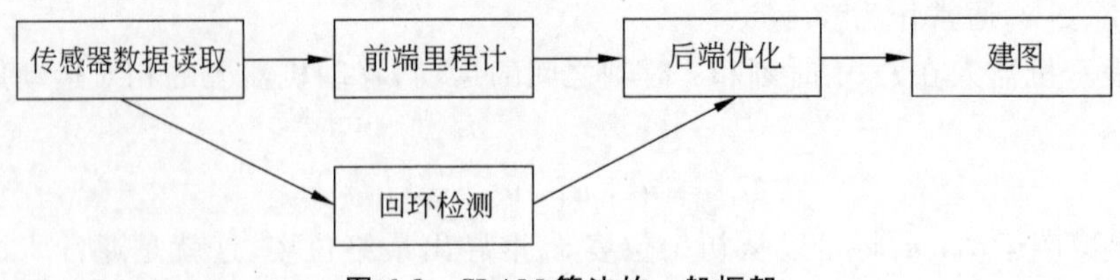

图 6-3 SLAM 算法的一般框架

前端里程计:通过相邻帧传感器数据,计算移动机器人的相对运动。

后端优化:接收前端局部里程计,计算出移动机器人的位姿以及回环检测信息,并对它们进行优化,获得全局一致的轨迹和地图。

回环检测:判断移动机器人是否经过先前的位置,如果检测到回环,则将回环信息提供给后端进行处理。

建图:按照移动机器人的位姿和对应的传感器数据建立地图。

通常,SLAM 问题的处理办法主要有基于滤波的 SLAM 方法和基于图优化的 SLAM 方法。

6.2.1 基于滤波的 SLAM 方法

online SLAM 通常也被称作基于滤波的 SLAM 方法。而基于滤波的 SLAM 方法基本都是以贝叶斯滤波为基础发展起来的。

1. 贝叶斯滤波

贝叶斯滤波的目标是在已知 $p(\boldsymbol{x}_{t-1}|\boldsymbol{z}_{1:t-1},\boldsymbol{u}_{1:t-1})$、$\boldsymbol{u}_t$、$\boldsymbol{z}_t$ 的情况下,得到 $p(\boldsymbol{x}_t|\boldsymbol{z}_{1:t},\boldsymbol{u}_{1:t})$(即 $p(\boldsymbol{x}_t|Z_t,U_t)$)的表达式,即在 $t-1$ 时刻状态量的概率分布,以及在 t 时刻的 $\boldsymbol{u}_t$ 和 $\boldsymbol{z}_t$ 的情况下,估算出状态量在 t 时刻的后验概率分布,此概率称为状态的置信概率,设为 $\mathrm{bel}(\boldsymbol{x}_t)$。

首先介绍贝叶斯滤波中涉及的假设。

(1) Markov 性假设。Markov 性质主要在于:t 时刻的状态由 $t-1$ 时刻的状态和 t 时刻的动作决定,t 时刻的观测仅与 t 时刻的状态有关,如图 6-4 所示。

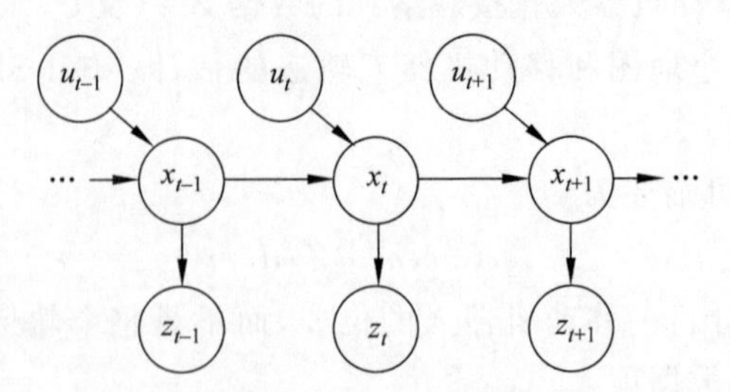

图 6-4 Markov 模型

(2)系统所处环境是静态环境,即对象周边的环境假设是不变的。

(3) 观测噪声、模型噪声等是彼此独立的。

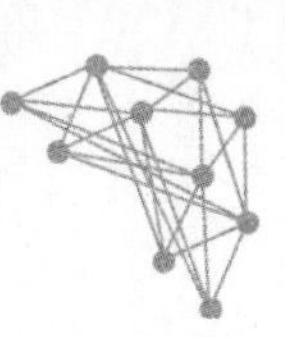

综上，结合贝叶斯公式可得

$$\begin{aligned}\mathrm{bel}(\boldsymbol{x}_t)&=\frac{p(\boldsymbol{z}_t \mid \boldsymbol{z}_{1:t-1},\boldsymbol{u}_{1:t})p(\boldsymbol{x}_t \mid \boldsymbol{z}_{1:t-1},\boldsymbol{u}_{1:t})}{p(\boldsymbol{z}_t \mid \boldsymbol{z}_{1:t-1},\boldsymbol{u}_{1:t})}\\&=\eta p(\boldsymbol{z}_t \mid \boldsymbol{z}_{1:t-1},\boldsymbol{u}_{1:t})p(\boldsymbol{x}_t \mid \boldsymbol{z}_{1:t-1},\boldsymbol{u}_{1:t})\end{aligned} \tag{6-6}$$

其中，根据 Morkov 性质中 t 时刻的观测仅与 t 时刻的状态相关可推出

$$p(\boldsymbol{z}_t \mid \boldsymbol{x}_t,\boldsymbol{z}_{1:t-1},\boldsymbol{u}_{1:t})=p(\boldsymbol{z}_t \mid x_t) \tag{6-7}$$

根据全概率公式可推出

$$p(\boldsymbol{z}_t \mid \boldsymbol{z}_{1:t-1},\boldsymbol{u}_{1:t})=\int p(\boldsymbol{x}_t \mid \boldsymbol{x}_{t-1},\boldsymbol{z}_{1:t-1},\boldsymbol{u}_{1:t})p(\boldsymbol{x}_{t-1} \mid \boldsymbol{z}_{1:t-1},\boldsymbol{u}_{1:t})\mathrm{d}\boldsymbol{x}_{t-1} \tag{6-8}$$

根据 Markov 性质中 t 时刻的状态由 $t-1$ 时刻的状态和 t 时刻的动作决定可推出

$$p(\boldsymbol{x}_t \mid \boldsymbol{x}_{t-1},\boldsymbol{z}_{1:t-1},\boldsymbol{u}_{1:t})=p(\boldsymbol{x}_t \mid \boldsymbol{x}_{t-1},\boldsymbol{u}_t) \tag{6-9}$$

以及

$$p(\boldsymbol{x}_{t-1} \mid \boldsymbol{z}_{1:t-1},\boldsymbol{u}_{1:t})=p(\boldsymbol{x}_{t-1} \mid \boldsymbol{z}_{1:t-1},\boldsymbol{u}_{1:t-1}) \tag{6-10}$$

综上，可推导出

$$\mathrm{bel}(\boldsymbol{x}_t)=\eta p(\boldsymbol{x}_t \mid \boldsymbol{z}_t)\int p(\boldsymbol{x}_t \mid \boldsymbol{x}_{t-1},\boldsymbol{u}_t)p(\boldsymbol{x}_{t-1} \mid \boldsymbol{z}_{1:t-1},\boldsymbol{u}_{1:t-1})\mathrm{d}\boldsymbol{x}_{t-1} \tag{6-11}$$

可以看出，最终的贝叶斯公式可分为两部分。一部分是

$$\int p(\boldsymbol{x}_t \mid \boldsymbol{x}_{t-1},\boldsymbol{u}_t)p(\boldsymbol{x}_{t-1} \mid \boldsymbol{z}_{1:t-1},\boldsymbol{u}_{1:t-1})\mathrm{d}\boldsymbol{x}_{t-1} \tag{6-12}$$

它基于 $\boldsymbol{x}_{t-1}$ 和 $\boldsymbol{u}_t$ 预测 $\boldsymbol{x}_t$ 的状态，即状态观测。

另一部分是 $\eta p(\boldsymbol{x}_t|\boldsymbol{z}_t)$，它基于观测 $\boldsymbol{z}_t$ 更新状态 $\boldsymbol{x}_t$，即状态更新。

另外，通常令

$$\overline{\mathrm{bel}}(\boldsymbol{x}_t)=\int p(\boldsymbol{x}_t \mid \boldsymbol{x}_{t-1},\boldsymbol{u}_t)p(\boldsymbol{x}_{t-1} \mid \boldsymbol{z}_{1:t-1},\boldsymbol{u}_{1:t-1})\mathrm{d}\boldsymbol{x}_{t-1} \tag{6-13}$$

$\overline{\mathrm{bel}}(\boldsymbol{x}_t)$表示 $\boldsymbol{x}_t$ 的预测(proposal)概率分布，还可写为

$$\overline{\mathrm{bel}}(\boldsymbol{x}_t)=p(\boldsymbol{x}_t \mid \boldsymbol{z}_{1:t-1},\boldsymbol{u}_{1:t}) \tag{6-14}$$

作为经典的状态推断方法，贝叶斯滤波方法是很多实用算法(例如 Kalman 滤波、扩展 Kalman 滤波、信息滤波、粒子滤波)的基础。

2. 扩展卡尔曼滤波 SLAM 算法

卡尔曼滤波(Kalman Filter，KF)以贝叶斯滤波为基础，假设 $\mathrm{bel}(\boldsymbol{x}_t)$服从高斯分布，在每一时刻只需要计算出均值 $\boldsymbol{\mu}_t$ 和方差 $\boldsymbol{\Sigma}_t$，就可以完成对 $\mathrm{bel}(\boldsymbol{x}_t)$的描述。

卡尔曼滤波是一种递归算法，它的优点是计算复杂度低，缺点是不能处理非线性估计问题，因此引出了扩展卡尔曼滤波，一种通过线性近似得到系统状态估计的方法。

扩展卡尔曼滤波(Extended Kalman Filter，EKF)对非线性函数的 Taylor 展开式进行一阶线性化截断，忽略其余高阶项，从而将非线性问题转换成线性问题。如图 6-5 所示，通过对非线性函数在目标点处取一阶线性化切线(蓝线)，从而可以得到线性化之后对应的高斯分布。

EKF 算法用多元高斯函数表示机器人的估计，在 SLAM 问题中可表示如下：

$$p(\boldsymbol{x}_t,m \mid Z_t,U_t)=N(\boldsymbol{\mu}_t,\boldsymbol{\Sigma}_t) \tag{6-15}$$

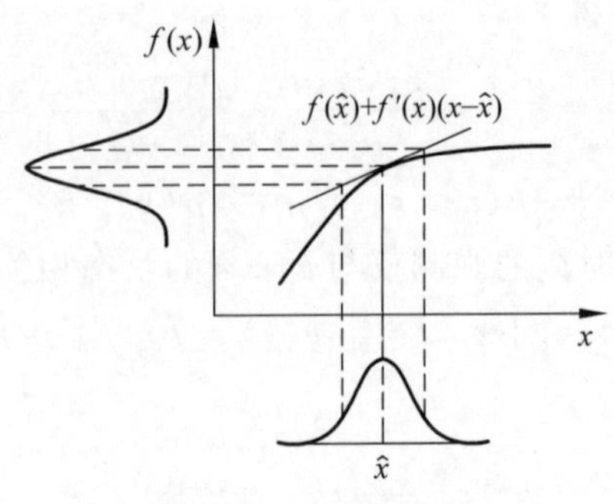

图 6-5　线性化图解

高维向量 $\boldsymbol{\mu}_t$ 包含了机器人对自身位姿 $\boldsymbol{x}_t$ 和所处环境 m 中特征位置的估计，由于机器人的自身位姿 $\boldsymbol{x}_t$ 是一个三维向量，以及地图中的 N 个地标需要 $2N$ 个变量表示，因此，$\boldsymbol{\mu}_t$ 的维度应该是 $3+2N$，协方差矩阵 $\boldsymbol{\Sigma}_t$ 的大小为 $(3+2N)\times(3+2N)$，且为半正定。

SLAM 问题可以说是状态估计的一个特例，在 SLAM 中，可以用两个方程描述状态估计的问题：

$$\begin{cases}\boldsymbol{x}_t = f(\boldsymbol{x}_{t-1},\boldsymbol{u}_t,w_t) \\ \boldsymbol{z}_t = g(\boldsymbol{x}_i,n_t)\end{cases} \tag{6-16}$$

其中，f 是运动方程；$\boldsymbol{u}$ 是输入；w 是输入噪声；g 是观测方程；n 是观测噪声。

EKF SLAM 首先利用运动模型估计机器人的新位姿，并通过观测模型预估可能观测的环境特征，计算出实际观测和估计观测间的误差，综合系统协方差计算卡尔曼滤波参数，并用其对之前估计的机器人位姿进行校正，最后将新观测的环境特征加入地图。机器人移动过程中循环不断地估计-校正，尽量消除累积误差，获得尽可能准确的定位和地图信息。

图 6-6 演示了一个 EKF SLAM 算法的仿真过程[1]。图中，虚线表示移动机器人的路径，移动机器人从初始位姿或坐标系原点开始运动。当它移动时，它自身姿态的不确定性就会增大，即图中半径不断扩大的黑色椭圆。在移动的同时，移动机器人不断感知环境中的目标(如地标)，并在环境对象上将固定的测量不确定度与增加的姿态不确定度结合起来，因此，地标位置的不确定性将会随时间的推移而增大，在图中用半径不断增加的白色椭圆表示。

之后如图 6-6(d)所示，当机器人观察到它在初始位姿观测到的地标时，可以看到机器人的姿态误差减小了。最终，机器人姿态误差椭圆很小，同时地图上其他地标的不确定性也减小了。这是由于机器人获取到之前观察到的地标信息时，会相应地修正逐步累加的误差。

随着 SLAM 问题研究的深入，人们发现 EKF 方法的限制因素在于其计算复杂性，难以满足构建大规模地图和实时性的要求。因此，有学者提出了许多相关的改进方法。

3. 粒子滤波

针对 EKF 实现较困难等缺陷，使用粒子滤波器(ParticleFilter)定位能够适应任意噪声分布，并且容易实现。粒子滤波器定位的基本思想是：用一组滤波器预估机器人的可能位姿(处于该位姿的概率)，每个滤波器对应一个位姿，利用观测结果对每个滤波器进行加权传播，从而使最有可能的位姿的概率越来越高。

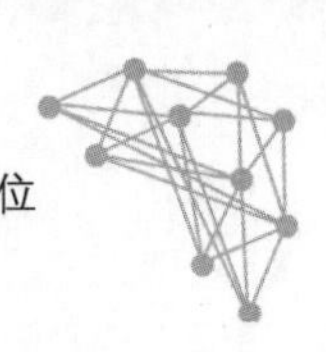

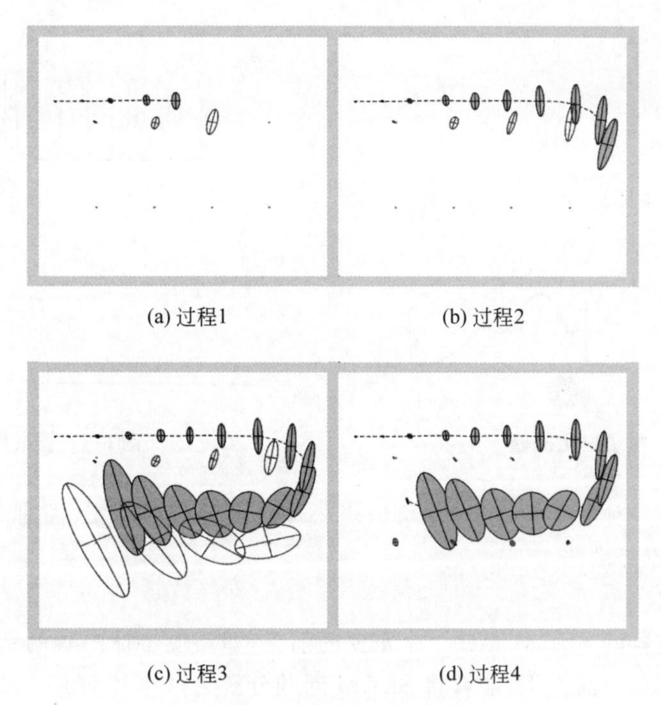

(a) 过程1　　(b) 过程2

(c) 过程3　　(d) 过程4

图 6-6　EKF SLAM 仿真

1999 年，Carpenter 在文献中正式提出粒子滤波这一名称[2]。其利用一套粒子表示后验概率，其中每个粒子表示这个系统可能存在的一种潜在状态。状态假设表示为一个有 N 个加权随机样本的集合 S：

$$S=\{(\boldsymbol{x}_t^i,\omega_t^i)\mid i=1,2,\cdots,N\} \tag{6-17}$$

其中，$\boldsymbol{x}_t^i$ 表示 t 时刻第 i 个样本的状态向量；ω_t^i 表示第 i 个样本的权重。权重为非 0 值，且所有权重的总和为 1。样本集 S 可用于模拟任意分布，这些样本是从被近似的分布中采样而来。粒子滤波器利用一套样本集合对多模态分布模型建模的能力较其他系列的滤波器有更大的优势。

标准的粒子滤波可以总结为以下三个步骤：

(1) 采样。在先前样本集 S_t 的基础上生成下一代粒子集 S_t'。这一步也被称作采样或从提议的分布中提取样本。

(2) 重要性加权。在集合 S_t' 中为每个样本计算一个重要性权重。

(3) 重采样。从集合 S_t' 中提取 N 个样本。其中，粒子被提取的可能性与它的权重成正比。由提取出的粒子获得新的集合 S_t。

重采样技术解决了粒子退化问题。粒子退化问题是指当粒子经过几次迭代后，大多数粒子的权重都变得很小，而少数粒子的权重较大。随着时间的推移，状态空间中的无效粒子的数目会增加，使得大量计算因此浪费，如图 6-7 所示。

因为权重小的粒子基本上是无用的，所以舍弃这些粒子，同时，为了保持粒子的数目不变，而生成新的粒子取代它们，这便是重采样的基本思想。一个简单的产生新粒子的方法是：将权重大的粒子按照自己权重所占的比例分配需要生成新的粒子的数目，如图 6-8

所示。

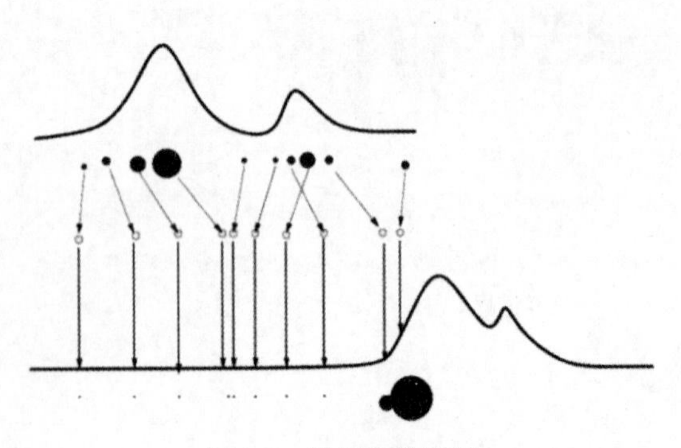

图 6-7　粒子退化问题

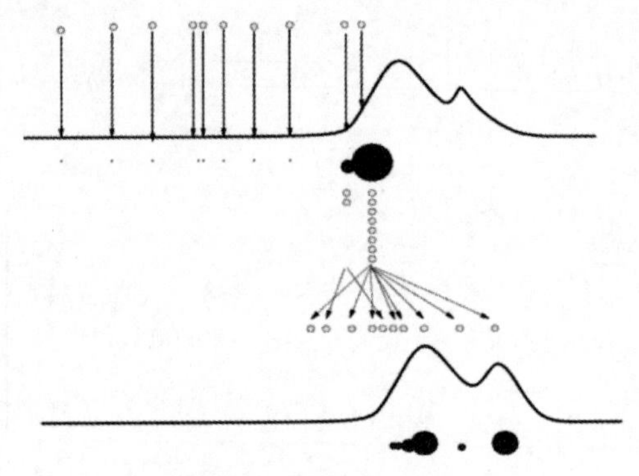

图 6-8　重采样过程

粒子滤波器是一种非参数表示，它可以轻松地表示多模态分布，同时，粒子滤波也存在粒子耗散、维数灾难等缺陷。

4. Fast SLAM

基于粒子滤波器的 SLAM 存在一个重要的前提，即环境特征的观测结果只与机器人的当前位姿有关。在这一前提下，能够将 SLAM 问题分解为两个相对独立的问题：机器人定位问题与基于机器人估计位姿的环境特征估计问题，所以，一个粒子包含机器人的轨迹和对应的环境地图两部分数据，具体表示如下：

$$\boldsymbol{x}_{1:t}^{i},\boldsymbol{\mu}_{t,1}^{i},\cdots,\boldsymbol{\mu}_{t,n}^{i},\boldsymbol{\Sigma}_{t,1}^{i},\cdots,\boldsymbol{\Sigma}_{t,n}^{i} \tag{6-18}$$

其中，$\boldsymbol{x}_{1:t}^{i}$ 表示机器人的轨迹，$\boldsymbol{\mu}_{t,1}^{i},\cdots,\boldsymbol{\mu}_{t,n}^{i},\boldsymbol{\Sigma}_{t,1}^{i},\cdots,\boldsymbol{\Sigma}_{t,n}^{i}$ 代表环境中的 n 个路标，由其对应的均值为 $\boldsymbol{\mu}_{t,n}^{i}$ 和方差为 $\boldsymbol{\Sigma}_{t,n}^{i}$ 的二维高斯分布构成。

这种通过粒子表示机器人的位姿，而环境特征的估计依然利用 EKF 解析计算的方法一般称为 RBPF(Rao-Blackwellized Particle Filters)。由于这种分解，RBPF SLAM 的计算复杂度为 $O(NM)$，其中 N、M 分别为所用粒子的数目及特征个数。如给定粒子数 N，RBPF SLAM 的计算复杂度与特征个数 M 呈线性关系，而传统 EKF SLAM 的复杂度为 $O(M^2)$，所以 RBPF SLAM 也被称为 Fast SLAM，由 Montermerlo 于 2002 年提出[3]。

将前面粒子集的表示应用在 Fast SLAM 问题中。状态假设 $\boldsymbol{x}_t^i$ 相当于机器人的位姿，权重 ω_t^i 相当于与地图的匹配度，则 Fast SLAM 的过程如下：

(1) 初始化 Fast SLAM。把每个粒子的位姿设置为起始坐标，通常为$(0,0,0)^{\mathrm{T}}$，并将地图清零。

(2) 粒子更新如下：

$$\boldsymbol{x}_t^i \approx p(\boldsymbol{x}_t \mid \boldsymbol{x}_{t-1}^i,\boldsymbol{u}_t) \tag{6-19}$$

这里，$\boldsymbol{x}_{t-1}^i$ 是粒子前一时刻的位姿，它是粒子的一部分。

当接收到里程计的测量读数时，随机产生新的位姿变量，每个变量用一个粒子表示。每个粒子按照运动学模型 $p(\boldsymbol{x}_t|\boldsymbol{z}_{t-1},\boldsymbol{u}_t)$ 进行传播。

(3) 计算权重。对于传播后的粒子，用观测模型计算权重，设 n 表示为感知到的地标索引，权重公式如下：

$$\omega_t^i = N(\boldsymbol{z}_t \mid \boldsymbol{x}_t^i, \boldsymbol{\mu}_{t,n}^i, \boldsymbol{\Sigma}_{t,n}^i) \tag{6-20}$$

然后对全部粒子的权重进行归一化,使它们的和为1。

(4) 重采样。使得测量更可信的粒子更有可能在重采样过程中存活下来。

(5) 更新粒子集的均值 $\boldsymbol{\mu}_{t,n}^i$ 和协方差 $\boldsymbol{\Sigma}_{t,n}^i$。

Fast SLAM 有效地将粒子滤波器与卡尔曼滤波器结合在一起,鲁棒性地解决数据关联多目标跟踪问题,是一种高效的移动机器人同时定位与建图的算法,可实时输出栅格地图。其缺陷是内存消耗大,粒子耗费严重。

6.2.2　基于图优化的 SLAM 方法

full SLAM 方法通常被称为基于图优化的 SLAM 方法。随着 SLAM 渐渐应用到大规模、非结构化的环境中,基于滤波的方式不能满足大规模环境的要求,逐渐被基于图优化的方法取代。这类方法能够用图的方式直观表达,所得的图称为位姿图(pose graph)。位姿图中,节点(node)表示机器人的位姿,边(edge)由位姿之间的关系组成。基于图优化的 SLAM 问题可以描述构建图和优化图的过程。

(1) 构建图。机器人位姿作为顶点,位姿间的关系作为边,这一步通常被称为前端(front-end),一般是传感器信息的堆积。

(2) 优化图。调节机器人的位姿顶点,以尽量满足边的约束,使得预测与观测的误差达到最小,这一步称为后端(back-end)。

如图 6-9 所示,$\boldsymbol{x}_i$ 和 $\boldsymbol{x}_j$ 表示机器人的位姿节点,连接 x_i 和 x_j 的边代表两个位姿之间的位姿变换,$\boldsymbol{z}_{ij}$ 表示基于机器人位姿节点 $\boldsymbol{x}_i$ 对 $\boldsymbol{x}_j$ 的观测值,即 $\boldsymbol{x}_j$ 在 $\boldsymbol{x}_i$ 坐标系下的坐标,$\boldsymbol{\Omega}_{ij}$ 是观测的不确定性,$\boldsymbol{e}_{ij}$ 表示里程计预测值 $\boldsymbol{x}_j$ 和传感器观测值 $\boldsymbol{z}_{ij}$ 之间的误差,图优化的目标则是找出最优的各节点位姿的配置,使得误差最小。

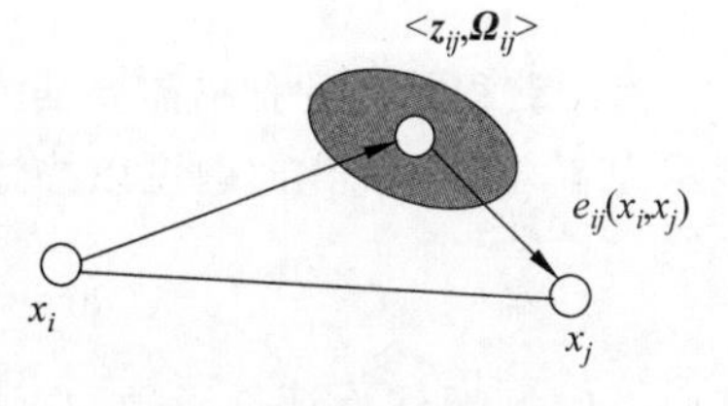

图 6-9　图优化示意图

基于图优化 SLAM 方法的主要思想是:构建非线性最小二乘的目标函数,将机器人的位姿与特征点作为待优化变量,利用牛顿法、Levenberg-Marquardt 算法等迭代估计最优解。

图优化将机器人轨迹与路标连同表示为 $\boldsymbol{x}=\{\boldsymbol{x}_1,\boldsymbol{x}_2,\cdots,\boldsymbol{x}_n,\ \boldsymbol{y}_1,\boldsymbol{y}_2,\cdots,\boldsymbol{y}_n\}$ 作为待估变量,在给定观测数据 $\boldsymbol{z}=\{\boldsymbol{z}_i,\ i=1,2,\cdots,\ m\}$ 的情况下估计 $\boldsymbol{x}$,使得后验概率分布 $P(\boldsymbol{x}|\boldsymbol{z})$ 最大。

图优化目标为最小化预测和观测的差,所以误差即预测和观测的差:

$$\boldsymbol{e}_i(\boldsymbol{x}) = h_i(\boldsymbol{x}) - \boldsymbol{z}_i \tag{6-21}$$

其中,$h_i(\ )$ 是抽象的非线性函数,可表示惯性传感器、编码器、GPS、相机等数学模型;$\boldsymbol{e}=[\boldsymbol{e}_1^{\mathrm{T}},\boldsymbol{e}_2^{\mathrm{T}},\cdots,\boldsymbol{e}_m^{\mathrm{T}}]$ 表示 m 维误差向量,$\boldsymbol{\Omega}=\mathrm{diag}[\boldsymbol{\Omega}_1^{\mathrm{T}},\boldsymbol{\Omega}_2^{\mathrm{T}},\cdots,\boldsymbol{\Omega}_m^{\mathrm{T}}]$ 为误差权重矩阵,假定误差服从高斯分布,其对应的信息矩阵为 $\boldsymbol{\Omega}_i$,所以观测值误差的平方定义为

$$\boldsymbol{x}^* = \underset{x}{\operatorname{argmin}}\, \boldsymbol{e}^{\mathrm{T}} \boldsymbol{\Omega} \boldsymbol{e} \tag{6-22}$$

对于此非线性最小二乘问题,通常采用迭代线性化方式求解。在给定初值 $\boldsymbol{x}_0$ 时,对误差 $\boldsymbol{e}(\boldsymbol{x})$ 在 $\boldsymbol{x}_0$ 附近做一阶泰勒展开,求关于 $\boldsymbol{x}_0$ 增量 $\delta \boldsymbol{x}$ 的导数并使其等于零,得到增量方程

$$\boldsymbol{H}\delta\boldsymbol{x}=\boldsymbol{g} \tag{6-23}$$

其中，$\boldsymbol{g}=-\boldsymbol{J}(\boldsymbol{x})^{\mathrm{T}}\boldsymbol{e}(\boldsymbol{x})$为系统信息向量；$\boldsymbol{H}=\boldsymbol{J}(\boldsymbol{x})^{\mathrm{T}}\boldsymbol{J}(\boldsymbol{x})$为 Hessian 矩阵；$\boldsymbol{J}(\boldsymbol{x})=\partial\boldsymbol{e}/\partial\boldsymbol{x}$为雅可比矩阵。进而，可求得系统的解为

$$\boldsymbol{x}^{*}=\boldsymbol{x}_0+\delta\boldsymbol{x} \tag{6-24}$$

Gauss-Newton 法对上述过程进行迭代求解，直到收敛，可获得参量的最优估计。为避免 δx 过大导致近似误差增加，Levenberg-Marquardt 算法通过对 $\delta\boldsymbol{x}$ 添加置信域，引入松弛因子 λ 有效改善了 $\delta\boldsymbol{x}$ 求解的稳定性：

$$(\boldsymbol{H}+\lambda\boldsymbol{I})\delta\boldsymbol{x}=\boldsymbol{g} \tag{6-25}$$

在众多基于图优化的 SLAM 算法中，比较著名的有 Google 公司于 2015 年开源的 cartographer 算法[4]。Cartographer 采取的是图优化框架，基于 Google 的 Ceres 构建问题优化，它的主要思路是：利用闭环检测减少构图过程中的累积误差，其所构建的是栅格地图。

Cartographer 的思路为：由数量一定的连续扫描线构成一个子地图，在构建子地图时，当一个新的扫描线加入子地图中时，如果该扫描线的估计位姿与地图中某个扫描线的位姿比较接近，则对其进行匹配，匹配使用了非线性优化方法，从而得到局部优化的子地图；当一个子地图的构建完成时，就将该子地图加入全局地图中，由闭环检测去除累积误差。扫描线和子地图匹配时使用的非线性优化如下。

可用 H 表示一次扫描中(即激光点云)的点云集，其表达形式如下：

$$H=\{\boldsymbol{h}_k\}_{k=1,2,\cdots,K} \tag{6-26}$$

每次获得的新的扫描需要插入子地图中最优的位姿时，将$\{\boldsymbol{h}_k\}$点集在子地图中的位姿表示为 $\boldsymbol{T}_\xi$，则此优化问题可以描述为

$$\arg\min_{\xi}\sum_{k=1}^{K}[1-M_{\text{smooth}}(\boldsymbol{T}_\xi\boldsymbol{h}_k)]^2 \tag{6-27}$$

其中，M_{smooth}是线性评价函数，方法是双三次插值法，这一函数的输出结果为(0,1)以内的数，使用这种平滑函数的优化，可以提供比栅格分辨率更高的精度。该最小二乘函数在 Ceres 库中进行求解。

闭环检测同样构建的是非线性最小二乘的优化问题，使用闭环检测优化所有子地图的位姿。为了降低计算量，提高实时闭环检测的效率，Cartographer 应用 branch and bound(分支定界)优化方法进行优化搜索。

Cartographer 的核心内容是融合多传感器数据的局部子图创建以及闭环检测中的扫描匹配。该方案的缺陷是没有对闭环检测结果进行验证，在几何对称的环境中容易造成错误的闭环。

6.3 基于激光雷达的定位方法

点云数据根据其密集程度可以分为稀疏点云和密集点云。通过激光雷达进行遥感测距得到的点数量比较少，点与点的距离也比较大，属于稀疏点云。点云处理的核心在于点云的配准，是使用点云构建完整场景的基础。目前常用的配准方法有 ICP(Iterative Closest

Point)算法和 NDT(Normal Distribution Transform)算法，典型的基于激光雷达的定位方法主要有 Gmapping、Hector SLAM 和 Cartographer 等。

6.3.1　ICP 算法

ICP(Iterative Closest Point，迭代最近点)算法是由 Besl 等[5]提出的，主要原理是为其中一帧已知点云中的每一帧点在另一点云中寻找与其最邻近的点，并计算两帧点云之间的旋转矩阵 $\boldsymbol{R}$ 和平移向量 $\boldsymbol{t}$。

ICP 方法可分为已知对应点的求解和未知对应点的求解两种。在已知对应点的情况下，可以直接计算出两帧点云之间对应的旋转矩阵 $\boldsymbol{R}$ 和平移向量 $\boldsymbol{t}$。而在未知对应点的情况下，需要进行迭代计算来求解。

假设给定两个点云集合 $X=\{\boldsymbol{x}_1, \boldsymbol{x}_2, \cdots, \boldsymbol{x}_{N_x}\}$ 和 $P=\{\boldsymbol{p}_1, \boldsymbol{p}_2, \cdots, \boldsymbol{p}_{N_p}\}$，则存在一个旋转和平移变换$(\boldsymbol{R}, \boldsymbol{t})$使得式(6-28)的值最小。

$$E(\boldsymbol{R},\boldsymbol{t})=\frac{1}{N_p}\sum_{i=1}^{N_p}\|\boldsymbol{x}_i-\boldsymbol{R}\boldsymbol{p}_i-\boldsymbol{t}\|^2 \tag{6-28}$$

当 X 和 P 中的点的对应已知时，便可直接最小化式(6-28)求解 $\boldsymbol{R}$ 和 $\boldsymbol{t}$，在对应点未知的情况下，需要进行迭代计算求解，具体流程为：寻找对应点；根据对应点计算 $\boldsymbol{R}$ 和 $\boldsymbol{t}$；对点云进行匹配，计算误差；不断迭代，直至误差小于某一个值。其不断迭代使得匹配误差逐渐减少的效果如图 6-10 所示。

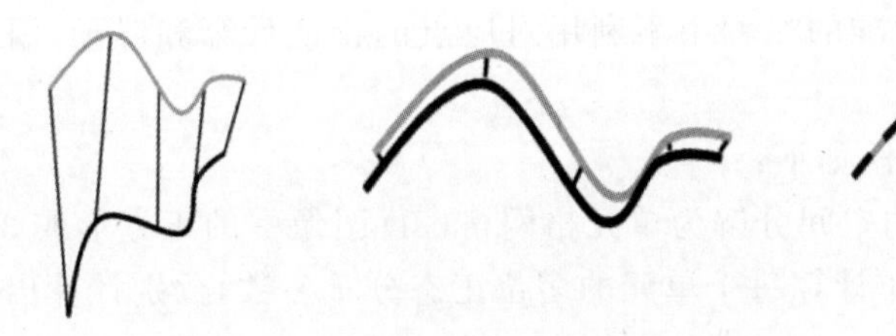

图 6-10　ICP 迭代效果图

在将式(6-28)最小化时，最常用的方法是使用奇异值分解(Singular Value Decomposition，SVD)。首先，求出待匹配的两帧点云所在的中心点，如式(6-29)和式(6-30)。

$$\boldsymbol{u}_x=\frac{1}{N_x}\sum_{i=1}^{N_x}\boldsymbol{x}_i \tag{6-29}$$

$$\boldsymbol{u}_p=\frac{1}{N_p}\sum_{i=1}^{N_p}\boldsymbol{p}_i \tag{6-30}$$

根据中心点将两帧点云做平移，平移至以各自中心点为圆心的位置上，如式(6-31)和式(6-32)，得到 X' 和 P'。

$$X'=\{\boldsymbol{x}_i-\boldsymbol{u}_x\}=\{\boldsymbol{x}'_i\} \tag{6-31}$$

$$P'=\{\boldsymbol{p}_i-\boldsymbol{u}_p\}=\{\boldsymbol{p}'_i\} \tag{6-32}$$

然后根据 X' 和 P' 的构造公式 $\boldsymbol{W}=\sum_{i=1}^{N_p}\boldsymbol{x}'_i\boldsymbol{p}'^{\mathrm{T}}_i$，将此公式结果进行奇异值分解后可求解

出形如$\boldsymbol{U}\begin{bmatrix}\sigma_1 & 0 & 0\\ 0 & \sigma_2 & 0\\ 0 & 0 & \sigma_3\end{bmatrix}\boldsymbol{V}^{\mathrm{T}}$的形式，则 ICP 算法的解为

$$\boldsymbol{R}=\boldsymbol{V}\boldsymbol{U}^{\mathrm{T}} \tag{6-33}$$

$$\boldsymbol{t}=\boldsymbol{u}_x-\boldsymbol{R}\boldsymbol{u}_p \tag{6-34}$$

ICP 算法的缺点为：

(1) 需要剔除不合适的点对(点对距离过大、包含边界点的点对)。

(2) 属于基于点对的配准，并不包含局部形状的信息。

(3) 每次迭代都要搜索最近点，计算代价很大。

在实践应用中，面对不同的应用情况，为使 ICP 算法取得更好的效果，需要对 ICP 算法进行改进。PL-ICP 算法(Point-to-Line ICP)将 ICP 算法中点到点的距离作为误差改良为点到线的距离作为误差，求解精度优于 ICP。PP-ICP 算法(Point-to-Plane ICP)对应点到面之间的匹配，在 3D 激光 SLAM 问题上可以得到较好的效果。另外，如八叉树等多种算法也是针对 ICP 算法优化了的变体算法。

6.3.2 NDT 算法

NDT(Normal Distribution Transform，正态分布变换)算法是一个配准算法，由 Peter Biber 于 2003 年首次提出[6]，它应用于三维点的统计模型，使用标准最优化技术确定两个点云间的最优匹配，由于其在配准的过程中不利用对应点的特征计算和匹配，因此计算速度较快。

NDT 点云配准的具体算法如下：

(1) 将第一帧扫描占用的空间分解为单元格网格(2D 图像中的正方形或 3D 图像中的立方体)，根据单元内的点分布计算每个单元的多位正态分布参数，分别计算出每个立方体内点的均值$\boldsymbol{\mu}$和协方差矩阵$\boldsymbol{\Sigma}$。

$$\boldsymbol{\mu}=\frac{1}{m}\sum_{k=1}^{m}\boldsymbol{y}_k \tag{6-35}$$

$$\boldsymbol{\Sigma}=\frac{1}{m-1}\sum_{k=1}^{m}(\boldsymbol{y}_k-\boldsymbol{\mu})(\boldsymbol{y}_k-\boldsymbol{\mu})^{\mathrm{T}} \tag{6-36}$$

其中，$\boldsymbol{y}_{k=1,2,\cdots,m}$为点云集合，$m$ 为点云个数。

(2) 初始化坐标变换参数 $\boldsymbol{T}$：

$$\boldsymbol{T}=\begin{bmatrix}\boldsymbol{R} & \boldsymbol{t}\\ \boldsymbol{O} & 1\end{bmatrix} \tag{6-37}$$

其中，$\boldsymbol{R}$ 为 3×3 的旋转矩阵，$\boldsymbol{t}$ 为 3×1 的平移矩阵。

(3) 将第二帧激光扫描点云集按照坐标转换参数映射到第一帧坐标系中。

(4) 按照正态分布参数计算每个转换点的概率密度，对离散的点云用概率密度的形式进行分段连续可微表示，网格每个点的概率密度表示如式(6-38)。

$$p(x)\sim\exp\left(-\frac{(\boldsymbol{x}-\boldsymbol{\mu})^{\mathrm{T}}\boldsymbol{\Sigma}^{-1}(\boldsymbol{x}-\boldsymbol{\mu})}{2}\right) \tag{6-38}$$

(5) 将每个点的概率密度相加,评估坐标的变换参数:

$$\boldsymbol{s}=\sum_{k=1}^{m}\exp\left(-\frac{(\boldsymbol{x}-\boldsymbol{\mu})^{\mathrm{T}}\boldsymbol{\Sigma}^{-1}(\boldsymbol{x}-\boldsymbol{\mu})}{2}\right) \tag{6-39}$$

(6) 使用 Hessian 矩阵法优化 $\boldsymbol{s}$。

(7) 跳转回第(3)步继续执行,直至满足收敛条件为止。

相对于 ICP 需要剔除不合适的点对(如点对距离过大、包含边界点的点对)的缺点,NDT 算法不需要耗费大量的代价计算最近邻搜索匹配点,同时,概率密度函数在两幅图像采集之间的时间可以离线计算出来,不过仍存在很多问题,包括收敛域差、NDT 代价函数的不连续性和稀疏室外环境下不可靠的姿态估计等。

6.3.3　Gmapping 算法

Grisetti G 等在 Fast SLAM 基础上提出 Gmapping 方案[7],该方案提出改进提议分布和选择性重采样对 Fast SLAM 进行了优化。改进后的提议分布既考虑了里程计信息,也考虑了最近一次观测的激光信息,使得提议分布更接近真实分布,从而减少了粒子的个数,降低了对内存的消耗。选择性重采样对预测分布和目标分布的差异进行度量并设置阈值,只有当差异超过度量阈值时,才会执行重采样,因此可以大大减少重采样次数。

Gmapping 针对 Fast SLAM 中的两个优化如下。

(1) 改善提议分布。粒子滤波采用里程计运动模型作为提议分布,如果机器人的里程计误差较大,就会导致大部分粒子都偏离真实位姿。与运动模型相反,激光雷达的观测模型则能够给出一个相对集中的分布。如图 6-11 所示,若不单纯用里程计运动做先验(proposal distribution),而要加上观测值,粒子采样范围就会更改到激光雷达观测模型所代表的尖峰区域 L,新的粒子分布就能够更贴近真实分布。方法是:在里程计运动模型给出预测后,以该预测为初值完成一次扫描匹配,扫描匹配的实现方式不限,只要能找到一个使当前观测最贴合地图的位姿即可。扫描匹配后就得到了 L 所代表的尖峰区域,之后确定该尖峰区域代表的高斯分布的均值和方差,新的粒子便从该高斯分布中采样得到。此外,对每个粒子都赋予了一个权重,用于后续的重采样步骤。

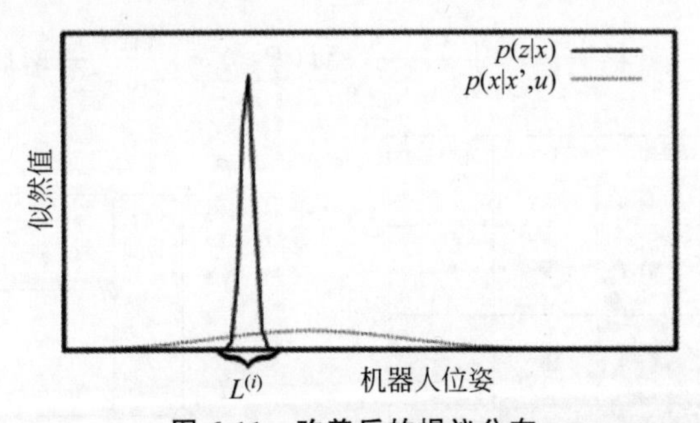

图 6-11　改善后的提议分布

(x 表示机器人位姿,u 表示控制)

(2) 选择性重采样。重采样的目的是剔除明显远离真实值的粒子,增强离真实值接近的粒子。由于方案一中提议分布的改善,粒子的多样性和准确性都能维持在一个较高的水平。可是,现有的观测不能区分正确的粒子和错误的粒子,由于每次进行重采样都存在一定

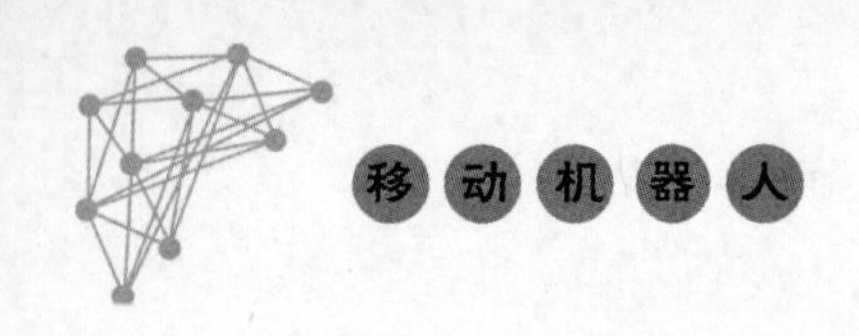

的随机性，若频繁执行重采样，粒子的多样性会耗散掉，导致最终的粒子都来自同一个粒子或者少数几个粒子的复制。Gmapping 中为减少重采样的次数，通过

$$N_{\mathrm{eff}}=\frac{1}{\sum(\omega^{i})^{2}} \tag{6-40}$$

表示当前估计和真实分布的差异性，当 N_{eff} 较大时，表明粒子权重差距很小，不进行重采样；当 N_{eff} 较小时，表明粒子的分布与真实分布差距很大，在粒子层面表现为一些粒子离真实值很近，而很多粒子离真实值都较远，此时就要进行重采样。

Gmapping 对 Fast SLAM 做了进一步的优化，使得粒子耗散减小，但 Gmapping 不适用于构建大场景地图，并且没有回环检测，所以在闭环时可能会造成地图错位。

6.3.4 Hector SLAM 算法

Kohlbrecher S 等于 2011 年提出的 Hector SLAM 算法以二维激光雷达扫描匹配计算位移完成环境的自主建图，再结合粒子滤波器算法完成机器人实时定位[8]。

粒子滤波器定位算法在已知地图的基础上通过粒子群算法跟踪机器人的位姿。该算法在 ROS(机器人操作系统)中的具体应用是以粒子群分布估计机器人当前时刻的位姿，主要包括初始化粒子群分布、粒子群采样、重要性权重计算、重要性重采样及位姿估计步骤。

Hector SLAM 中自主建图算法包括两个阶段：地图获取和扫描匹配。首先使用激光雷达数据对环境进行描述，这个阶段也是将连续的环境距离信息进行离散化的阶段。然后通过匹配这些离散的数据，得到连续两帧扫描数据的变换关系，将局部环境地图融合为全局环境地图。

Hector SLAM 使用的是占据栅格地图。如图 6-12 所示，对于给定一个连续的地图坐标 P_m 运用双线性插值的方法以求出占用值 $M(P_m)$，用于描述激光点映射之后是否对应被占据的栅格以及对应的程度。

$$\begin{aligned}M(P_m)\approx&\frac{y-y_0}{y_1-y_0}\left(\frac{x-x_0}{x_1-x_0}M(P_{11})+\frac{x_1-x}{x_1-x_0}M(P_{01})\right)\\&+\frac{y_1-y}{y_1-y_0}\left(\frac{x-x_0}{x_1-x_0}M(P_{10})+\frac{x_1-x}{x_1-x_0}M(P_{00})\right)\end{aligned} \tag{6-41}$$

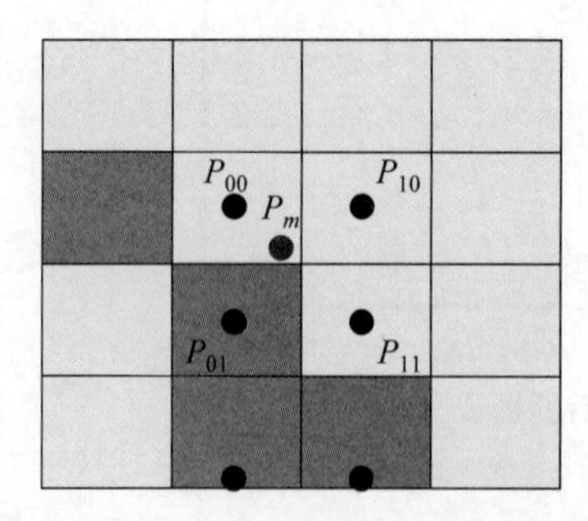

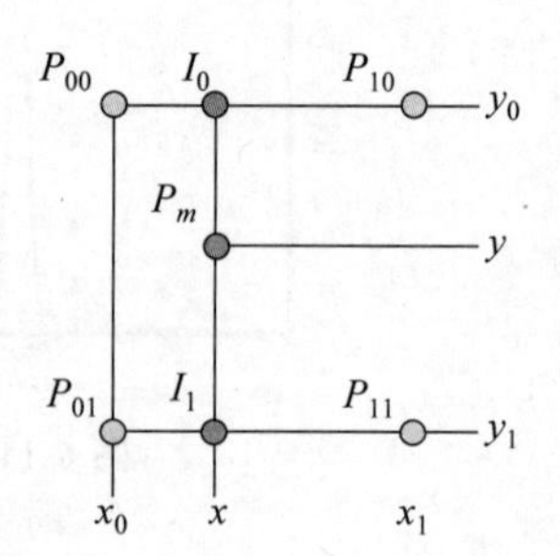

图 6-12 双线性插值

对变换到栅格的一个激光点来说，希望 $M(P_m)$ 越大越好(趋于 1)。在取得 t 时刻激光数据后，计算的是 $t-1$ 时刻到 t 时刻的位姿增量，在 $t-1$ 时刻的附近迭代匹配得到最优的

匹配结果，利用高斯牛顿法进行对目标的优化迭代。同时，使用多分辨率地图，减弱陷入迭代计算的局部极值。

Hector SLAM不需要里程计，能够适应空中或者地面不平坦的情况，但是初值的选择会对结果造成很大影响，难以处理闭环，因此要求激光雷达帧率较高。

6.3.5　LOAM算法

Zhang J等于2014年提出的LOAM(Lidar Odometry and Mapping in Real-time)方案是目前开源的SLAM算法中效果最好的3D激光SLAM[9]。

LOAM的核心思想是：将SLAM问题分为高频率低精度的里程计运动估计和低频率高精度的地图匹配两个算法，并采用基于曲率的特征提取方法提取边缘线和平面上的特征点进行激光里程计的输出与地图的匹配，无回环检测模块。

LOAM本质就是一个激光里程计，没有闭环检测，也没有图优化过程。如图6-13所示，该算法把SLAM问题分为两个算法同时运行：一个是激光雷达里程计算法，频率为10Hz；另一个是激光雷达建图算法，频率为1Hz。

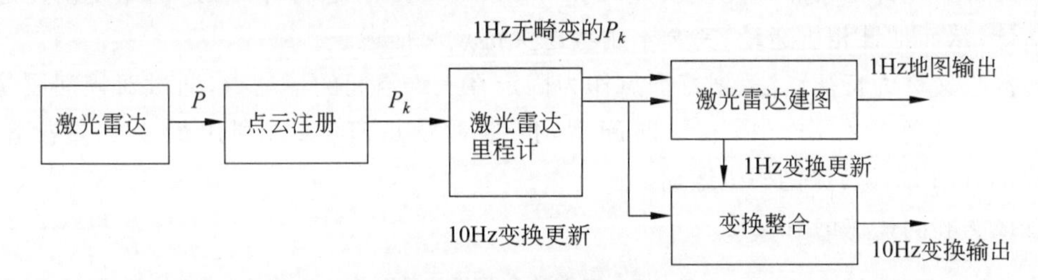

图6-13　LOAM整体框架

两个算法均根据点云局部表面平滑度的大小从点云中提取特征点，然后进行特征匹配。传统的特征提取办法(如特征向量、直方图、旋转图片等)普遍存在计算量大的问题。LOAM并未采用这些方法，而是新颖地提取边缘点(sharp edges)和平面点(planar surface)作为特征点。仅通过计算某点周围固定数量的点构成的曲率判断其是否为边缘点或平面点，能够大大降低特征提取步骤的计算量。

LOAM在激光雷达里程计算法中利用scan-to-scan匹配方法，即激光雷达扫描线之间的匹配，粗略地估计激光雷达的运动。由于计算量相对较小，可以以10Hz较高的频率执行。在激光雷达建图算法中利用map-to-map匹配方法(即地图和地图之间的匹配)提高匹配的精确度，由于计算量相对较大，因此以1Hz较低的频率执行。这样的高低频率结合可以在保证计算量的同时兼具更好的精度。

此外，该算法还假设激光雷达的运动为匀速运动，因此采用了线性插值对运动产生的畸变进行补偿：

$$\boldsymbol{T}_{(k+1,i)}^{L}=\frac{t_i-t_{k+1}}{t-t_{k+1}}T_{k+1}^{L} \tag{6-42}$$

其中，t为当前时刻；t_{k+1}是第$k+1$次扫描的初始时刻；$\boldsymbol{T}_{k+1}^{L}$为$[t_{k+1},t]$期间的激光雷达的位姿变换；点i属于当前帧中的一点，设t_i为其对应时刻；$\boldsymbol{T}_{(k+1,i)}^{L}$为$[t_{k+1},t]$期间的位姿

变换。

总体来说,LOAM的核心思想是将定位和建图分开,使用激光雷达里程计算法通过高频率低精度的运动估计完成定位,使用激光雷达建图算法完成低频率的里程计校正和建图,两者结合完成高精度、实时性的激光里程计。

6.4 基于视觉的定位方法

6.4.1 视觉里程计

视觉里程计(Visual Odometry,VO)是一个仅利用单个或多个相机的输入信息估算智能体运动信息的过程,其主要难点是如何利用图像估计相机运动。

图像信息的另一种数字表达形式是特征。通常,根据是否使用特征和特征的稠密程度不同,将视觉里程计分为直接法和间接法、稀疏法和稠密法。

直接法前端根据灰度不变假设,即同一个空间点的像素灰度在各个图像中保持不变,对帧间的局部或全部像素点的光度误差(Photometric Error)进行计算,并将光度误差进行最小化估计,从而估计相机运动,完全不用考虑关键点和描述子。

间接法又称为特征点法,把特征点作为固定在三维空间的不动点,通过对帧间图像中的点、边缘、区域等特征进行提取与匹配后,按照对极几何约束,利用最小化重投影误差(Reprojection Error)优化相机运动。

直接法和间接法的对比见表6-2。

表6-2 直接法和间接法的对比

属　性	直接法	间接法(特征点法)
基本概念	按照相机的亮度信息估计相机运动,不用计算关键点和描述子,优化的是光度误差	通过提取并匹配特征点估计相机运动,优化的是重投影误差
优点	计算速度快,可省去计算关键点和描述子的时间;可用在特征缺失的场合(如白墙);可构建半稠密及稠密地图	对光照、运动、旋转比较不敏感,较稳定;鲁棒性较好
缺点	由于灰度值不变的假设,易受光照变化影响;要求相机运动较慢或采样频率较高;单个像素和像素块区分度不强,只能少数服从多数,以数量代替质量	关键点和描述子的计算量大,耗时长;特征点丢失的场景无法使用;只能构建稀疏地图。

稀疏法是指仅使用图片中的一小部分特殊像素点(如边角),在给定相机位姿和内参的情况下几何参数(特征点位置)是相互独立的。

稠密法使用图片中的所有像素,并且使用图像区域的连通性形成几何先验信息。

另外,还有介于两者的中间法,又称半稠密法,是指不重建完整的环境模型,但仍采用大部分具有良好的连接和约束的像素点。

VO主要有三部分:特征提取、特征匹配、运动估计。

特征提取是VO最基础、最重要的一个步骤,直观上理解,特征点是指图像(一般是灰度图)中具有代表性的特殊的点。由于灰度值很容易受到光照、物体形变、图像拍摄角度等因

素的影响,因此特征点的选择和设计非常重要。优秀的特征点应该具有以下特征:

(1) 高辨识度。可以和周围的像素进行明显的区分,具有极强的代表性。

(2) 可重复性强。相同的特征点能够在下一幅图像中被再次检测到,这样才能进行特征点匹配。

(3) 高鲁棒性。在光照变化、几何变化(旋转、缩放,透视变形)时可以保持没有明显变化,在图像中存在噪声,压缩损伤、模糊等情况下仍然能够检测到。

(4) 计算效率高。设计规则简单,占用内存少,有利于实时应用,但通常计算效率和鲁棒性成反比。

如今,主要的特征提取算法有 FAST(Features from Accelerated Segment Test)、SIFT(Scale-invariant Features Transform,尺度不变特征变换)、SURF(Speeded Up Robust Features,加速稳健特征)、Harris 角点检测算法等。SIFT 关键点检测与特征描述子算法在使用视觉特征计算的众多应用中已经获得了极大的成功,包括物体识别、图像拼接、视觉地图等。但是,由于该算法的计算量很大,在实时系统(如视觉里程计或者低运算能力的平台)上实现存在很大困难。

特征匹配是指通过计算图像特征之间的相似性测度以完成图像配准的匹配方法。通常使用的匹配方法有暴力匹配、K 近邻匹配等。

暴力匹配是指为目标图像中的每个特征点都计算其待匹配图像中对应的特征点之间的相似程度(特征描述子的距离),然后根据相似程度进行排序,取最相近的那个点作为匹配点。

暴力匹配思想直观,但是有很明显的缺点:

(1) 计算复杂度是特征点数目的二次方。由于特征点一般数量巨大,因此该方法的计算量无法接受。

(2) 误匹配率高。由于特征点都是描述的局部区域特征,因此,当场景中出现大量重复纹理(很常见)的时候,很容易出现错误的匹配对。

K 近邻匹配(K Nearest Neighbor in Signal Space,K-NNSS),在匹配的时候选择 K 个和特征点最相近的点,如果这 K 个点之间的区别足够大,则选择最相近的那个点作为匹配点,通常选择 $K = 1$,也就是最近邻匹配(Nearest Neighbor in Signal Space,NNSS)。对每个匹配返回两个最近邻的匹配,如果第一匹配距离和第二匹配距离的比足够大(向量距离足够远),则判断这是一个正确的匹配,比率的阈值通常在 2 左右。

当找到特征匹配对后,下一步就是按照这些特征匹配进行**运动估计**。运动估计是指计算运动估计中当前图像和之前图像间的相机运动。将这些单次运动链接起来,就能够重构相机的运动轨迹。根据特征匹配对的维度不同(2D 或 3D),运动估计分为三种方法。

1) 2D-2D

一般使用单目 RGB 相机拍摄相邻两帧图片。当得到 2D 像素坐标的特征点匹配对后,目标就是按照两组 2D 特征点对估计相机的运动。该问题通常用对极约束(极线约束)解决。

2) 3D-3D

双目相机或者 RGB-D 相机可以获得图像点的三维空间坐标,这时匹配好的特征点对

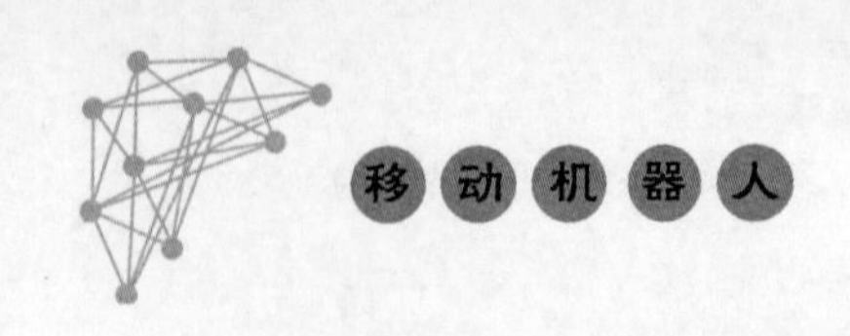

就是两组3D点，这种情况下利用迭代最近点（Iterative Closest Point，ICP）估计相机的运动。

3）3D-2D

当已知3D空间点及其在图像上的2D投影位置时，可以用PnP（Perspective-n-Point）估计相机的位姿，此时至少需要3个点对（需要至少一个额外点验证结果）估计相机的运动。

特征点的3D位置能够利用三角化或者RGB-D相机深度图确定，所以，在双目或者RGB-D的VO中，能够直接使用PnP估计相机运动。而单目VO必须先初始化，才能使用PnP方法。3D-2D方法不使用对极约束，也可以在很少的匹配点中获得较好的运动估计，是最重要的一种姿态估计方法。

6.4.2 ORB SLAM 算法

ORB SLAM算法是一种经典的、用途广泛的基于ORB（Oriented FAST and Rotated BRIIEF）特征的稀疏视觉SLAM算法，由R.Mur-Artal等于2015年提出[10]。ORB特征算法基于FAST角点检测算法和BRIEF（Binary Robust Independent Elementary Features）描述子，所以称为ORB（Oriented FAST and Rotated BRIEF），这体现出其是一个改良后的FAST角点检测和BRIEF描述子的算法，此算法由E. Rublee等于2011年提出[11]。

提取ORB特征分为两步。

(1) FAST关键点提取。获取图像中的FAST角点，同时ORB中计算了特征点的主方向，为之后的BRIEF描述子增加了旋转不变性。

(2) BRIEF描述子。对上一步提取出关键点的周围图像区域进行描述。

FAST是一种角点，主要检测局部像素灰度变化明显的地方，以速度快著称。FAST只需要比较像素亮度大小，速度很快，它的检测过程如下：

(1) 在图像中选择像素 p，假设它的亮度为 I_p。

(2) 设置一个阈值 T（如 I_p 的20%）。

(3) 以像素 p 为中心，选取半径为3像素点的圆上的16个像素点。

(4) 假设选取的圆上有连续的 N 个点的亮度大于 I_p+T 或者小于 I_p-T，那么像素 p 可以被认为是特征点（N 通常取12，即FAST-12）。

(5) 循环以上四步，对每一个像素执行相同的操作。

FAST角点检测虽快，但其数量很大且不确定，所以ORB对其进行改进。ORB指定最终要提取的角点数量N，对每个FAST角点分别计算Harris响应值（即Harris角点检测算法中通过计算此值判断特征点是否为角点），然后选择前N个具有最大值的角点作为最终的角点集合。

其次，FAST不具有尺寸，所以ORB构建图像金字塔。对图像完成不同层次的降采样，得到不同分辨率的图像，并在金字塔的每一层上检测角点，从而得到多尺寸特征。

FAST没有计算旋转，所以ORB通过计算以FAST角点 O 为中心的图像块的质心 C，那么向量的 $\overrightarrow{OC}$ 方向就是特征点的方向。

利用各种改进，FAST特征具有了尺寸和旋转的描述，在ORB中把这种改进后的

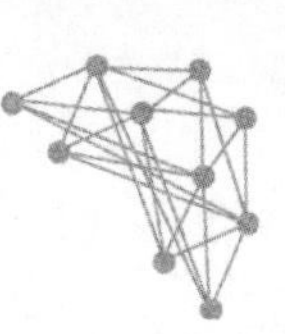

FAST 称为 oFAST。

在提取到特征点后需要以某种方式描述这些特征点的属性，这些属性的输出称为该特征点的描述子(Feature Descriptor)。ORB 通过 BRIEF 算法计算一个特征点的描述子。BRIEF 算法的核心思想是：在关键点 P 的周围以一定模式选取 N 个点对，把这 N 个点对的比较结果组合起来作为描述子。

具体来讲，BRIEF 算法主要有以下几步：

(1) 以关键点 P 为圆心，以 d 为半径做圆 O。

(2) 在圆 O 内以某一模式选取 N 个点对。这里为了方便说明，设 $N=4$，实际中一般 $N=128$、256 或 512。假设当前选取的 4 个点对分别标记为

$$P_1(A_1, B_1)、P_2(A_2, B_2)、P_3(A_3, B_3)、P_4(A_4, B_4) \tag{6-43}$$

(3) 定义操作 T

$$T(P(A_i, B_i)) = \begin{cases} 1 & I_{A_i} > I_{B_i} \\ 0 & I_{A_i} \leqslant I_{B_i} \end{cases} \tag{6-44}$$

其中，$i=1,2,3,4$，I_{A_i} 表示点 A_i 的灰度，I_{B_i} 表示点 B_i 的灰度。

(4) 分别对已选取的点对进行 T 操作，将得到的结果进行组合。

得到二进制字符串后，就可以使用汉明距离匹配这些描述子了。BRIEF 由于使用了二进制表达，存储起来十分方便，适用于实时的图像匹配。原始的 BRIEF 描述子不具有旋转不变性，所以，在图片发生旋转时，匹配性能会急速下降。ORB 根据之前关键点的方向旋转图像块，得到 steered BRIEF。

每个描述子由 256 位组成，无法保证每个位都能做出很大的贡献(都具有很好的区分度)，因为位之间或许存在相关性，steered BRIEF 在区分度上相比于 BRIEF 有所降低(协方差对应特征向量上的分布方差越大，越具有区分度)。所以，ORB 算法将基于启发式规则的贪心搜索算法应用到 BRIEF 中，并称为 r BRIEF。r BRIEF 在方差、相关度上具有更大的优势，同时也具备 steered BRIEF 的旋转不变性。

ORB 结合了改良后的 FAST 角点检测和 BRIEF 描述子的算法，是如今非常具有代表性的实时图像特征。基于 ORB 特征的实时 SLAM 系统 ORB SLAM 被认为是基于特征点 SLAM 的一个高峰。

ORB SLAM 主要由三个并发进程组成：跟踪、局部建图和回环检测。图 6-14 所示是 ORB SLAM 的系统框图。

其中，跟踪(Tracking)进程完成每一帧相机的定位和跟踪，通过特征匹配进行相机的位姿估计和优化；局部建图(Local Mapping)进程处理新关键帧，并对局部的关键帧和地图点进行局部优化。回环检测(Loop Closing)进程负责对每个新关键帧进行回环搜索，一旦检测到回环，就利用相似变换(Sim3)将回环对齐和融合，并进行位姿优化。另外，还有场景识别部分和地图部分。

ORB SLAM 主要有以下特点：

(1) 具有良好的泛用性，支持单目、双目、RGB-D 三种模式。在大规模的、小规模的、室内室外的环境都可以运行，该系统对剧烈运动也很鲁棒。

(2) 在追踪、建图、重定位和回环过程中采用同一种特征点：ORB。它改进了 FAST 检

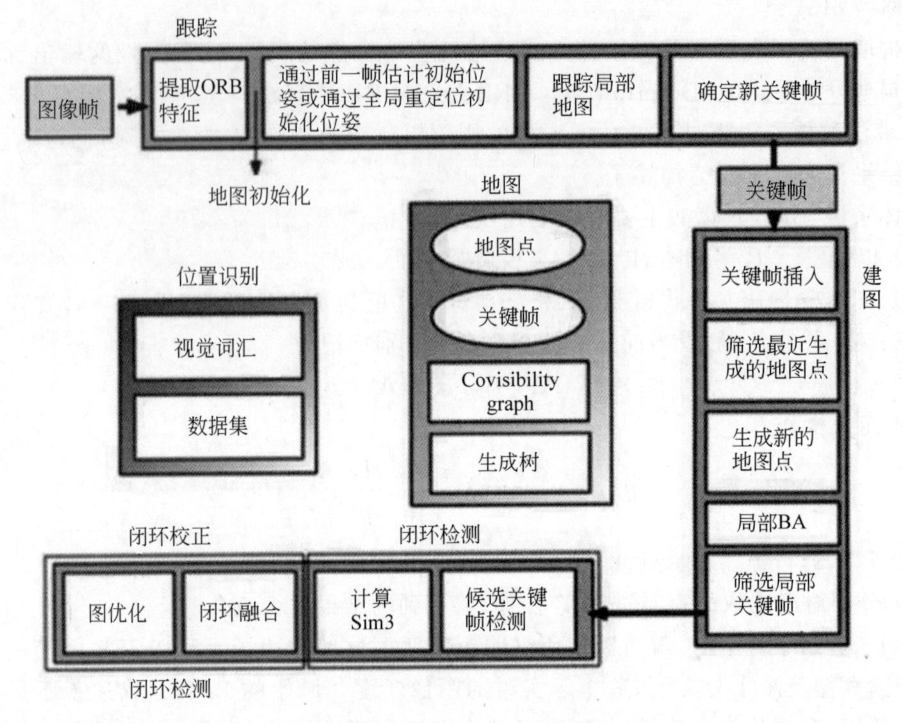

图 6-14　ORB SLAM 系统框图

测子不具有方向性的问题，并采用速度极快的二进制描述子 BRIEF，使整个图像特征提取的环节大大加速，在 CPU 上即可实时计算。

(3) ORB SLAM 中加入的回环检测环节，确保了系统可以有效地防止累计误差，并且在丢失之后还能迅速找回。

ORB SLAM 算法能够用于多种不同的视觉设备中。鱼眼 ORB SLAM 算法是指以相机搭配鱼眼镜头采集的图像为基础进行 ORB SLAM 算法，属于单目视觉里程计算法（视觉系统使用单个相机作为载体获取图像）。双目 ORB SLAM 算法是以获得的立体图像为基础进行 ORB SLAM 算法，它属于双目视觉里程计算法。双目视觉里程计利用双目立体摄像机得到立体图像序列，通过特征提取、特征点立体匹配、特征点跟踪匹配、坐标变换和运动估计等步骤求得机器人的运动数据。

6.4.3　DSO 算法

直接法按照像素使用数量可分为稀疏、半稠密和稠密 3 种，当算法仅适用于少数特殊像素点时，便称为稀疏直接法；当算法使用图片中所有的像素时，称为稠密直接法；相同地，当算法使用介于两者数量的部分像素时，称为半稠密直接法。

DSO(Direct Sparse Odometry)算法是基于稀疏直接法的单目视觉里程计，是少数使用纯直接法计算视觉里程计的系统之一，是 Jakob Engel 博士于 2017 年发布的一个视觉里程计[12]。该方法将最小化光度误差模型和所有模型参数联合优化的方法相结合，并针对直接法容易受光照干扰的问题集成了光度标定，以及其他细节上的优化，使得在跟踪精度和鲁棒性方面，DSO 算法显著优于其他的直接法和间接法。

DSO 优化范围不是所有帧，而是会维护一个由最近帧及其前几帧形成的滑动窗口，通常由 5～7 个关键帧组成，每个先前关键帧中的地图三维点从某个帧出发（此帧称为主导帧），乘上逆深度值（深度的倒数）之后投影至另一个目标帧，从而构建一个投影残差，如图 6-15 所示。只要残差在合理范围内，就可以认为这些点是由同一个点投影的。同时，在新关键帧中提取未成熟点，并希望它们演变成正常的地图点。实际中，由于运动、遮挡的原因，部分残差项会被剔除；也有部分未成熟地图点无法演化成正常地图点，被剔除。

滑动窗口内部构成一个非线性最小二乘问题。表示成因子图（或图优化）的形式，如图 6-16 所示。

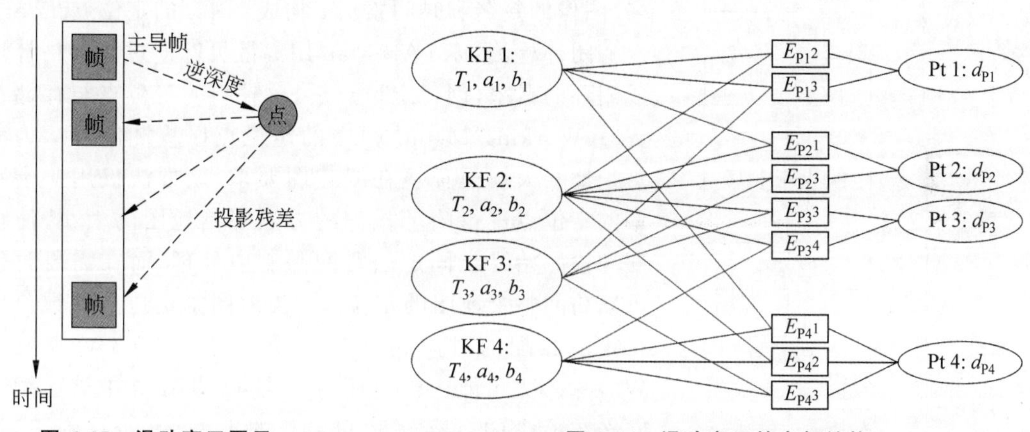

图 6-15　滑动窗口图示

图 6-16　滑动窗口的内部结构

每个关键帧的状态为八维：六自由度的运动位姿 $\boldsymbol{T}$，两个描述光度的参数 a、b。每个地图三维点的状态变量为一维，即该点在相应坐标下逆深度 d。于是，每个残差项（或能量项 $\boldsymbol{E}$）将关联两个关键帧与一个逆深度。

对于不需要的点或帧，则将其边缘化，称为滑动窗口的边缘化问题。对此，DSO 遵循以下几个准则：

（1）如果一个点已经不在相机视野内，就边缘化这个点。

（2）如果滑动窗口内的帧数量已经超过设定阈值，就选取其中一个帧进行边缘化。

（3）当某个帧被边缘化时，以它为主导的地图点将被移除，不再参与以后的计算。

DSO 的出现将直接法推到一个相当成熟可用的地位。在大部分数据集上，DSO 均有较好的表现，但 DSO 不是完整的 SLAM，因为它不包含回环检测等功能，所以，它不可避免地会出现累计误差，尽管很小，但无法消除。

6.4.4　RGBD SLAM 算法

微软公司在 2010 年下半年推出了 Kinect 相机，它能够同时获得环境的颜色（RGB）信息和深度（Depth）信息（合称为 RGB-D 信息）。由于 Kinect 在价格及性能上的优势，使得它在机器人 RGBD SLAM 领域得到了广泛的研究与应用。RGBD SLAM 算法可以分为前端和后端两部分，前端的任务为获取不同观察结果之间的空间关系，后端的任务为通过非线性误差函数优化位姿图中相机的位姿信息。RGBD SLAM 基本流程如图 6-17 所示。

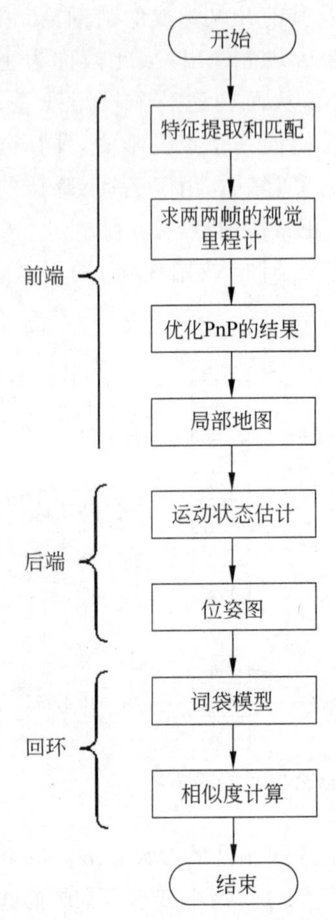

图 6-17 RGBD SLAM 基本流程

RTAB-Map(Real Time Appearance-Based Mapping)是 RGB-D SLAM 中比较经典的一个方案[13]。RTAB-Map 的目的是提供一个与时间和尺度无关的基于外观的定位与建图解决方案,该方案针对解决大型环境中的在线闭环检测问题。

该算法存在 3 个关键点:定位点创建、闭环检测以及"取回"和"转移"操作。

定位点创建:采用图像的 SURF 特征创建图像的签名,图像的签名和时间索引 t 构成 t 时刻的定位点。

闭环检测:RTAB-Map 用离散贝叶斯过滤器估计形成闭环的概率,创建定位点后,比较新的定位点与存储在 WM(Working Memory)中的定位点以检测闭环。为满足长期和大规模环境在线建图要求,该方法仅用一定数量的定位点进行闭环检测的方法限制地图的大小,使得回环检测始终在固定的时间限制内处理,而在需要时仍可以访问整个地图的定位点:当地图中定位点的数目使得定位匹配的时间超过某个阈值时,RTAB-Map 就将 WM 中不太可能构成闭环的定位点(即 WM 中被连续访问次数最少的且存储时间最长的定位点)转移到 LTM(Long-Term Memory)中,不参与下次闭环检测的运算。当一个闭环被检测到时,其邻接定位点又能够重新从 LTM 中取回放入 WM 中,用于将来的闭环检测。

"取回"和"转移"操作:随着定位点的不断创建,对定位点数据库的管理变得十分关键,该方法利用"取回"和"转移"两个操作灵活地管理不同数据库中存储的定位点。

(1)"取回"。当检测到闭环概率最高的定位点,则从 LTM 中取出其邻接定位点并放回 WM 中。

(2)"转移"。当闭环检测的处理时间超过阈值,将被连续访问次数最少且存储时间最长的定位点转移到 LTM 中,被转移点的数量取决于当前 WM 中存储的数量。

RTAB-Map 给出了一套完整的 RGBD SLAM 方案,完成了基于特征的视觉里程计、基于词袋的回环检测、后端的位姿变化以及点云和三角网络地图,支持一些常见的 RGBD 和双目传感器,如 Kinect、Xiton 等,且提供实时的定位和建图功能。

6.5 其他定位方法

除本章前面介绍的定位方法外,还有其他常用的定位方法,如二维码定位和基于 WiFi 的室内定位技术等。

6.5.1　二维码定位

二维码简单易用、易于铺设，常用作移动机器人室内定位中的定位标签。二维码定位法是将二维码作为人工路标标签布置在室内环境中，其中每个路标处的二维码的码值即该点的坐标值。通过摄像头标定、二维码标签采集、图像处理、坐标变换及编码值映射获得移动机器人的实际位置。摄像头标定是指对成像设备上的摄像头进行标定，以建立摄像头与移动机器人之间的关系；二维码标签采集是指利用移动机器人上搭载的成像设备采集图像；图像处理是指对标签图像处理提取出二维码顶点在图像坐标系中的坐标；坐标变换是指利用图像坐标系和移动机器人坐标系的转换关系得到二维码顶点在移动机器人坐标系中的坐标（机器人当前的位置和方向值）；编码器映射将每个唯一编码值一一对应其在室内的实际地理位置，利用编码值映射即可取得当前机器人在环境中的实际地理位置。

ArUco 是一个基于 OpenCV 的用来完成增强现实应用程序的最小库，它包含生成黑白二色视觉标志码（ArUco Code）的算法，还有相应的检测其视觉标志码的函数，以及错误码修正算法。

如图 6-18 所示，一个 ArUco 标记由黑色边框和确定该标记的 ID 的二维矩阵构成。其中，黑色的框能加速标记在图像中的检测速度，二维码能唯一识别该标记，同时进行错误检测和错误修复。

图 6-18　ArUco Code

在包含 ArUco 标志的图片中，检测过程通常能返回被检测到的标记（maker）序列。每个检测的标记结果都包括：标记四个角点在图片中的位置，标记的 ID。

标记检测过程主要有两个步骤：

（1）检测标记的候选区域。在此步骤中对图像进行分析，以找到作为标记的候选正方形。该方法首先利用自适应阈值分割标记，然后从阈值图像中提取轮廓线。还加入了一些额外的过滤方法，如删除太大或太小的轮廓线，删除详尽的轮廓线等。

（2）通过分析二维码确定标记。这一步从提取每个标记的标记位开始。首先，应用透视转换获得规范形式的标记；然后，使用 OTSU（确定图像二值化分割阈值的算法）对标准图像进行阈值处理，分离黑白位。按照标志大小和边框大小将图像划分到不同的单元中，并计算每个单元格上的黑白像素的数量，以确定它是一个白色位，还是一个黑色位。最后，对此进行分析，确定该标记是否属于特定的字典，并在必要时采用纠错技术。

ArUco 具有由多个标记码排列成标记板使用、最多有 1024 个不同的标记码、可基于 OpenCV 实现、可跨平台使用等优点。

6.5.2　基于 WiFi 的室内定位技术

惯性定位技术使用加速度和陀螺仪输出作为原始数据，最终得到的结果是一个相对位置，无法得到绝对位置，所以设置的初始状态（包括初始坐标以及初始方向）至关重要。而 WiFi 定位技术得到的是绝对定位结果，很好地弥补了这一点。惯性定位技术算法流程是：

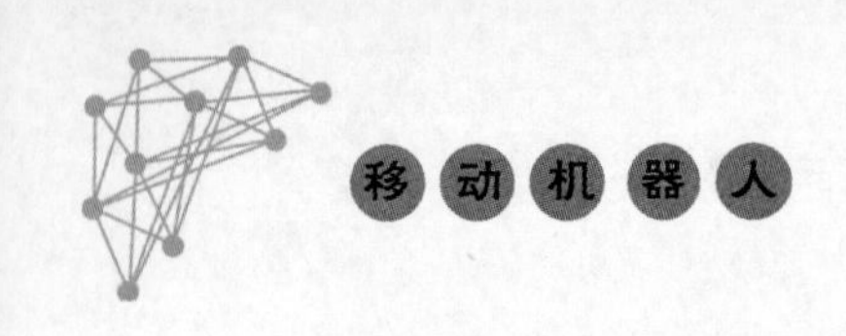

利用前一时刻的位置姿态等信息计算当前时刻的位置姿态信息，这种方法极易随时间产生累积误差。WiFi 室内定位短时精度没有惯性定位技术高，但它的优点是误差不随时间而累积。

基于 WiFi 室内定位技术的基本原理是：借助 AP(Access Point，无线访问节点、会话点或存取桥接器)本身会向外均匀发射可以表示自身特征的信号(信号强度、标识码等)这一功能，通过移动设备接收这些信息，根据某种定位算法完成定位。一般情况下，WiFi 定位算法主要有三大类：几何测量法、传播模型法和位置指纹算法。

基于位置指纹定位是 WiFi 室内定位算法中研究和应用最为广泛的技术，也称为数据库相关方法。它是将移动设备接收到定位区域中各个 AP 发射出的信息作为定位的特征构造数据库，一般情况下采用信号强度作为指纹特征构造指纹库，在线定位时将移动设备接收到的 WiFi 信号强度与指纹数据库经过映射匹配，通过一定的定位算法得到用户的地理位置坐标[14]。

位置指纹法分两个阶段：离线阶段和在线阶段。如图 6-19 所示，虚线上方为离线阶段，虚线下方为在线阶段。

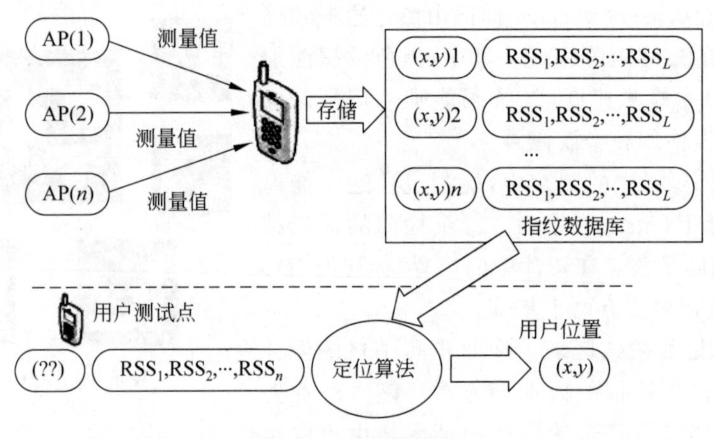

图 6-19　位置指纹法

离线阶段首先采集定位区域的各个采样点的接收信号强度指示(Received Signal Strength Indication，RSSI)序列并建立数据库，数据库中包含每个采样点的位置信息，以及在该采样点采集的每个接入点(AP)的 RSSI 及其对应的物理地址；在线阶段用户利用实时采集的 RSSI 信息与指纹库进行匹配，从而得到定位结果。

位置指纹法的核心算法是在线阶段的匹配算法，匹配算法的性能直接影响定位结果的精度。位置指纹法最常用的算法是最近邻算法和 KNN 匹配算法。

最近邻算法是最基本的确定性指纹匹配算法，它使用欧几里得距离描述 RSSI 定位测量值与 RSSI 位置指纹间的相似度，欧几里得距离越小，相似度越高。最后，取相似度最高的位置指纹的坐标作为估计位置。

K 近邻匹配算法改进了最近邻算法最后定位的参考点个数，取信号强度欧几里得距离最小的 K 个点作为定位的参考点，将 K 个点的几何质心作为定位位置的估计位置，其中，K 值的大小是影响定位精度的一个关键因数。需要在实际中通过实验合理选取 K 值的大小，

合适大小的 K 值能充分利用定位测试点与指纹库中指纹的相关性，提高定位的精度。

针对单一的 WiFi 定位误差较大的问题，研究者提出通过 IMU 辅助 WiFi 进行室内定位，即基于 WiFi 的室内定位技术与 IMU 融合方法。首先，建立合适的 WiFi 位置指纹库，把指纹库中的 RSSI 值分为四个象限，分别命名为 $RSSI_1$、$RSSI_2$、$RSSI_3$、$RSSI_4$ 四部分，如图 6-20 所示。然后，利用 IMU 测得的角度变化和终端前一个位置的坐标判断终端处于哪个象限。最后，和该象限的 WiFi 指纹库利用 K 近邻匹配算法进行匹配计算出终端的坐标，完成用户的实时定位。

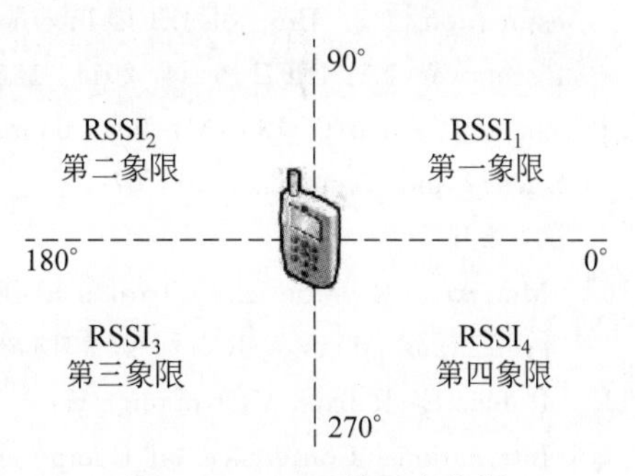

图 6-20　RSSI 的四个象限

基于 WiFi 的室内定位技术与 IMU 融合方法的具体步骤如下：

(1) 采集 WiFi 信号强度数据。

(2) 根据采集的数据建立 RSSI 指纹库。

(3) 通过 IMU 检测出用户移动的角度变化。

(4) 将指纹库中的 RSSI 分为四个象限。

(5) 根据用户的角度变化和前一个位置的坐标与方向判断用户处于哪个象限，再和该象限的 WiFi 指纹库进行匹配计算出终端的坐标。

通过基于 WiFi 的室内定位技术与 IMU 融合不仅缩小了算法的复杂度，也提高了室内定位的精确度。

参 考 文 献

[1] Siciliano B, Khatib O. Springer Handbook of Robotics [M]. 2nd ed, Berlin: Springer, 2016: 1154-1158.

[2] 李琳. 粒子滤波检测前跟踪算法精度与效率的改进方法研究[D].哈尔滨：哈尔滨工程大学信息与通信工程学院，2016:3.

[3] Montemerlo M, Thrun S, Koller D, et al. Fast SLAM: A factored solution to the simultaneous localization and mapping problem [C]//Menlo Park, Proceedings of the AAAI National Conference on Artificial Intelligence, CA, USA: AAA I, 2002: 593-598.

[4] Hess W, Kohler D, Rapp H, et al. Real-time loop closure in 2D LIDAR SLAM[C]//2016 IEEE International Conference on Robotics and Automation (ICRA), Stockholm: IEEE, 2016: 1271-1278.

[5] BESL P J, MCKAY N D. A method for registration of 3-Dshapes[J]. IEEE Transactions on Pattern Analysis and Machine Intelligence, 1992, 14 (2): 239-256.

[6] Biber P, Straßer W. The normal distributions transform: A new approach to laser scan matching[C]// Proceedings of the IEEE International Conference on Intelligent Robots and Systems (IROS), Las Vegas, USA: IEEE, 2003: 2743-2748.

[7] Grisetti G, Stachniss C, Burgard W. Improved techniques for grid mapping with Rao-Blackwellized Particle Filters [J]. IEEE Trans on Robotics, 2007, 23(1): 34-46.

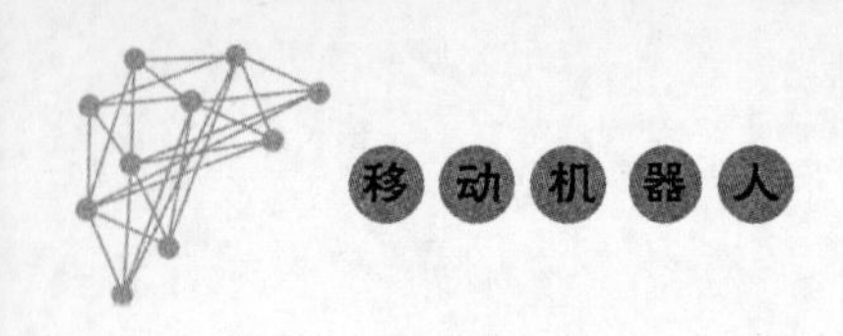

[8] Kohlbrecher S, tryk O V, Meyer J, et al. A flexible and scalable SLAM system with full 3D motion estimation [C]//Proc of IEEE International Symposium on Safety Security and Rescue Robotics. Piscataway, NJ: IEEE Press, 2011: 155-160.

[9] Zhang J, Singh S. LOAM: lidar odometry and mapping in real-time [C/OL]//Proc of Robotics: Science and Systems. (2014-07-12) [2018-08-12]. http://www. roboticsproceedings. org/rss10/p07. pdf.

[10] Mur-Artal R, Montiel J, Tardos J. ORB SLAM: a versatile and accuratemonocular SLAM system [J]. Transactions on Robotics, 2015, 31(5): 1147-1163.

[11] Rublee E, Rabaud V, Konolige K, et al. ORB: an efficient alternative to SIFT or SURF[C]//IEEE International Conference on Computer Vision (ICCV), Barcelona, Spain: IEEE, November 2011: 2564-2571.

[12] Engel J, Koltun V, Cremers D. Direct Sparse Odometry[J]. IEEE Transactions on Pattern Analysis and Machine Intelligence, 40(3), 2018: 611-625.

[13] Labbé M, Michaud F. RTAB-Map as an open-source lidar and visual simultaneous localization and mapping library for large-scale and long-term online operation[J]. Journal of Field Robotics, 2019, 36 (2): 416-446.

[14] 袁国良，宋显水.基于 WiFi 和 IMU 结合的室内定位方法的研究[J].微型机与应用，2017，36(08)：11-14.

习　题

1. 移动机器人的定位方法分为哪几类？
2. 简述激光 SLAM 与视觉 SLAM 的优缺点。
3. SLAM 算法包含哪些模块？
4. 基于图优化的 SLAM 包含哪两个过程？
5. 什么是直接法？什么是间接法？简述二者的优缺点。
6. 视觉里程计(VO)包含哪些步骤？
7. 简述 ICP 算法的原理。
8. 简述 K 近邻匹配的思想。
9. 简述二维码定位原理。
10. 简述基于 WiFi 的室内定位技术与 IMU 融合方法的具体步骤。

第7章 移动机器人路径规划

7.1 引 言

对于生物来说，从一个地方移动到另一个地方是一件轻而易举的事情。然而，这样一个基本且简单的事情却是移动机器人面对的一个难题。路径规划是移动机器人的核心问题，它研究如何让移动机器人从起始位置无碰撞、安全地移动到目标位置。安全有效的移动机器人导航需要一种高效的路径规划算法，因为生成的路径质量对机器人的应用影响很大。

简单来说，移动机器人导航需要解决如下三个问题：我在哪？我要去哪？我怎么去那？这三个问题分别对应移动机器人导航中的定位、建图和路径规划功能。正如第6章描述的，定位用于确定移动机器人在环境中的位置。移动机器人在移动时需要一张环境的地图，用以确定移动机器人在目前运动环境中的方向和位置。地图可以是提前人为给定的，也可以是移动机器人在移动过程中自己逐步建立的。而路径规划就是在移动机器人事先知道目标相对位置的情况下，为机器人找到一条从起点移动到终点的合适路径，它在移动的同时还要避开环境中分散的障碍物，尽量减少路径长度。

在路径规划中主要有三个需要考虑的问题：效率、准确性和安全性。移动机器人应该在尽可能短的时间内消耗最少的能量，安全地避开障碍物找到目标。如图7-1所示，机器人可通过传感器感知自身和环境的信息，确定自身在地图中的当前位置及周围局部范围内的障碍物分布情况，在目标位置已知的情况下躲避障碍物，行进至目标位置。

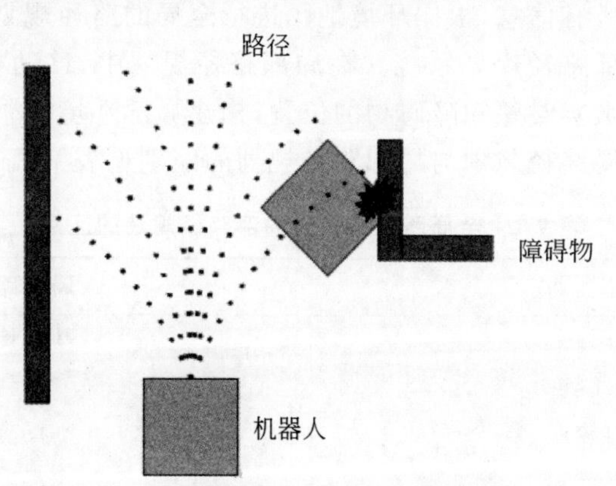

图7-1 路径规划与运动示意图

根据移动机器人对环境的了解情况、环境性质以及使用的算法，可将路径规划分为基于环境的路径规划算法、基于地图知识的路径规划算法和基于完备性的路径规划算法，如图 7-2 所示。

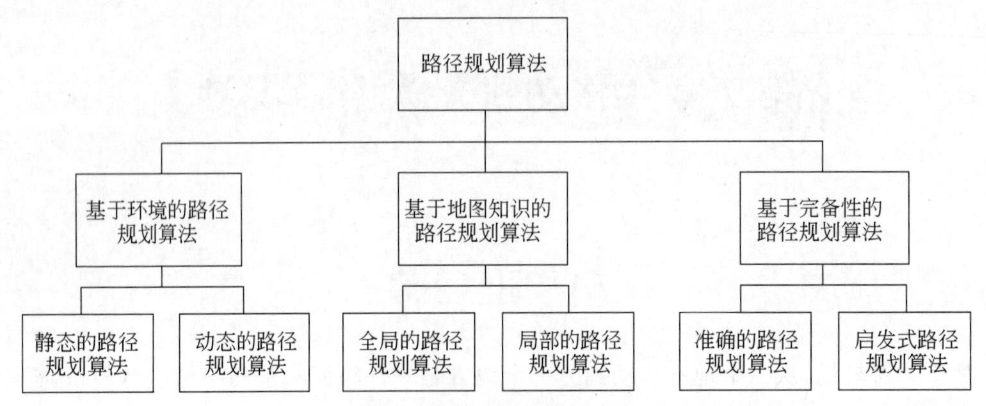

图 7-2　路径规划算法的分类

环境情况：移动机器人的环境可以分为静态环境和动态环境。在静态环境中，起点和目标位置是固定的，障碍物也不会随时间改变位置。在动态环境中，障碍物和目标的位置在搜索过程中可能会发生变化。通常，由于环境的不确定性，动态环境中的路径规划比静态环境中的路径规划更复杂。实际环境通常是未知变化的，路径规划算法需要适应环境未知的变化，例如突然出现的障碍物或者是目标在持续移动时。当障碍物和目标都在变化时，由于算法必须对目标和障碍物的移动实时做出响应，路径规划就更加困难了。

完备性：根据完备性，可将路径规划算法分为精确的算法和启发式算法。如果最优解存在或者证明不存在可行解，那么精确的算法可以找到一个最优的解决方案。而启发式算法能在较短的时间内寻找高质量的解决方案[1]。

地图知识：移动机器人路径规划基本上是依靠现有的地图作为参考，确定初始位置和目标位置以及它们之间的联系。地图的信息量对路径规划算法的设计起着重要的作用。根据对环境的了解情况，路径规划可以分为全局路径规划和局部路径规划。其中，全局路径规划需要知道关于环境的所有信息，根据环境地图进行全局的路径规划，并产生一系列关键点作为子目标点下达给局部路径规划系统。在局部路径规划中，移动机器人缺乏环境的先验知识，在搜索过程中，必须实时感知障碍物的位置，构建局部环境的估计地图，并获得通往目标位置的合适路径。全局路径规划与局部路径规划的区别见表 7-1。

表 7-1　全局路径规划与局部路径规划的区别

全局路径规划	局部路径规划
基于地图的	基于传感器的
协商式导航	交互式导航
反应相对较慢	反应迅速
工作环境已知	工作环境部分已知
在移动到目标位置之前已有可行路径	向目标位置移动过程中生成可行路径
离线完成	在线实时完成

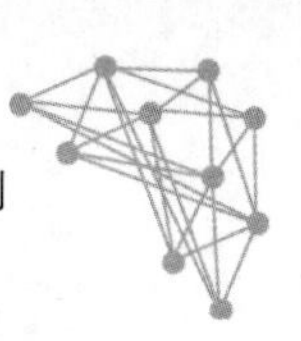

移动机器人导航通过路径规划使其可以到达目标点。导航规划层可以分为全局路径规划层、局部路径规划层、行为执行层等。

(1) 全局路径规划层。依据给定的目标,接受权值地图信息生成全局权值地图,规划出从起点到目标位置的全局路径,作为局部路径规划的参考。

(2) 局部路径规划层。作为导航系统的局部规划部分,接受权值地图生成的局部权值地图信息,依据附近的障碍物信息进行局部路径规划。

(3) 行为执行层。结合上层发送的指令以及路径规划,给出移动机器人的当前行为。

作为移动机器人研究的一个重点领域,移动机器人路径规划算法的优劣很大程度上决定了机器人的工作效率。随着机器人路径规划研究的不断深入,路径规划算法也越来越成熟,并且朝着下面的趋势不断发展:

(1) 从单一机器人移动路径规划算法向多种算法相结合的方向发展。目前的路径规划方法每一种都有其优缺点,研究新算法的同时可以考虑将两种或两种以上算法结合起来,取长补短,克服缺点,使优势更加明显,效率更高。

(2) 从单机器人路径规划到多机器人协调路径规划发展。随着机器人(特别是移动机器人)越来越多地投入到各个行业中,路径规划不再仅局限于一台移动机器人,而是多个移动机器人的协调运作。多个机器人信息资源共享,对于路径规划方面是一大进步。如何更好地处理多个移动机器人的路径规划问题需要研究者重点研究。

7.2　全局路径规划

全局路径规划是指机器人在障碍环境下按照一种或多种性能指标(如最短路径等),寻找一条起点到终点的最优无碰撞路径。全局规划首先要建立环境模型,在环境模型里进行路径规划。环境建模是指对机器人实际的工作环境进行抽象转换,换成算法可识别的空间,如可根据构型空间理论,考虑安全阈值后,取机器人能自由活动的最小矩形空间作为栅格单元,将机器人的工作空间划分为栅格。如此,便可根据机器人及实验场地大小选择合适的栅格尺寸。栅格法是移动机器人全局路径规划中公认最成熟、安全系数最高的算法,但此方法受限于传感器,且需要大量运算资源。除栅格法外,还有构型空间法、拓扑法、Dijkstra 算法、A * 算法等。下面着重介绍 Dijkstra 算法和 A * 算法。

7.2.1　Dijkstra 算法

Dijkstra 算法由荷兰计算机科学家 E.W.Dijkstra 于 1956 年提出。Dijkstra 算法使用宽度优先搜索解决带权有向图的最短路径问题。它是非常典型的最短路径算法,因此可用于求移动机器人行进路线中的一个节点到其他所有节点的最短路径。Dijkstra 算法会以起始点为中心向外扩展,扩展到最终目标点为止,通过节点和权值边的关系构成整个路径网络图。该算法存在很多变体,最原始的 Dijkstra 算法是用于找到两个顶点之间的最短路径,但现在多用于固定一个起始顶点之后,找到该源节点到图中其他所有节点的最短路径,产生一个最短路径树。除移动机器人路径规划外,该算法还常用于路由算法或者其他图搜索算法的一个子模块[2]。

Dijkstra 算法伪代码见表 7-2。

表 7-2　Dijkstra 算法伪代码

```
function Dijkstra(G,w,s)
  for each vertex v in V[G]              //初始化
      d[v] :=infinity                     //先将各点的已知最短距离设成无穷大
      previous[v] :=undefined             //各点的已知最短路径上的前趋均未知
  d[s] := 0                              //初始时路径长度为 0
  S :=empty set                          //定义空集 S
  Q :=set of all vertices                //所有顶点集合
  while Q is not an empty set            //算法主体
      u := Extract_Min(Q)                //将顶点集合 Q 中有最小 d[u]值的顶点从 Q 中删除并返回 u
      S.append(u)                        //扩展集合 S
      foreach edge outgoing from u as (u,v)
          if d[v] > d[u]+w(u,v)          //拓展边(u,v),w(u,v)为长度
              d[v] :=d[u]+w(u,v)         //更新路径长度,更新为最小和值
              previous[v] :=u            //记录前驱顶点
  end
```

算法中,G 为带权重的有向图,s 是起点(源点),V 表示 G 中所有顶点的集合,(u,v)表示顶点 u 到 v 有路径相连,$w(u,v)$表示顶点 u 到 v 之间的非负权重。算法通过为每个顶点 u 保留当前为止找到的从 s 到 v 的最短路径来工作。初始时,源点 s 的路径权重被赋为 0,所以 $d[s]=0$。若对于顶点 u 存在能直接到达的边(s,u),则把 $d[v]$ 设为 $w(s,u)$,同时把所有其他 s 不能直接到达的顶点的路径长度设为无穷大,即表示当前还不知道任何通向这些顶点的路径。当算法结束时,$d[v]$中存储的便是从 s 到 u 的最短路径,或者,如果路径不存在,则其值是无穷大。

Dijkstra 算法中边的拓展如下:如果存在一条从 u 到 v 的边,那么从 s 到 v 的最短路径可以通过将边(u,v)添加到从 s 到 u 的路径尾部拓展一条从 s 到 v 的路径。这条路径的长度是 $d[u]+w(u,v)$。如果这个值比当前已知的 $d[v]$的值小,则可以用新值替代当前 $d[v]$中的值。拓展边的操作,一直运行到所有的 $d[v]$都代表从 s 到 v 的最短路径的长度值。此算法的组织令 $d[u]$达到其最终值时,每条边(u,v)都只被拓展一次。

算法维护两个顶点集合 S 和 Q。集合 S 保留所有已知最小 $d[v]$值的顶点 v,而集合 Q 则保留其他所有顶点。集合 S 的初始状态为空,而后每一步都有一个顶点从 Q 移动到 S。这个被选择的顶点是 Q 中拥有最小的 $d[u]$值的顶点。当一个顶点 u 从 Q 中转移到 S 中,算法对 u 的每条外接边(u,v)进行拓展。

同时,上述算法保留图 G 中源点 s 到每一顶点 v 的最短距离 $d[v]$,同时找出并保留 v 在此最短路径上的"前趋",即沿此路径由 s 前往 v,到达 v 之前所到达的顶点。其中,函数 Extract_Min(Q)将顶点集合 Q 中有最小 $d[u]$值的顶点 u 从 Q 中删除并返回 u。

在移动机器人导航应用中通常只需要求起点到目标点间的最短距离,此时可在上述经典算法结构中添加判断,判断当前点是否为目标点,若为目标点,即结束。

若用 O 表示算法时间复杂度,则边数 m 和顶点数 n 是时间复杂度的函数。对于顶点集 Q,算法的时间复杂度 $O(|E|\cdot dk_Q+|V|em_Q)$,其中 dk_Q 和 em_Q 分别表示完成键的降序排

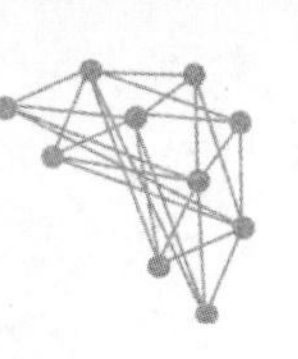

列时间和从 Q 中提取最小键的时间。Dijkstra 算法最简单的实现方法是用一个数组或者链表存储所有顶点的集合 Q，故搜索 Q 中最小元素的运算 Extract_Min(Q)只需要线性搜索集合 Q 中的所有顶点元素，此时时间复杂度为 $O(n^2)$。

边数少于 n^2 的为稀疏图。对于稀疏图，可用邻接表更有效地实现，同时需要将一个二叉堆或者斐波那契堆做优先队列查找最小顶点。使用二叉堆的时间复杂度为 $O((m+n)\log n)$，而使用斐波那契堆的时间复杂度为 $O(m+n\log n)$[3]。

7.2.2　A* 算法

作为 Dijkstra 算法的拓展，A* 算法最早由 Nilsson 于 1980 年提出，是一种启发式搜索算法[4]。A* 算法作为启发式搜索算法的典型代表，广泛应用在移动机器人最短路径求解问题中。该算法最核心的部分是合理地设计估价函数，利用估价函数评估路径中顶点的价值，最后再决定采用哪一种方案。当然，如果估价值和实际目标值接近，就认为估价函数是合理的。A* 算法可以说是一个具有可纳性的最优搜索算法。

A* 算法一般用于静态地图路径规划求解最优路径，核心表达式为

$$f(n)=g(n)+h(n) \tag{7-1}$$

式中，$f(n)$表示从初始状态经由状态 n 到目标状态的代价估计函数；$g(n)$表示状态空间中从初始状态到当前状态 n 的实际代价；$h(n)$表示从当前状态 n 到目标状态的最优路径的启发式估计代价，可以理解成从当前节点到终点间移动距离的估计值。由于 $g(n)$是实际代价，所以 $f(n)$取决于 $h(n)$的选择。设 $h^*(n)$是状态 n 到目标状态的实际距离，当 $h(n)\leqslant h^*(n)$，且 $h(n)$的值越小时，启发的信息越少，以致算法要搜索的范围大且搜索顶点多，速度慢、效率低下，但是能保证找到最优解。当 $h(n)>h^*(n)$，算法变得不可纳。当 $h(n)$值越大时，算法搜索的范围小且搜索的顶点少，效率高但不保证能找到最优解[5]。

经典的 A* 算法伪代码见表 7-3。算法中会创建两个表：一个 openSet 表，用于存放已经生成但未访问过的节点；一个 closedSet 表，用于存放已经访问过的节点。cameFrom[n]是从起点 start 到当前节点 n 的最佳路径上的 n 的父节点，gScore[n]是从 n 到当前节点间最佳路径的代价，d(current，neighbor)是从当前节点 current 到邻节点 neighbor 之间边上的权重，tentative_gScore 是从开始节点经过 current 到 neighbor 的距离。

表 7-3　A* 算法伪代码

function A_star(start，goal，h)
openSet ：={start}　　　　　//h 是启发式函数，初始时只知道起始节点
cameFrom ：=an empty map　　//对节点 n，cameFrom[n]指初始节点到当前节点 n 代价最小的路径上紧靠其前面节点的节点
gScore ：=map**with default** value **of** Infinity　　//对节点 n，gScore[n]是从初始节点到当前节点 n 的最小代价
gScore[start] ：=0
fScore ：=map **with default** value **of** Infinity
fScore[start] ：=h(start)　　　// fScore[n] ：=gScore[n]+h(n)
while openSet **is not** empty

续表

```
current := the node in openSet having the lowest fScore[value]
if current = goal
    return reconstruct_path(cameFrom,current)
openSet.Remove(current)
closedSet.Add(current)
for each neighbor of current
    if neighbor in closedSet
        continue
    tentative_gScore :=gScore[current]+d(current,neighbor)    //d(current,neighbor)是指权值
    if neighbor not in openSet
        openSet.add(neighbor)
    else if tentative_gScore >=gScore[neighbor]
        continue
        cameFrom[neighbor] :=current
        gScore[neighbor] :=tentative_gScore
        fScore[neighbor] :=gScore[neighbor]+h(neighbor)
            return failure
```

若 A* 算法的估价函数中启发式代价的影响增大，则该算法在路径规划中的搜索方向更趋向于有目的地接近终点，因此该算法的效率更高。另一方面，A* 算法的估价函数直接将实际代价和启发式代价相加。实际上，在最佳估价函数中，实际代价和启发式代价的权重往往是不相等的。因此，为不同环境下的启发式代价设定一定的权重，可以改善 A* 算法的评估功能。

7.2.3 Dijkstra 和 A* 的比较

基于地图的导航中首先会通过全局代价地图进行全局的路径规划，以此计算出移动机器人从出发点到目标点位置的全局规划路线。这些功能通过 Dijkstra 最短路径的算法实现，也可以通过 A* 算法实现，A* 与 Dijkstra 一样，都能用于找最优路径[6]。

作为典型的单源最短路径算法，Dijkstra 算法适用于求解带权有向图中的最短路径问题，算法使用宽度优先搜索，虽然可以得到起点到目标终点间的最短路径，但却忽略了很多有用的信息。盲目搜索导致效率低下，耗费时间和空间。而 A* 算法使用了启发式函数，可进行启发式搜索，提高效率，降低时间复杂度。长距离路径下，全局路径 A* 算法相对 Dijkstra 算法，规划路径更加平滑。

Dijkstra 算法与 A* 算法的对比如图 7-3 所示（见彩插）。图中，算法的起始点是绿色点，终点是红色点，黑色网格表示障碍物，蓝色网格表示算法遍历的区域，粉色网格点连成的线是两种算法找出的最短路径。由图 7-3 可看出，Dijkstra 算法比 A* 算法遍历的网格节点多，效率低下。

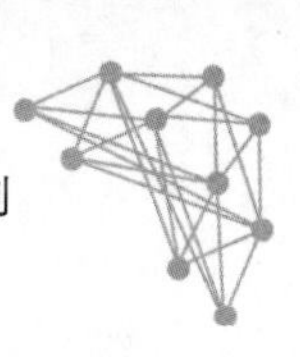

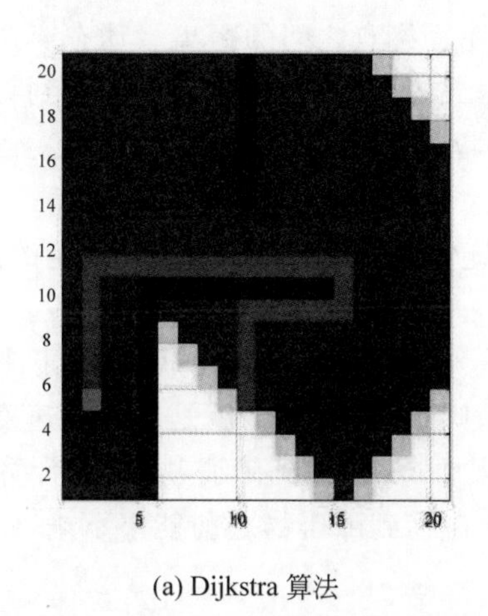

(a) Dijkstra 算法

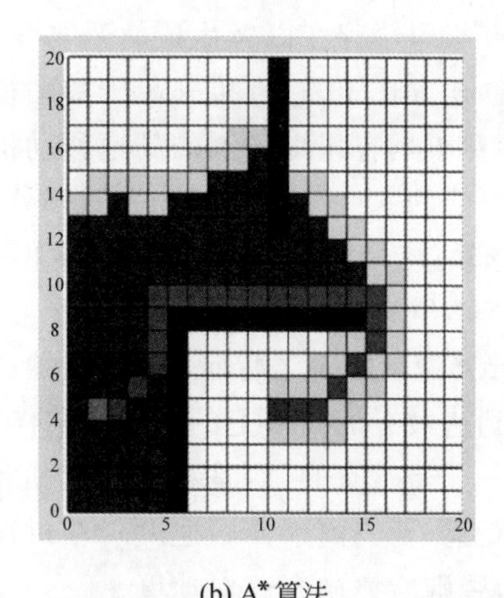

(b) A* 算法

图 7-3　Dijkstra 算法与 A* 算法的对比

7.3　局部路径规划

移动机器人路径规划中另一个重要方面是局部路径规划。局部路径规划是指移动机器人在未知环境下，仅通过传感器感知自身周围的环境，获得局部环境信息，然后根据评价指标进行避障和路径规划，找出到达目的地的最优或者次优路径。局部路径规划侧重于移动机器人当前的局部环境信息，利用传感器获得的局部环境信息寻找一条从起点到目标点的无碰撞的最优路径，并需要实时调整路径规划策略。

在局部路径规划中，目前较实用的方法有动态窗口法和基于图优化的方法 TEB(Timed Elastic Band)。前者在移动机器人当前速度附近由机器人运动能力设置一个速度空间，采用一定的性能评价确定近优的运动速度，以实现安全快速且朝向目标点的运动；后者结合图论知识，将移动机器人路径规划问题表述为一个图优化问题，对完整约束和非完整约束的移动机器人均适用，同时算法将障碍物、加速度、速度等关键因素也考虑进去，是一个实时的移动机器人路径规划算法。

7.3.1　动态窗口法

由第 4 章可知，移动机器人在运动过程中需要根据采集的障碍物信息躲避障碍，有效运动到目标位置点。动态窗口法(Dynamic Window Approach，DWA)是由 D.Fox 等在 1997 年提出的一种直接在速度空间内搜索机器人控制指令的自主避障算法[7]。"动态窗口"的含义是根据移动机器人的加减速性能将速度采样空间限定在一个可行的动态范围中。作为一种选择速度的方法，DWA 结合移动机器人的动力学特性，通过在速度空间中采样多组速度，并对该速度空间进行缩减，模拟移动机器人在这些速度下一小段时间间隔内的运动轨迹。得到多组轨迹之后，对轨迹进行评价，选择最优轨迹对应的速度驱动移动机器人运动。它要求移动机器人避开所有可能发生碰撞的障碍物，在设定时间间隔内达到设定速度且移动机器人可以快速到达目标点。之后，通过评价函数评价生成轨迹与参考路径的贴合程度，生成

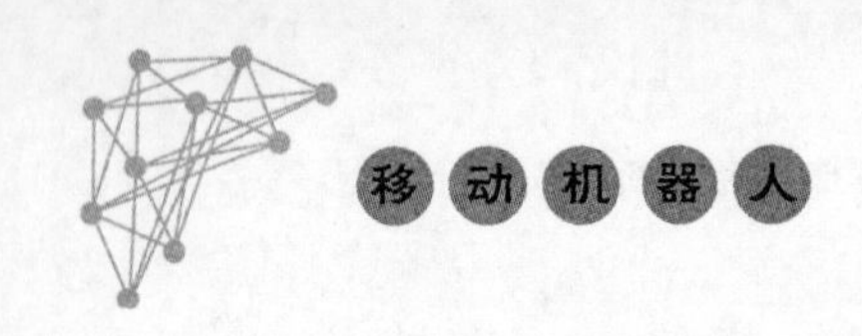

轨迹上是否有障碍物存在以及生成轨迹与参考路径终点之间的距离。动态窗口法不同于其他路径规划的地方在于,它直接来源于移动机器人的运动动力学,且它考虑到移动机器人的惯性,而惯性对于具有扭矩限制的高速移动机器人来说非常重要。

算法将可能的速度搜索空间分为三部分:

(1) 圆形轨迹。动态窗口法仅考虑平移和旋转速度对 (v,w) 唯一确定的圆形轨迹(曲率),产生一个二维速度搜索空间。

(2) 可接受速度。为了保证安全,机器人在与障碍物碰撞之前就应停下来。如果机器人能够在它到达最近的曲率上的障碍之前停止,则这对 (v,w) 就是可接受速度。这个条件不是在采样一开始就有的,而是在模拟出机器人轨迹后,找到障碍物位置,计算机器人到障碍物之间的距离,若当前采样的速度对在机器人碰撞到障碍物之前能停下来,则这对速度就是可接受的,否则应该抛弃这对速度。

(3) 动态窗口。依据机器人的加减速性能限定速度采用空间在一个可行的动态范围内。

假设移动机器人是两轮非全向的移动机器人,即机器人不能纵向移动,只能前进或者旋转,且假设运动轨迹是由一段段圆弧组成的,则一对 (v_t,ω_t) 就代表一个圆弧轨迹。在两个相邻的时间间隔内,机器人做圆弧运动的半径为

$$r=\frac{v}{\omega} \tag{7-2}$$

当旋转速度 ω 不为零时,机器人的运动坐标为

$$x=x-\frac{v}{\omega}\sin\theta_t+\frac{v}{\omega}\sin(\theta_t+\omega\Delta t) \tag{7-3}$$

$$y=y-\frac{v}{\omega}\cos\theta_t-\frac{v}{\omega}\cos(\theta_t+\omega\Delta t) \tag{7-4}$$

$$\theta_t=\theta_t+\omega\Delta t \tag{7-5}$$

DWA 中速度采样的关键是可以根据速度模型预测轨迹模型。对速度采样可得到多组采样速度组成的速度动态窗口,根据评价函数的指标对各种采样速度进行评价,得到最优速度之后就可据此推算出机器人的运动轨迹。在二维速度空间中有无穷的速度组,速度采样的设定值必须在一定范围内,根据移动机器人和环境的限制可以对速度值做如下限制。

(1) 根据移动机器人的最大、最小速度,可以设定移动机器人的平移速度 v 和旋转速度 ω 的范围:

$$v_m=\{v\in[v_{\min},v_{\max}],\omega\in[\omega_{\min},\omega_{\max}]\} \tag{7-6}$$

(2) 根据移动机器人的电动机等发动工具力矩的性能,移动机器人的加速度也有一定范围。当移动机器人移动时,速度处于动态窗口内的某个时间段,动态窗口中的速度是机器人在模拟时间内实际可达到的速度。

$$\begin{aligned}v_d=\{(v,m),v\in[v_c-v'\cdot\Delta t,\ v_c+v'\cdot\Delta t],\\ \omega\in[\omega_c-\omega'\cdot\Delta t,\ \omega_c+\omega'\cdot\Delta t]\}\end{aligned} \tag{7-7}$$

其中,Δt 为加速度 v' 和角加速度 ω' 作用的时间;v_c 和 ω_c 为当前速度;(v_c,ω_c) 为移动机器人的实际速度。动态采样轨迹如图 7-4 所示。

(3) 安全距离限制,在距离移动机器人较近的环境中,障碍物对移动机器人的角速度和速度都有一定的限制。机器人需在与障碍物发生碰撞前停下来,在最大减速条件下,机器人

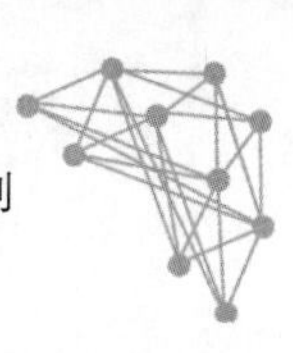

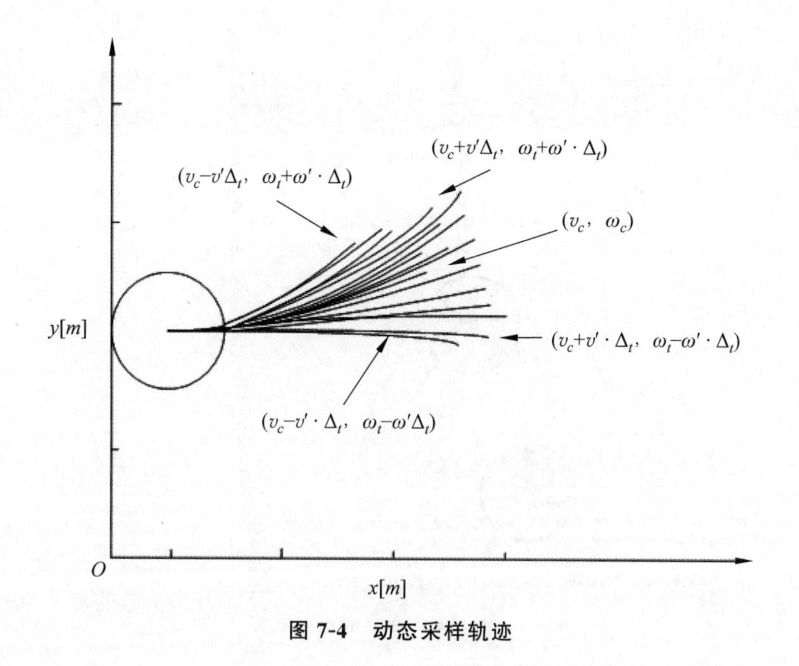

图 7-4　动态采样轨迹

的速度有一定的范围限制。设速度组为(v,ω)，则允许的安全速度 v_{safe}集合为

$$v_{\mathrm{safe}}=(v,\ \omega)\ |\ v\leqslant\sqrt{2\cdot\mathrm{dist}(v,\omega)\cdot v'_b}\ \wedge\ \omega\leqslant\sqrt{2\cdot\mathrm{dist}(v,\omega)\cdot\omega'_b}\tag{7-8}$$

其中，$\mathrm{dist}(v,\ \omega)$表示速度对应的轨迹，即一段圆弧上距最近障碍物的距离；v'_b和 ω'_b为制动加速度。

在采样的速度对中，一般有若干条可行轨迹，需要对每条轨迹进行评价，采用的评价函数见式(7-9)。

$$G(v,\ \omega)=\sigma(\alpha\cdot\mathrm{heading}(v,\ \omega)+\beta\cdot\mathrm{dist}(v,\ \omega)+\gamma\cdot\mathrm{vel}(v,\ \omega))\tag{7-9}$$

关于移动机器人当前的位置和方向，评价函数在以下几个方面做了权衡：

(1) 目标朝向角 $\mathrm{heading}(v,\ \omega)$。用于度量移动机器人在当前位置设定的采样速度下，达到模拟轨迹末端时的朝向和目标之间的角度差距，如图 7-5 所示。

(2) 间隙 $\mathrm{dist}(v,\ \omega)$。表示与轨迹相交的最近障碍物的距离。若没有障碍物，则将该值设置为一个较大的常数。

(3) 速度 $\mathrm{vel}(v,\ \omega)$。机器人的前进速度，用于评价当前轨迹的速度大小。

σ 平滑上述三个量的加权和。它将每个部分归一化之后再相加，增加了障碍物的侧向间隙。归一化采用的处理方式一般是当前采样轨迹的每一项除以对应的每项所有采样轨迹的总和。α、β、γ 分别是目标朝向的方向 $\mathrm{heading}(v,\ \omega)$、到最近障碍物的距离 $\mathrm{dist}(v,\ \omega)$、机器人速度 $\mathrm{vel}(v,\ \omega)$三个量的参数。

动态窗口法的反应速度较快，实时性好，计算不复杂，通过速度组合(线速度与角速度)可以快速得出下一时刻规划轨迹的最优解，而且可以将优化由横向与纵向两个维度向一个维度优化。

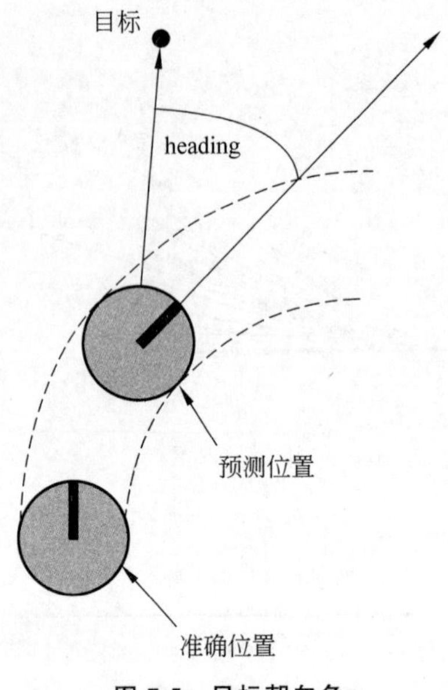

图 7-5 目标朝向角

7.3.2 基于图优化的方法 TEB

上述的动态窗口法在机器人移动过程中能够规避障碍,但得到的路径却是一个局部最优路径。参数化最优控制法则构建移动机器人平滑的运动轨迹,但是没有考虑到障碍物信息。因此,两者都具有一定的局限性。针对此,Rösmann 提出了 TEB 算法。该算法既考虑到障碍物信息,又满足移动机器人非完整约束且具有实时性。算法结合图论知识,将移动机器人路径规划问题表述为一个图优化问题,对于完整约束和非完整约束的移动机器人均适用,同时算法将障碍物、加速度、速度等关键因素也考虑进去,是一个实时的移动机器人路径规划算法。

TEB 算法是 EB(Elastic Band)算法的改进。EB 算法由 S. Quinlan 和 O. Khatib 于 1993 年提出,结合移动机器人全局路径规划和传感器实时感知信息,将全局路径规划所得的路径演化成起点和目标点之间有节点的一条橡皮筋[8]。环境中的障碍物提供外部的斥力,路径上相邻的节点提供内部引力,通过传感器实时感知环境信息调整橡皮筋,橡皮筋在两种作用力下不断改变形状,最终达到平衡,得到一条安全的无障碍路径。EB 算法三级控制结构如图 7-6 所示。

EB 算法对环境的动态做了充分考虑,但没有考虑到移动机器人最小转弯半径、速度以及加速度的限制,而且也没有将目标的方向考虑进去,所以不能保证所得路径的最优性。在此基础上,TEB 的算法结合图论,利用图优化的思想,将移动机器人的状态和相邻状态的时间间隔作为优化的节点,各个状态间的约束如速度、加速度、非完整约束作为优化的边。同时,考虑到障碍物与各个状态的约束,行驶航点与各个状态的约束,最后将需要优化的节点和约束边的信息通过优化求解,并且可以直接获得移动机器人运动的控制量。TEB 算法下的移动机器人路径规划如图 7-7 所示。

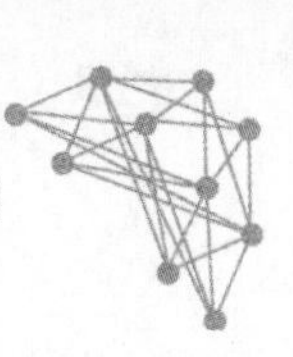

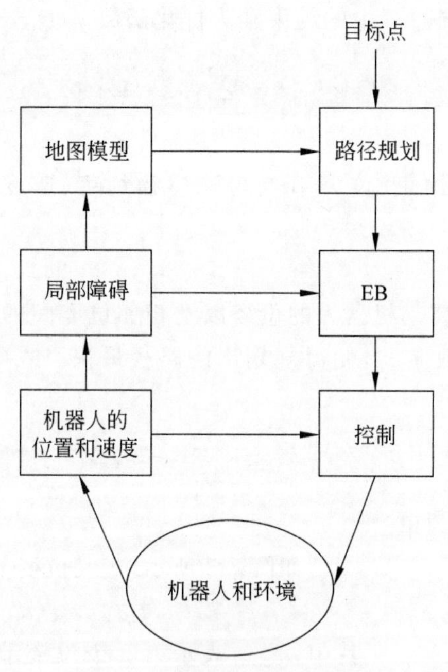

图 7-6　EB 算法三级控制结构

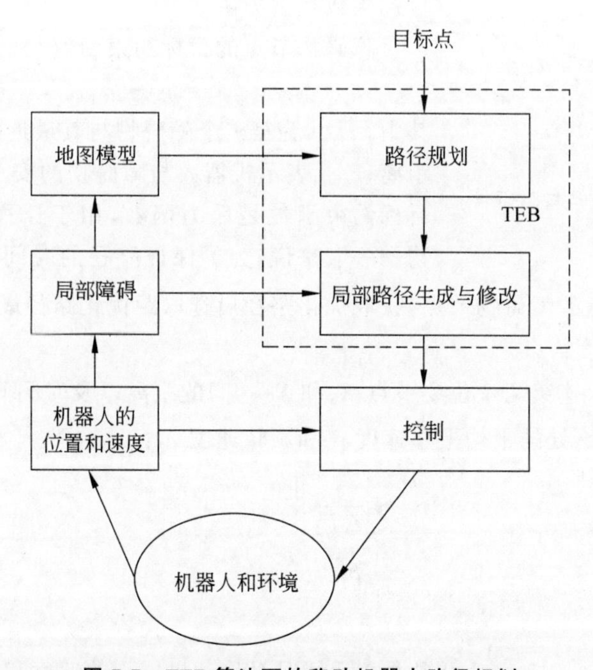

图 7-7　TEB 算法下的移动机器人路径规划

定义移动机器人的位姿 $\boldsymbol{X}_i=(x_i, y_i, \theta_i)^{\mathrm{T}}$，则移动机器人的位姿序列，$\boldsymbol{Q}=\{X_i\}(i=1,2,3,\cdots,n-1)$，$\tau=\{\Delta T_i\}(i=1,2,3,\cdots,n-1)$是相邻位姿间的时间差。TEB 算法的核心是通过实时加权对多目标进行优化。由上述分析可知，移动机器人的约束主要分为两类：一类是与时间有关的约束，例如速度和加速度；另一类是与路径有关的约束，如路径最短或

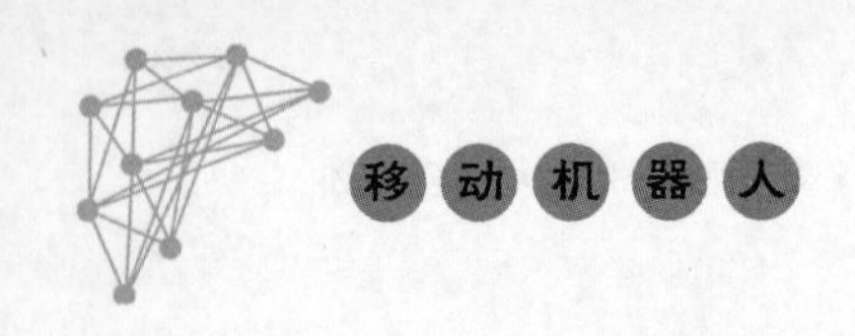

者最快。移动机器人在不同过程中的约束和为优化函数 $f(\boldsymbol{Q},\tau)$。

$$f(\boldsymbol{Q},\tau)=\sum_{k=1}^{n-1}a_k f_k(\boldsymbol{Q},\tau) \tag{7-10}$$

式中，a_k 是加权系数。

TEB 约束主要有时间约束、位姿节点与障碍物约束、速度与加速度约束以及非完整约束。

1）时间约束

TEB 算法的核心是对移动机器人的位姿以及相邻位姿间的时间间隔进行优化，以整个轨迹的时间最优为目标函数 f_{time}，使得规划出的路径最快。式(7-11)中的 ΔT_i 为机器人相邻位姿间的时间差。

$$f_{\text{time}}=(\sum_{i=1}^{n}\Delta T_i)^2 \tag{7-11}$$

2）位姿节点与障碍物约束

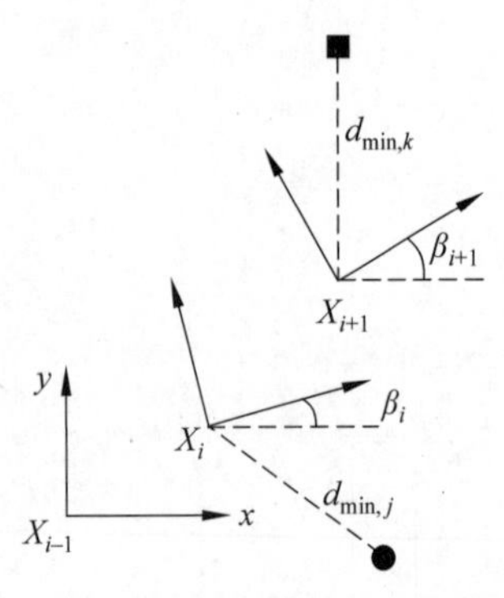

图 7-8　TEB 位姿节点与障碍物

如图 7-8 所示，定义位姿节点的目标函数 f_{path} 为

$$f_{\text{path}}=g(d_{\min,k},r_{p\max}) \tag{7-12}$$

其中，$d_{\min,k}$ 表示第 k 个位姿节点与其最近的机器人的位姿距离；$r_{p\max}$ 表示机器人与位姿节点的距离。位姿节点的目标函数是引力函数。

障碍物节点的目标约束函数 f_{obs} 为

$$f_{\text{obs}}=g(-d_{\min,j},-r_{o\max}) \tag{7-13}$$

其中，$d_{\min,j}$ 为第 j 个障碍物与其最近的移动机器人之间的距离；$r_{o\max}$ 表示机器人与障碍物的安全距离。障碍物点的目标约束函数是斥力函数，用于让移动机器人远离障碍物。一般来说，为了保证路径的时间最优，算法开始时选择距离全局路径最近的障碍物节点，获取优化路径后选取距优化路径最近的障碍物节点。

3）速度与加速度约束

根据移动机器人连续两个位姿节点 $\boldsymbol{X}_i$ 和 $\boldsymbol{X}_{i+1}$ 间的距离以及时间间隔 ΔT，可算出移动机器人在位姿节点 $\boldsymbol{X}_i$ 处的平均平移速度 v_i 和旋转速度 ω_i：

$$v_i \approx \frac{1}{\Delta T_i}\left\|\begin{matrix} x_{i+1}-x_i \\ y_{i+1}-y_i \end{matrix}\right\| \tag{7-14}$$

$$\omega_i \approx \frac{\beta_{i+1}-\beta_i}{\Delta T_i} \tag{7-15}$$

则加速度为 $a_i=\dfrac{2(v_{i+1}-v_i)}{\Delta T_i+\Delta T_{i+1}}$，可根据实际情况对移动机器人的速度和加速度进行限定。

4）非完整约束

差速驱动移动机器人具有几何约束，以确保相邻两位姿节点位于同一个常曲率的圆弧上。如图 7-9 所示，假定相邻两位姿节点间的转角相等，即 $\theta_i=\theta_{i+1}$，β_i 表示移动机器人在第 i 个位姿下相对于世界坐标系的朝向，则有

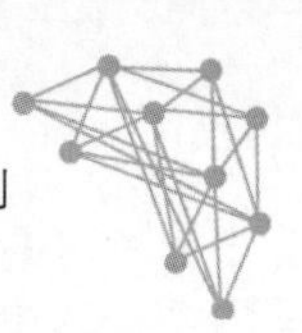

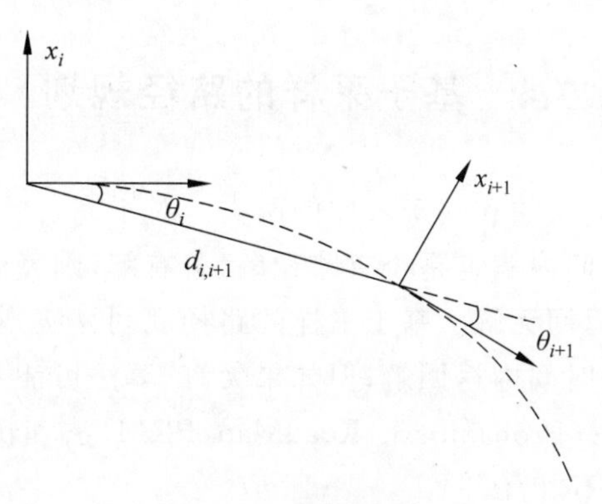

图 7-9　非完整约束

$$\begin{pmatrix}\cos\beta_i\\ \sin\beta_i\\ 0\end{pmatrix} d_{i,j+1}=d_{i,j+1}\begin{pmatrix}\cos\beta_{i+1}\\ \sin\beta_{i+1}\\ 0\end{pmatrix} \tag{7-16}$$

其中 $d_{i,j+1}=\begin{pmatrix}x_{i+1}-x_i\\ y_{i+1}-y_i\\ 0\end{pmatrix}$。

故相应的目标函数 $f_k(x_i,x_{i+1})$ 为

$$f_k(x_i,x_{i+1})=\left\|\left[\begin{pmatrix}\cos\beta_i\\ \sin\beta_i\\ 0\end{pmatrix}+\begin{pmatrix}\cos\beta_{i+1}\\ \sin\beta_{i+1}\\ 0\end{pmatrix}\right]d_{i,j+1}\right\|^2 \tag{7-17}$$

该目标函数对机器人的相邻位姿节点进行了非完整约束，在实际应用中一般取较大的权值保证优化的路径满足机器人约束。

图 7-10 是 TEB 算法在移动机器人路径规划中的结果，同时考虑了经过路线点 WP_1～WP_4 并避开障碍物 Obstacle A、Obstacle B 的优化路径。

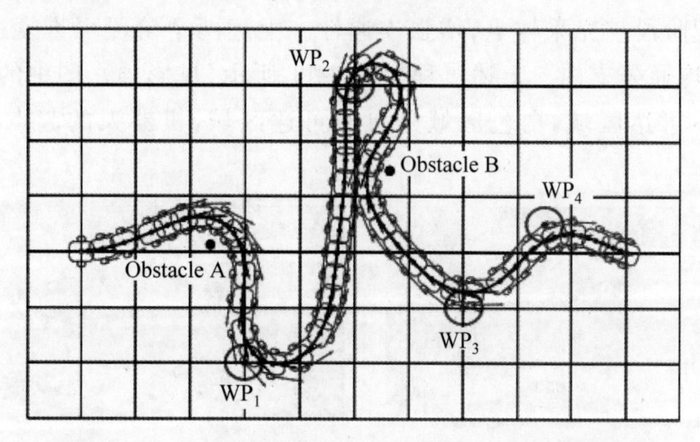

图 7-10　TEB 算法在移动机器人路径规划中的结果

7.4 基于采样的路径规划

路径规划算法可分为完备的和基于采样的两类。对于完备的路径规划算法,对于任何输入,算法都能在有限的时间内确定是否有路径解,若有解,则算法也会在有限的时间内返回最优路径解;若无解,则返回无解。基于采样的路径规划算法则不具备这样的完备性,即如果有解,算法将在有限的时间内返回解;但如果无解,算法可能永远进行下去。采样规划算法中,常用的有概率路图(Probabilistic RoadMap,PRM)法和快速扩展随机树(Rapidly-exploring Random Trees,RRT)法。

7.4.1 概率路图法

概率路图法是由 Lydia Kavraki、Jean-Claude Latomde 提出的一种基于图搜索的算法[9]。不同于别的路径图方法,概率路图法中的路径图是通过某种概率的技术以非确定形式构造的构型空间。将路径规划问题中的移动机器人可达位置用自由空间中的一个概率路标图表示,概率路标图中的每个节点代表这种移动机器人的位姿节点,构成的连线是不同位姿节点之间的可行路径。然后,利用搜索算法在此空间寻找可行路径,在避免碰撞的同时解决了确定机器人初始位置和目标位置之间的路径规划问题。

概率路图法可分为两个阶段:学习阶段和查询阶段。在学习阶段,先在位姿空间中概率随机地采样,测试采样点是否在自由空间里,然后,将环境中可达的位姿节点和它的一些临近点连接起来,通常是所有某些预定距离小的邻居。位姿节点和连接被添加到图中,直到路线图足够密集。这样构建存储一个概率路图,图中的节点是空间中的可达位置,边是可达节点空间之间的路径。在查询阶段,将初始点和目标点分别连接到路标图中,然后根据局部规划器,在路标图中分别找到初始点和目标点邻域范围内的采样点并尝试连接,从而在路标图中可能形成若干个连通分支。如果初始点和目标点在同一个连通分支内,那么利用某种搜索算法找到从初始点到目标点的可行路径。如果初始点和目标点不在同一个连通分支内,则返回到预处理阶段扩充采样点,增强连通性。上述两个阶段可重复进行,直至初始点和目标点在同一个连通分支内。上述过程如图 7-11 所示(见彩插),图中的黄色区域表示障碍区域,是机器人不可达区域,白色区域是自由可达区域,机器人的起点和终点用蓝色点表示。

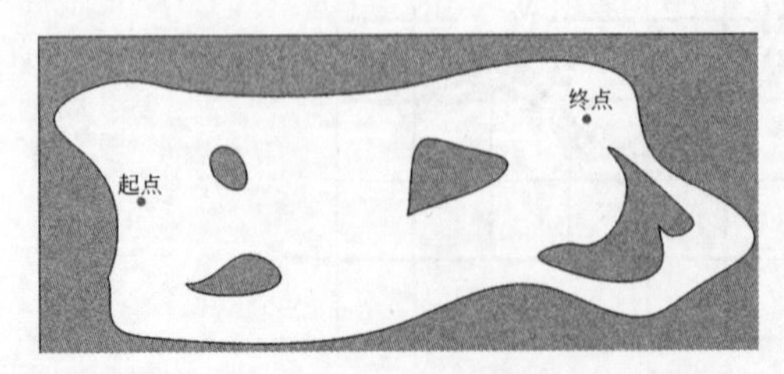

(a) 确定起始点和终点

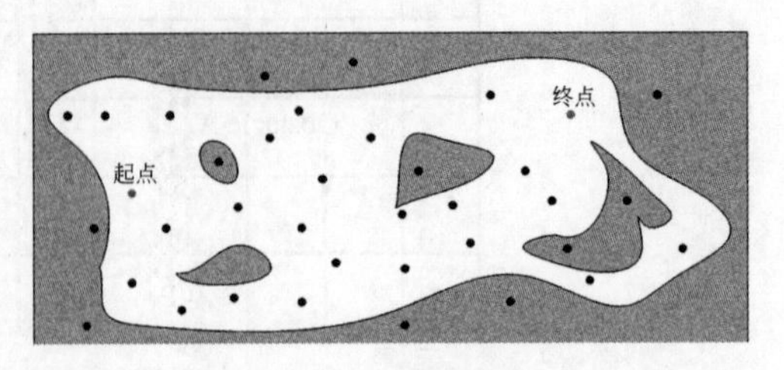

(b) 在位姿空间中随机采样

图 7-11 PRM 路径规划示意图

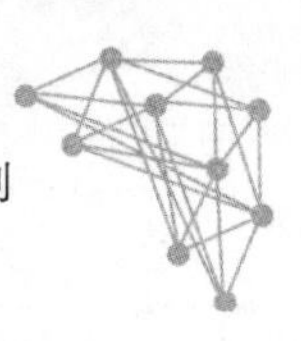

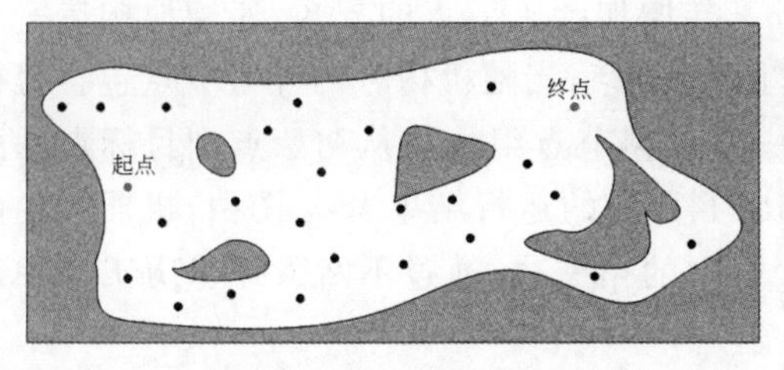

(c) 测试采样是否在自由空间中

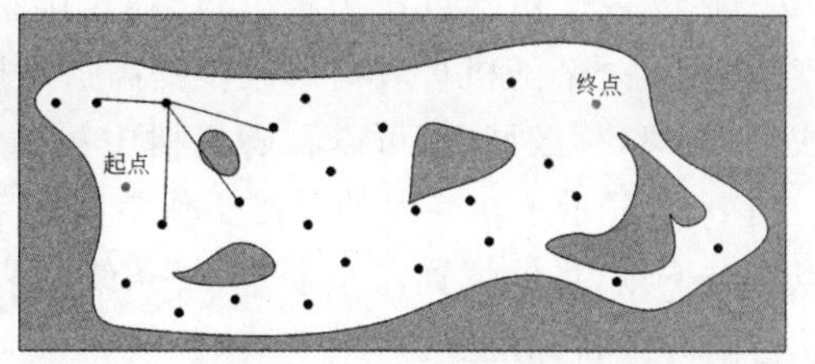

(d) 将环境中的可达空间与其邻近节点连接起来

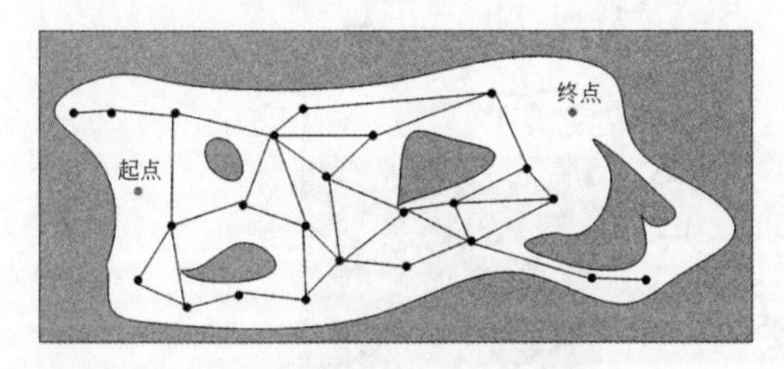

(e) 连接所有的位姿节点得到概率路图

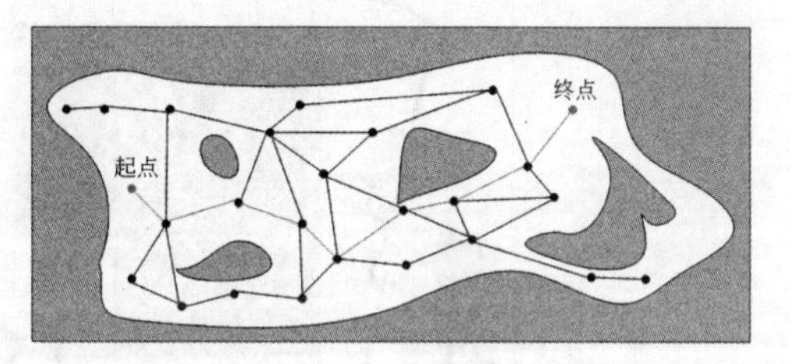

(f) 找寻最短路径

图 7-11　(续)

详细来说,学习过程由构建和扩展两个连续步骤组成。构建步骤的目标是获得一个合理的连通图,连通图中有足够的顶点相对均匀地覆盖机器人的自由可达空间,同时空间中最困难的区域至少包含几个节点。算法中的 Δ 是一个对称函数,它的返回值是局部规划器是否可以计算两个采样点之间的路径;在邻域点选择时采用距离在一定范围内的领域点 $N_c = \{\bar{c} \in N \mid D(c,\bar{c}) < \text{maxdist}\}$;$D$ 是距离函数,$D(c,n) = \max\limits_{x \in \text{robot}} \| x(n) - x(c) \|$ 是对称且非退化的;扩展步骤用于进一步提高地图的连通性,它可根据一些启发式算法,通过给区域中的每个点引入权重系数决定在哪些区域需要增加点,从而在机器人自由可达空间的困难区域中生成额外的节点提高图的连通性。对自由空间的覆盖路线图不是统一的,取决于空间的局部复杂性。

在查询阶段,将起点和终点与路径网络中的两个点 x、y 分别连接起来,然后使用算法寻找无向路径网络图中 x 与 y 连接的路径,这样就可以将起点和终点连接起来,构成全局路径。得到全局路径后,可以使用平滑的方法寻找捷径,优化路径。

传统的 PRM 算法中采样策略是均匀采样策略,它在整个空间中采样的概率处处相等,采样点数目与空间的大小成正比,狭窄通道内的采样点数相对其他区域较少,不能很好地连通狭窄通道两端的区域,所以机器人路径规划需要经过狭窄通道时,往往效率低下。因此需要改进 PRM 算法。常用的改进算法是在 PRM 算法规划环境步骤中引入人工势场。对落在威胁体内的点施加势场力,使之移动到自由空间内,从而增加窄通道内的节点数量,在不增加采样次数的情况下完成路线图的构建,或者是 PRM 算法与蚁群算法结合。

7.4.2　快速扩展随机树法

快速扩展随机树(Rapidly-exploring Random Tree,RRT)法是一种在多维空间中通过递增采样实现高效率的搜索规划的方法,主要优点是能快速在新场景中找到一条可行路径

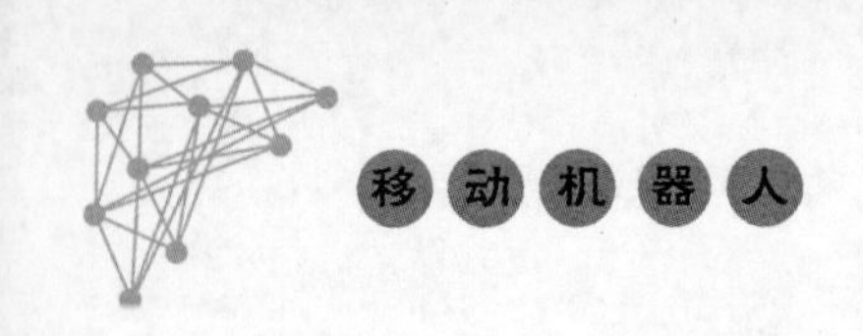

解[10]。它以一个初始点作为根节点，通过随机采样增加叶子节点的方式，递增地构造一个搜索树，生成一个随机扩展树。逐步提高扩展树的分辨率，当随机树种的叶子节点包含目标点或进入了目标区域，便可以在随机树中找到一条由树节点组成的从初始点到目标点的路径。图 7-12 显示了在简单的二维工作空间中 RRT 算法的运行结果[11]。图中，机器人的起始点在右下角，目标位置在左上角，每条线代表树中的拓展边，通过不断采样遍历工作中的可达空间寻找目标位置。

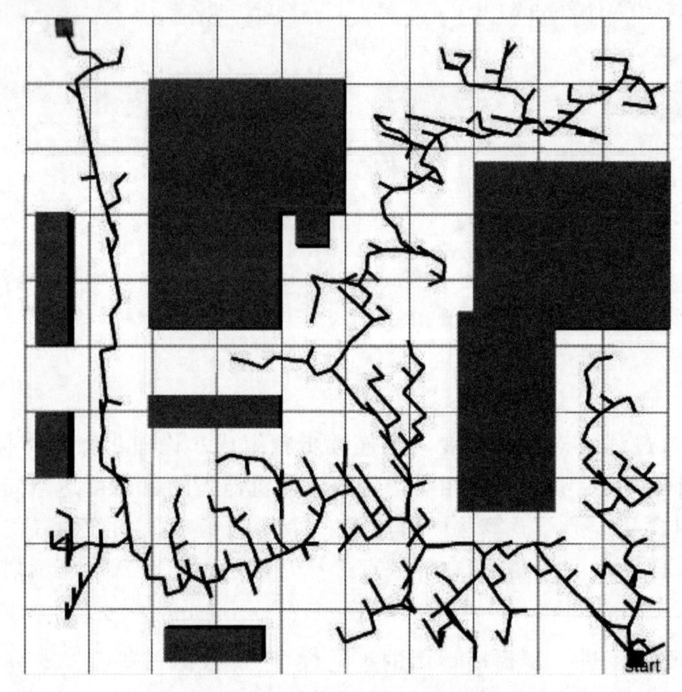

图 7-12　RRT 算法在空间中的拓展过程

RRT 算法见表 7-4。在原始 RRT 算法中，将起始位置初始化为随机树的父节点。先初始化树并将起始位置插入树中。通过在可达空间中选择随机的、无碰撞的节点，然后尝试将树扩展到该位置。这个阶段继续进行，对空间进行采样并添加新的顶点和边，直到最大允许顶点数，或者根据设定的终止条件找到目标。在算法描述的函数中，Δq 称为生长节点的预定步长。生长步长对树的扩张可以产生显著的影响。若步长过小，最终得到的随机搜索树会有很多短枝，需要更多的节点探索可达空间并找到可行路径，整个算法的搜索时间也会变长。若步长过大，树会具有长枝，但是扩展树将有可能频繁地遇到障碍物而节点更新失败，导致算法重新采样新的位置，因此在指定生长步长方面需要选择合适的值[12]。

表 7-4　RRT 算法

算法　快速拓展随机数的构建

//算法的输入：初始位置 q_{init}，RRT 的节点数 k，生长节点的预定步长 Δq
//算法的输出：RRT 树 G
G.init(q_{init})

续表

```
for k=1 to k do
    q_rand ←RAND_CONF()
    q_near ←NEAREST_VERTEX(q_rand , G)
    q_new ←NEW_CONF(q_rand , q_rand , Δq)
    G.add_vertex(q_new)
    G.add_edge(q_near , q_new)
return G
```

以单个节点的 RRT 扩展树算法为例，图 7-13(a)～(j)展示了一个节点随机扩展成数找到路径的过程。

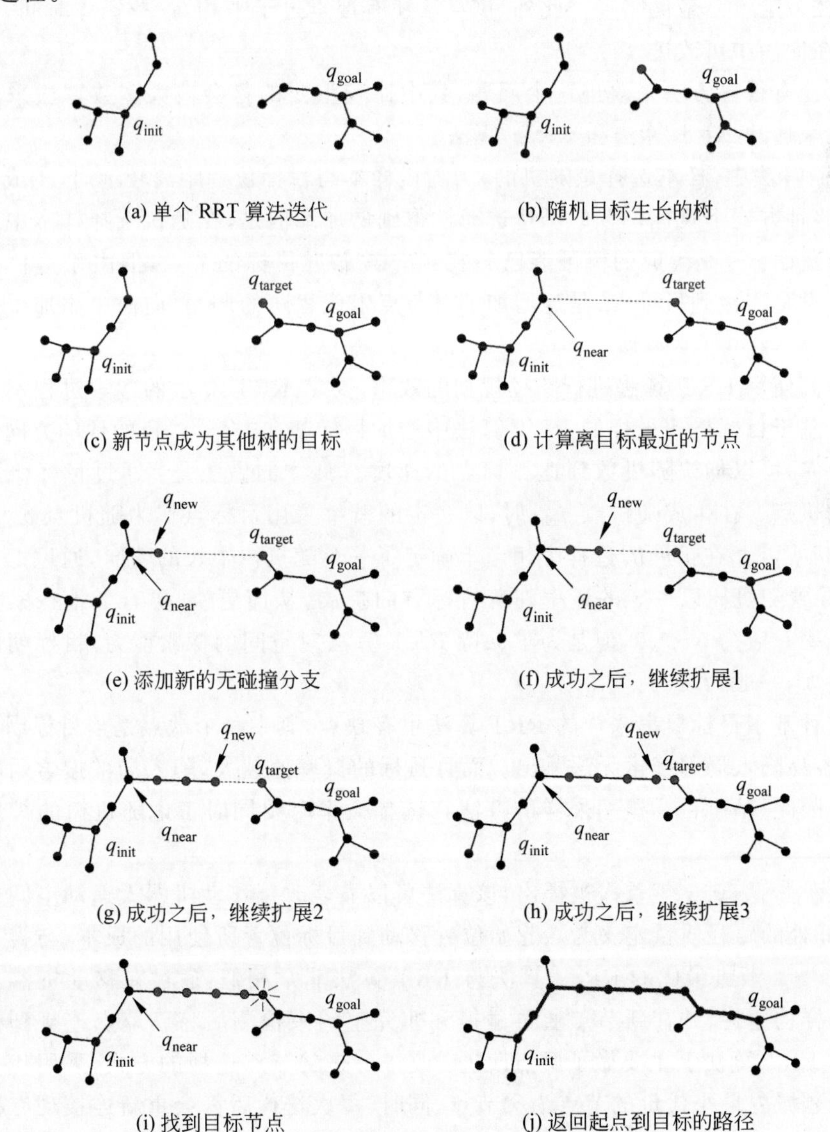

图 7-13　快速扩展随机数路径生成过程

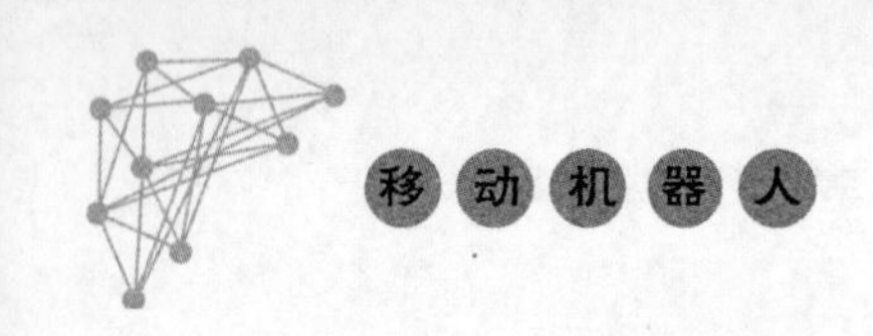

基于快速扩展随机树的路径规划算法,通过对状态空间中的采样点进行碰撞检测,避免了对空间的建模,能够有效地解决高维空间和复杂约束的路径规划问题。该方法的特点是能够快速有效地搜索高维空间,通过状态空间的随机采样点,把搜索导向空白区域,从而寻找一条从起始点到目标点的规划路径,适合解决多自由度机器人在复杂环境下和动态环境下的路径规划。但 RRT 算法由于随机性太强,也有一些缺点,由于随机树在自由空间中生长方向随机,同时障碍物不断运动,因此在动态环境中路径规划稳定性较差。而且该算法得到的路径不是最优的,不会收敛到渐近最优解。若地图中存在可行路径解,基于搜索的路径规划算法则可以通过不停地迭代计算找到最优路径,RRT 算法的目标则是快速找到一条可行路径,而这条可行路径是由单个节点连接形成的,由于冗余节点的存在和连接方式造成的曲折,该路径一定不是最优路径。此外,该算法还有搜索过于平均,浪费资源时间,偏离最优解等缺陷,在应用中可改进。

目前已经有很多方法来改进这个问题,其中比较重要的且会被大多数算法采用的是基于目标概率采样的 RRT 算法和 RRT* 算法。

在 RRT 算法中,样本选择是随机的,当随机样本与目标位置距离较远时,生成的节点将远离目标,这种方式下目标位置的可达选择性得到增加。但是,在随机选择样本中有两个问题是无法避免的:一是生成的树可能已经找到非常靠近目标的节点,但由于这种样本选择的随机性而没有连接到目标;二是这增加了对节点生成程序的调用,向树中添加了更多不必要的分支。

为了提高使用 RRT 算法进行路径规划的效率,要求 RRT 算法的搜索过程不是完全随机的采样。基于目标概率采样的 RRT 算法中增加目标朝向概率,以目的地的方向作为随机树探索的导向,可以加快随机数到达目标点的速度。具体的做法是:通过目标概率采样的方式生成随机点。在生成随机点 q_{rand} 时,以一定的概率采用目标点作为随机点 q_{rand},即 $q_{\text{rand}}=q_{\text{goal}}$。随机点 q_{rand} 在扩展的过程中相当于确定了一个随机树生长的朝向,通过把目标点设为 q_{rand},会导致随机树以一定的概率朝着目标方向扩展,从而更快、更有效地探索空间。目标朝向的概率一般为 0～1.0,但是为了保持 RRT 算法对空间的探索能力,目标朝向的概率通常不宜过大,一般为 0.05～0.3。

但是这种基于目标概率采样的 RRT 算法也有缺点,其中一个缺点是当目标周围存在多个障碍时,容易陷入局部搜索无法跳出。而且目标的概率值越大,陷入局部搜索后跳出的难度就越大。因此,基于目标概率采样的方法在选择概率时要同时考虑随机树的扩展和算法效率。

RRT* 算法于 2010 年首次被提出,该算法可以显著改善移动机器人运动空间中发现的路径质量,此处的路径质量定义为从起始位置移动到目标位置所使用的成本,与搜寻路径用的时间无关[13]。渐进最优的 RRT* 算法与 RRT 算法非常相似,通过在移动机器人可达空间的随机采样构建树,并在新节点通过碰撞和非完整约束检测后将新节点连接到树上。但它在原有的 RRT 算法上主要做了两点改进:改进一是父节点选择的方式,采用代价函数选取拓展节点领域内最小代价的节点为父节点,同时,每次迭代后都会重新连接现有树上的节点,从而保证计算的复杂度和渐进最优解;改进二是树的重新布线,将顶点连接到路径代价最低的邻居后,再次检查邻居,若重新布线到新添加的顶点,将使它们的成本降低,则将邻居

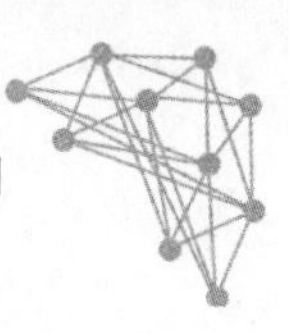

重新布线到新添加的顶点。此功能使路径更平滑。RRT* 算法见表 7-5。

表 7-5　RRT* 算法

```
Algorithm RRT*
T=(V,E)←RRT*(q_min)
--------------------------------------------
T.InitializeTree(q_init)
for i=1 to n do
    q_rand←Sample(i)
    q_nearest←Nearest(T,q_rand)
    q_new←extend(q_nearest, q_rand)
        if Obstacle_free (q_nearest, q_new)   then
    T.add_vertex(q_new)
    T.add_edge(q_nearest, q_new)
    U_near←Nearest_neighbors(T, q_new, r_i)
    for all (q_new, U_near) do
      rewire_RRT*(q_near, q_new)
    for all (q_new, U_near) do
      rewire_RRT*(q_near, q_new)
return T
```

算法中的 $r_i \approx r(d) \cdot \left(\frac{\log i}{i}\right)^{1/d}$，避障和计算路径成本的算法见表 7-6。

表 7-6　RRT* 中路径成本的计算

```
if(Obstacle_free(q_potential_parent, q_child)) then
    C←cost(q_potential_parent, q_child)
    if (cost T(q_potential_parent)+C<cost T (q_child)) then
        T.parent(q_child)←q_potential_parent
```

渐进最优 RRT 算法路径生成过程如图 7-14 所示。

虽然 RRT* 能找到更高质量的路径，但生成新节点时进行的重新选择父节点和重新布线过程使得该算法的搜索时间更长。这两个过程能够不断改进发现的路径，同时也增加了算法的计算量。

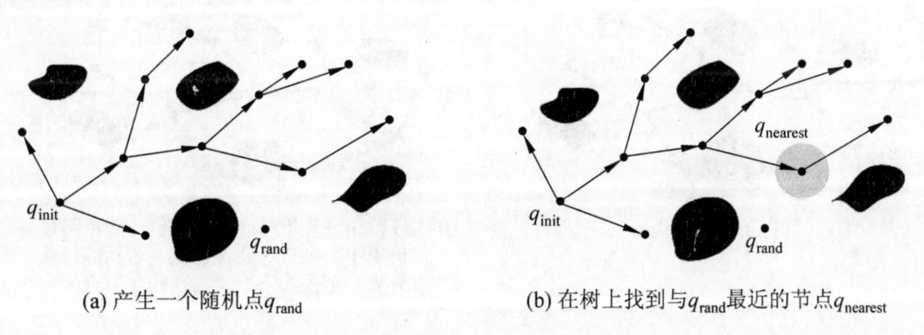

(a) 产生一个随机点 q_{rand}　　(b) 在树上找到与 q_{rand} 最近的节点 $q_{nearest}$

图 7-14　渐进最优 RRT 算法路径生成过程

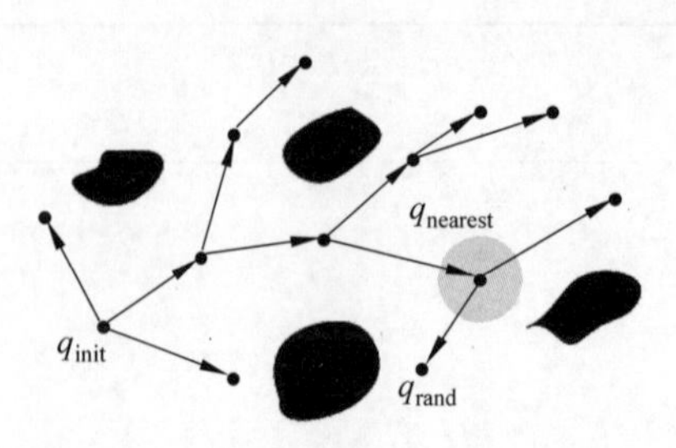

(c) 连接q_{rand}与$q_{nearest}$

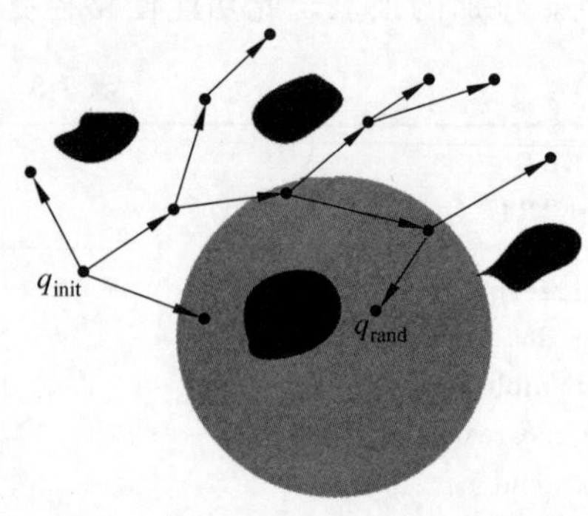

(d) 以q_{rand}为中心，r_i为半径，在树上搜索节点

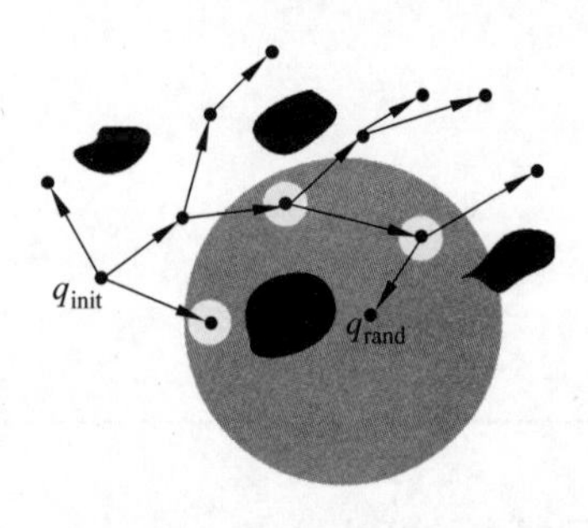

(e) 找出潜在父节点集合$Q_{potential_parent}$

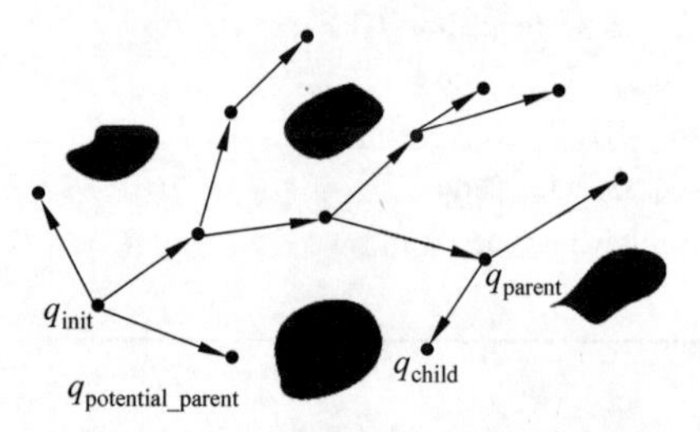

(f) 找出其中一个父节点$q_{potential_parent}$

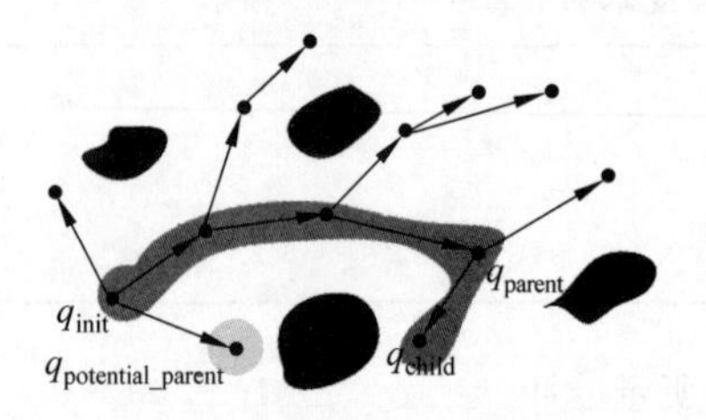

(g) 计算q_{parent}作为父节点时的代价

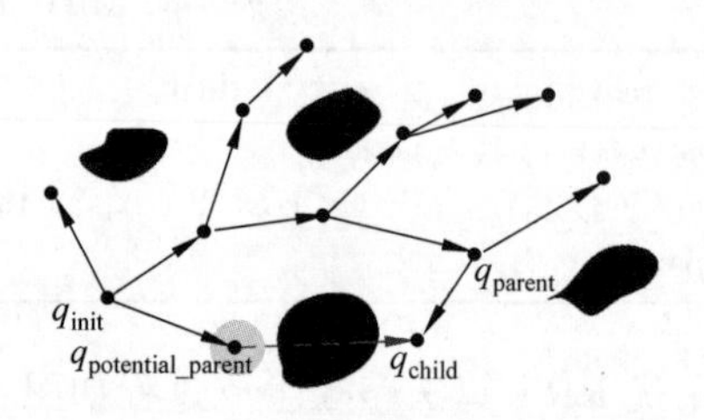

(h) 连接$q_{potential_parent}$与q_{child}(q_{rand})

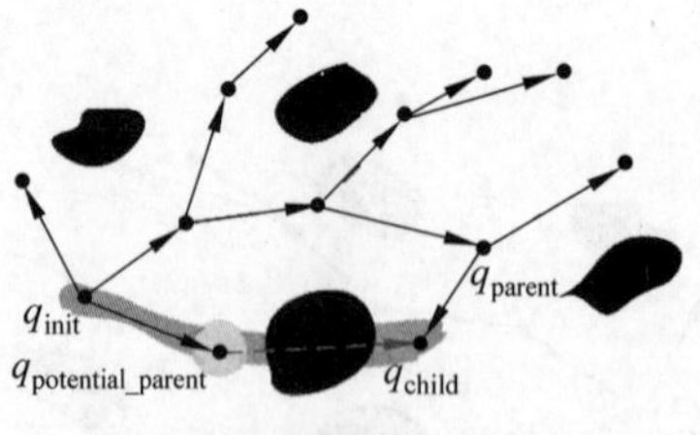

(i) 计算这条路径的代价

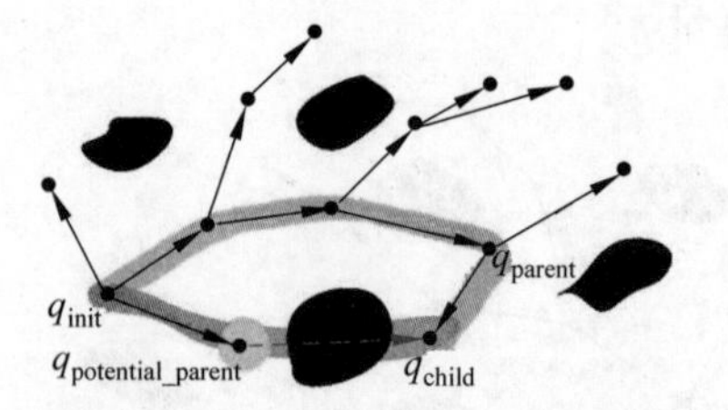

(j) 比较新路径代价与原路径代价，若新路径代价更小，则进行碰撞检测；若新路径代价更大，则换为下一个潜在的父节点

图 7-14 （续）

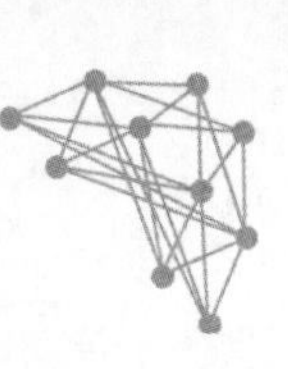

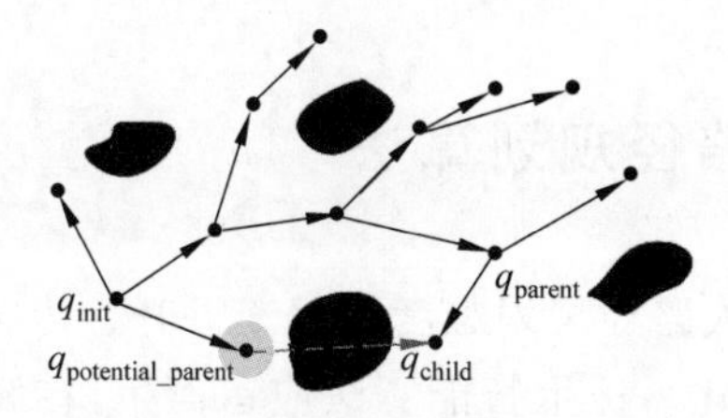

(k) 碰撞检测失败，该潜在父节点不作为新的父节点

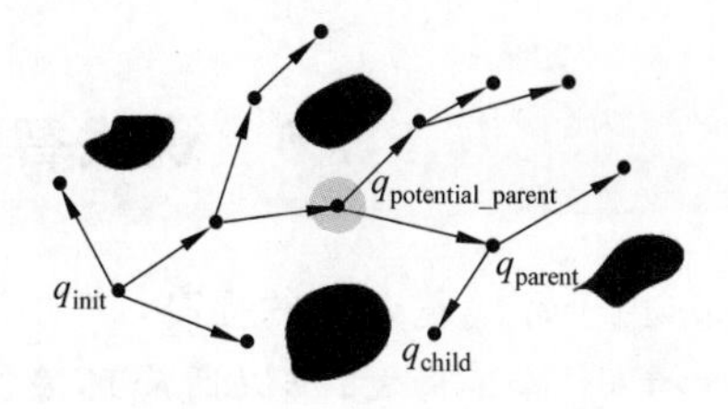

(l) 考虑下一个潜在父节点

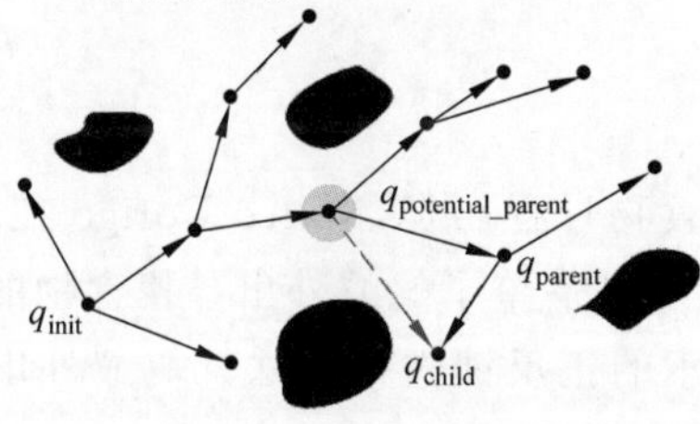

(m) 将潜在父节点与q_{child}连接起来

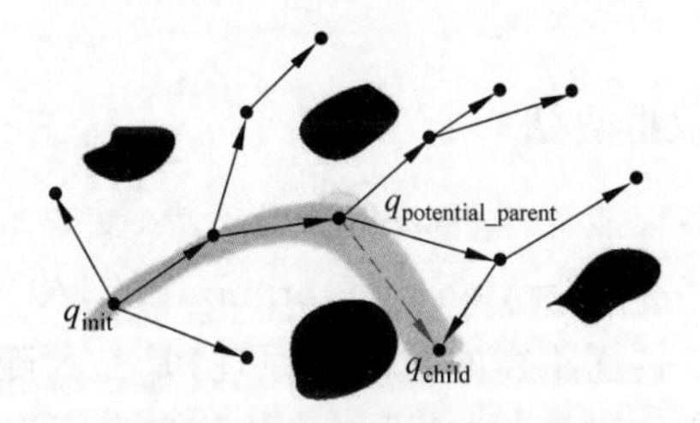

(n) 计算这条路径的代价

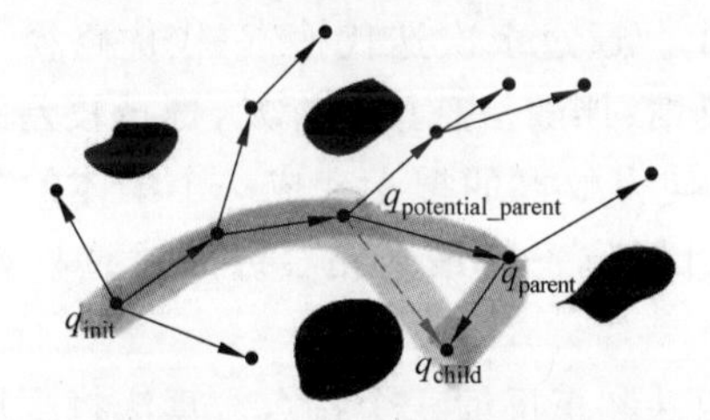

(o) 比较新路径代价与原路径代价，若新路径代价更小,则进行碰撞检测；若新路径代价更大,则换为下一个潜在的父节点

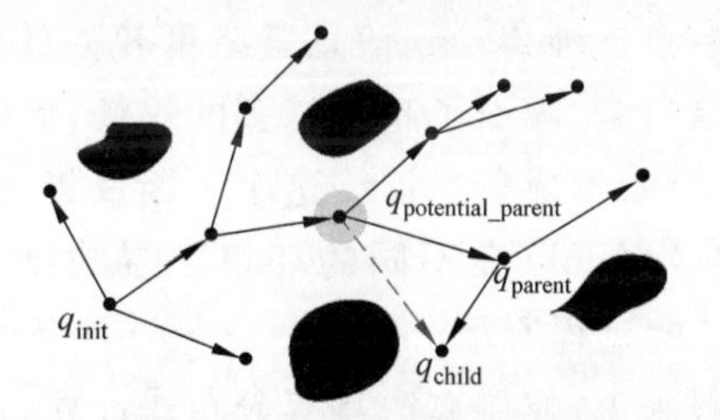

(p) 碰撞检测通过

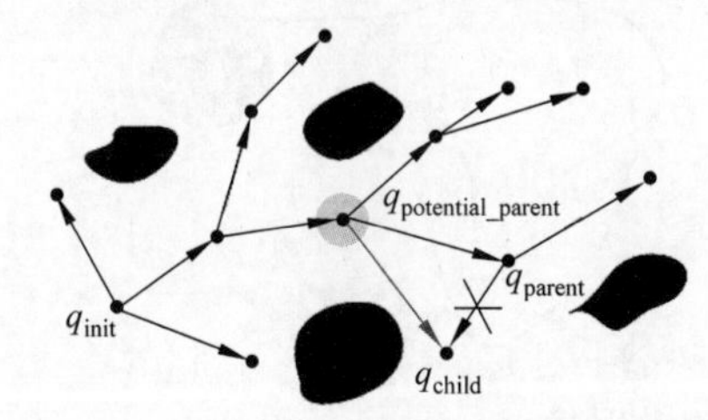

(q) 在树中将之前的边删掉

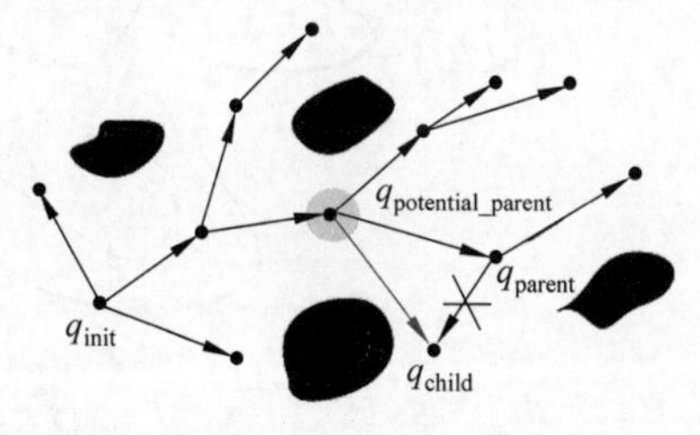

(r) 在树中将新的边添加进$q_{potential_parent}$作为q_{parent}

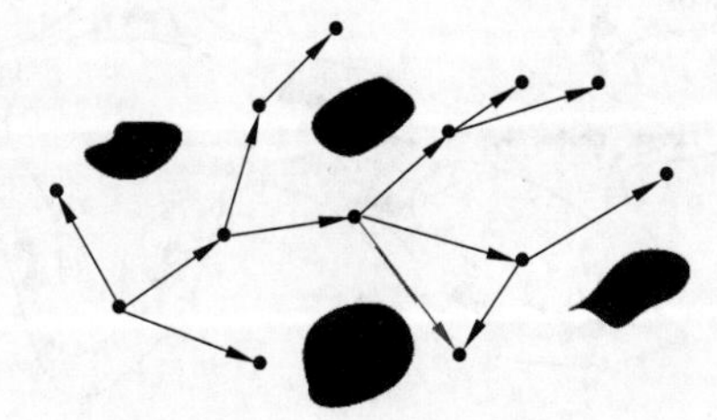

(s) 遍历所有的父节点，得到更新之后的树

图 7-14　（续）

7.5 现代智能路径规划算法

近年来，由于环境复杂度的提高，移动机器人路径规划难度也逐渐提升。传统的路径规划算法实时性低、计算量大，难以适应环境的变化。仿生智能算法应运而生，在解决移动机器人路径规划方面表现出色。常用的现代仿生智能路径规划算法有蚁群算法、遗传算法、粒子群算法等。

7.5.1 蚁群算法

许多智能算法都来源于自然界，受蚂蚁搜寻食物过程启发，Marco Dorigo 在 1992 年提出蚁群算法（Ant Colony Optimization，ACO）[14-15]，其借鉴了蚂蚁外出寻找食物的路径中表现出的对较优路径的趋向性原理，是一种随机搜索的正反馈迭代算法。蚂蚁外出觅食时会存储移动的路径，并且沿途释放信息素标识路径。蚂蚁能感知信息素浓度，以及群体之间能彼此交流，当在蚂蚁记忆的众多路径中出现信息素浓度较高的路径时，蚂蚁将通过感知的周围环境信息逐渐移动到信息素浓度较高的路径上。通过多次迭代搜索，较优路径上聚集了较多的信息素，吸引了越来越多的蚂蚁，形成正反馈；伴随信息素的挥发，选择较差路径的蚂蚁数量减少，形成负反馈。这个不断反馈的过程使得蚁群的搜索变成一个集体的“智能”行为，最终蚁群可以在不同的环境下寻找到到达目标位置的最短路径。上述过程如图 7-15(a)～(c)的过程所示。

一般来说，蚁群算法具有分布式计算、自组织性和正反馈三个特点。算法将全局路径寻优的问题分配给群体中的每只蚂蚁，综合每个蚂蚁的结果处理分析，这样使得算法有很强的

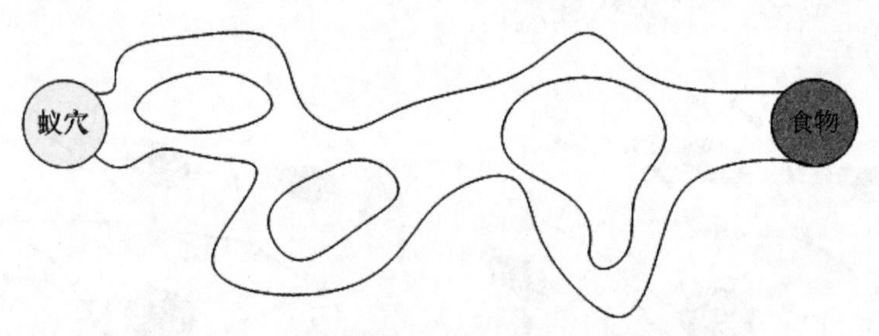

(a) 蚁穴到食物之间的环境

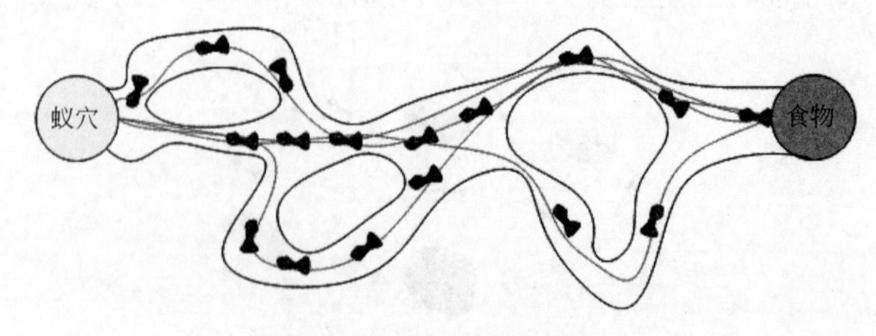

(b) 蚂蚁沿途释放信息素标识路径

图 7-15 蚂蚁觅食过程

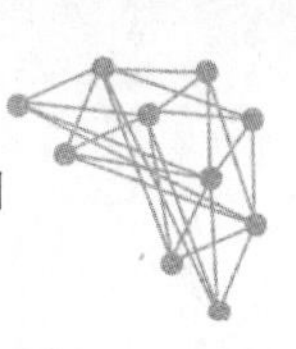

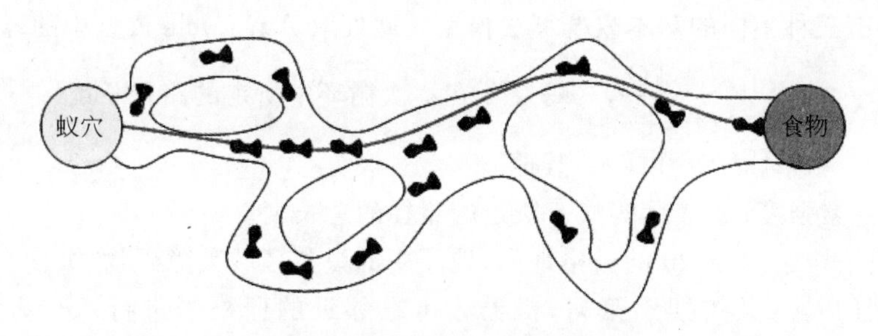

(c) 蚂蚁选择信息素浓度最高的一条路径

图 7-15 (续)

随机性,并不会因为某个个体死亡或者求解的路径太差而影响最终的最优路径解。同时,蚁群中的每个蚂蚁随机搜索路径,搜索的核心是信息素,外部干扰较少,通过蚁群标记路径中的信息素浓度来感知搜索是否最优。蚂蚁会自发地向信息素量多、浓度高的路径上移动,整个过程是自组织的正反馈调节。

由上述分析可知,蚁群算法最重要的参数是路径距离和信息素,在进行路径规划前,先建立算法的数学模型[16]。

假定蚂蚁总数为 m,蚂蚁从某个节点向另一个节点移动是受路径上的信息素浓度决定的。在 t 时刻,蚂蚁 k 从节点 i 移动到节点 j 的状态转移概率 $p_{ij}^{k}(t)$ 为

$$p_{ij}^{k}(t)=\begin{cases}\dfrac{\tau_{ij}^{\alpha}(t)\eta_{ij}^{\beta}(t)}{\sum\limits_{s\in \text{allowed}_k}\tau_{ij}^{\alpha}(t)\eta_{ij}^{\beta}(t)}, & j\in \text{allowed}_k\\ 0, & j\notin \text{allowed}_k\end{cases} \tag{7-18}$$

式中,allowed_k 是蚂蚁 k 在下一步的可选路径节点集合。信息启发因子 α 表示路径上信息素对蚂蚁选择该路径的影响程度,取值越大,信息素的作用越强。β 是期望启发因子,反映下一目标点的距离在指导蚁群搜索过程中的相对重要程度,β 值越大,转移概率越靠近贪心算法。$\tau_{ij}(t)$是节点 i 和 j 间的信息素浓度。$\eta_{ij}(t)$是启发函数,一般取节点 i 和 j 间欧几里得距离的倒数,即

$$\eta_{ij}(t)=\frac{1}{d_{ij}} \tag{7-19}$$

蚁群算法是正反馈算法,随着时间的推移,某条路径上的信息素值会累积到很大,这样,启发函数的作用会减弱,甚至最终消失,故需要对信息素进行更新。信息素的更新可采用实时信息素更新与路径信息素更新两种方式,前者是指蚁群中每只蚂蚁在到达其选择的路径节点后,对路径节点的信息素进行更新,更新公式如下:

$$\tau_{ij}(t+1)=(1-\rho)\tau_{ij}(t)+\rho\tau_0(t) \tag{7-20}$$

式中的 τ_0 是节点信息素的初始值,可调参数 $\rho\in[0,1]$,是信息素挥发系数。

路径信息素更新是指蚁群中所有蚂蚁从起点走到目标点,完成一次迭代搜索之后,对路径(i,j)上的信息素更新,更新公式如下:

$$\tau_{ij}(t+1)=\rho\tau_{ij}(t)+\sum^{m}\Delta\tau_{ij}^{k}(t) \tag{7-21}$$

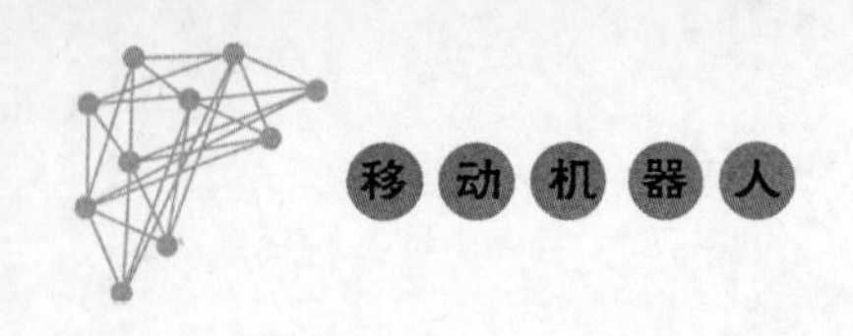

式中，$\Delta\tau_{ij}^{k}(t)$有三种不同的基本蚁群算法模型。此处取 Ant-Cycle 模型中的算式：

$$\Delta\tau_{ij}^{k}(t)=\begin{cases}\dfrac{Q}{L_k}, & \text{蚂蚁 } k \text{ 在本次循环中所走的路径长度}\\ 0, & \text{其他}\end{cases} \tag{7-22}$$

式中，Q 是信息素强度；L_k 表示蚂蚁 k 所走的路径的总长度。

利用栅格法构建 20×20 的栅格地图，地图中的黑色区域为障碍物，如图 7-16 所示。假设机器人使用的是八叉树搜索策略，机器人可在邻近的栅格内进行八个方向的行走，如图 7-17 所示[17]。

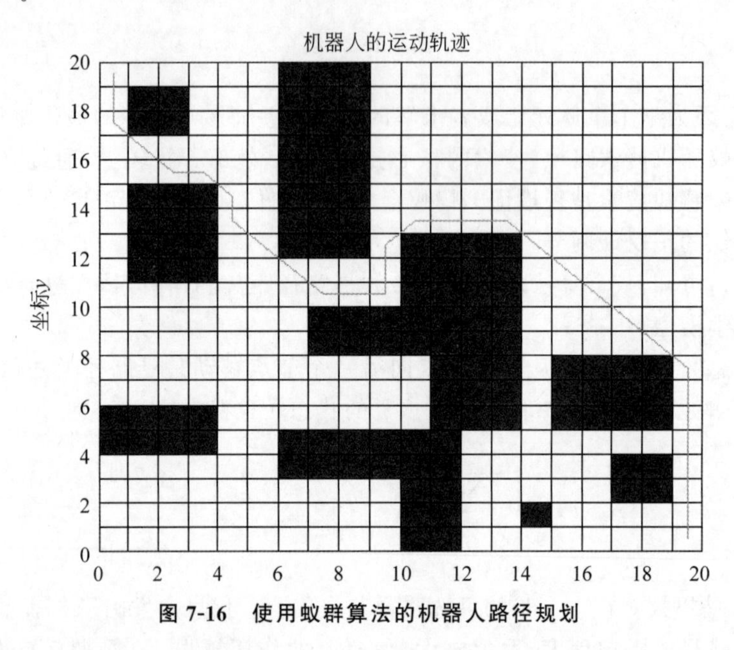

图 7-16　使用蚁群算法的机器人路径规划

基于蚁群的路径规划算法流程如下：

(1) 初始化起始位置和目标位置以及蚂蚁数量 m 、最大迭代次数等算法参数，采用栅格法抽象表达环境模型。

(2) 初始化蚂蚁禁忌表、路径长度等信息，蚂蚁从起始点出发开始搜索路径，按照转移概率式(7-18)寻找下一可达路径节点，禁忌表中存放的是蚂蚁下一步运行的节点集合。蚂蚁每走一步同时记录蚂蚁走过的节点以及路线长度，一直循环到蚂蚁选取的节点为目标点或者所有节点都在禁忌表中、蚂蚁没有可选节点停止搜索。

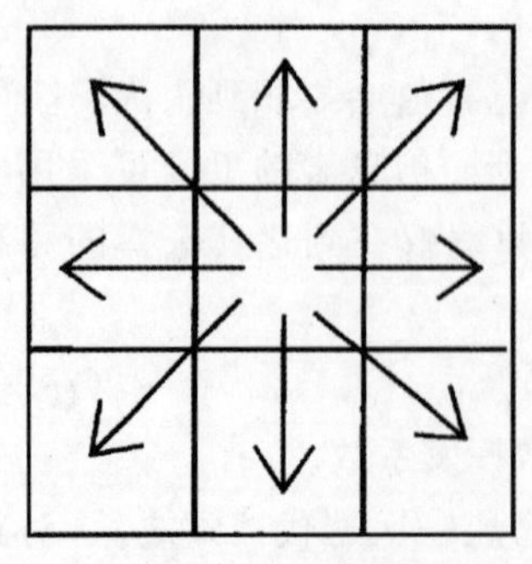

图 7-17　八叉树搜索

(3) 当蚁群完成一次迭代后，对路径上的信息素按式(7-20)和式(7-21)进行全局更新。

(4) 判断蚁群迭代次数是否达到上限。如果没有达到上限，接着进行下一次迭代搜索；如果到达上限，则结束搜索，保存最优路径信息。

(5) 输出最优路径信息，算法结束。

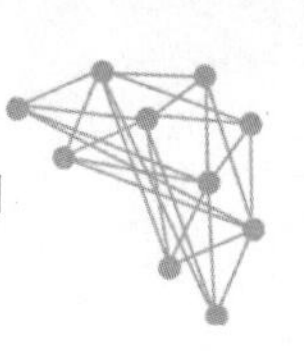

最终,路径规划结果如图7-16中的红色折线。

上述的传统蚁群算法虽然能够找到机器人的全局最优路径,但是效率不高,迭代次数较多,收敛较慢,当环境模型更加复杂时,算法的时间和空间复杂度都会增长,因此需要对算法进行优化。蚁群算法的优化大致有两个方向:方向一是优化蚁群算法中的参数的设定值,包括蚂蚁群体的个数、信息素重要程度因子、启发函数重要程度因子、信息素挥发因子以及信息素释放总量等;方向二将蚁群算法和其他算法相结合,取长补短,以改进蚁群算法。

7.5.2 遗传算法

遗传算法(Genetic Algorithm,GA)是以达尔文的物种进化和基因遗传学原理为基础的随机寻路优化算法。作为一种仿生算法,它借鉴了生物进化的原理,种群由需要解决的问题的可行解组成,种群的"染色体"是由需要解决问题的所有存在解编码而来的,选用恰当的适应度函数对种群开展质量评估,同时继续进行遗传、交叉和变异操作,从而实现优胜劣汰的进化结果,搜索得到最优解[18-19]。遗传算法的特点如下:

(1) 智能性。算法具有自组织、自适应和自学习的能力。算法利用进化获得的适应度信息进行搜索,在进行遗传操作时,通过选择、交叉和变异三个遗传算子进行自组织和自适应。

(2) 随机性很强。选择、交叉和变异三个遗传算子操作是在随机概率下进行的。

(3) 并行性。算法不只是针对某个染色体个体,而是对种群中的每个染色体个体;针对同一问题的最优解,可用若干台计算机同时进行搜索,比较不同计算机的输出结果,从而得出最优解。

(4) 以适应度函数为主要评价函数。

(5) 算法的输出不是一个解,而是若干近似解。

遗传算法主要由编码、初始化种群、适应度函数、遗传操作、参数设置和算法终止条件六个模块组成。算法整个过程都建立在编码基础之上,编码将问题的初始解采用二进制编码成一条由0、1组成的"染色体"。然后,随机初始化种群,初始化种群产生的个体会对后续产生影响,同时,种群的规模也会对算法的效率和最优解产生影响。作为算法中唯一的评价函数,适应度值体现了个体的生存能力,适应度高的个体被选中进行遗传操作的概率也会相应较大。适应度函数会直接影响最优值的获取和算法效率,一般是从目标函数尺度变换得来的。遗传操作包括选择、交叉和变异三个操作算子。选择操作就是计算种群中每个个体的适应度。选择方法中最常用、最知名的是轮盘赌选择方法,它把个体的适应度在种群中总适应度所占的比例转换成选择概率,然后从第一个个体的概率进行累加,直到所累加的概率值大于随机生成的概率数,即选择该个体。交叉算子则是将种群中个体的"染色体"进行交叉互换,形成新的个体,主要有单点交叉和多点交叉两种方式。变异与交叉类似,都是产生新个体的操作,种群中每个个体都有随机变异概率和变异位置。遗传算法中的主要参数有基因串长度、种群数量、交叉概率和变异概率;算法终止的依据是进化代数、收敛性等,收敛性的可靠性要比进化代数高。

在移动机器人路径规划中,同样采用栅格法构建环境地图,可将种群中的个体定义为包含路径栅格序号串、个体适应度值和路径长度三个属性值的独立个体。在路径规划中,编码不用考虑精度,每个栅格都有唯一的栅格号,可直接采用十进制将个体编码成“染色体”,解码时可根据每个栅格对应的全局坐标值解码染色体。为了保证种群中个体的多样性,采用随机化初始种群。但由于移动机器人路径规划需要避障,因此每个个体的基因长度不等,且个体中不包含栅格图中的障碍物序号,这样即可产生一条从起始点到目标点的连续无障碍路径。而后,确定种群的数量、起始点和目标点的栅格序号以及位置关系初始化种群。为了加快收敛速度,可将往目标方向行进的栅格序号填充概率增大[20]。

在移动机器人路径规划中,目标函数可设置为机器人的路径长度。长度越短,个体越优。作为目标函数的映射,适应度函数可设置成目标函数的倒数,路径长度越短,个体的适应度值越大,如式(7-23)。

$$f_{\text{fitness}} = \frac{b}{\sum_{i=1}^{n-1} d(x_i, x_n)} \tag{7-23}$$

其中,b 是常数,其设定值影响总体适应度的范围;$d(x_i,\ x_n)$是相邻栅格的长度,有三种可能的情况。

$$d(x_i, x_n) = \begin{cases} D_x, & \text{二者处于同一行} \\ D_y, & \text{二者处于一列} \\ \sqrt{D_x^2 + D_y^2}, & \text{二者处于对角斜线} \end{cases} \tag{7-24}$$

在进行遗传操作时,首先通过轮盘赌的方式选择父代进入繁殖池,计算每个父代的适应度值并计算适应度总值。然后随机生成一个选择概率的判断值,从第一个父代的适应度值进行累加求和,当累加到第 i 个父代适应度值大于判断值时,选择第 i 个父代进入繁殖池,重复此操作,直至繁殖池被填满,进而进行交叉和变异操作。假设环境栅格地图的大小是 20×20,初始种群的大小是 100,障碍物密度是 19%、个数是 17,交叉和变异概率是 0.7 和 0.3 时,基于遗传算法的路径规划结果如图 7-18 所示[21]。图中,起点是左下角的圆点,终点是右上角的圆点,黑色为障碍物,白色为可行区域。

遗传算法的不足之处是,不易对进化速率进行干预,且经常发生过早收敛的现象。同时,需要已知的经验参数较多,难以满足实时需求,尤其是在复杂的环境中,若不能输入适当的解决方法,一般较难通过交叉和变异找到路径最优解。

7.5.3 粒子群算法

鸟群在捕食过程中,区域内有大大小小许多不同的食物源,鸟群在搜寻食物源的过程中通过互相传递各自的位置信息,当一只鸟找到最大的食物源时,别的鸟也会陆陆续续知道食物源的位置,最终整个鸟群都能聚集在最大食物源周围。鸟群觅食过程是分散式向目的地运动,具有记忆性,适合在连续性的范围内搜寻。受此启发,J. Kennedy 和 R. C. Eberhart 于 1995 年提出粒子群算法(Particle Swarm Optimization,PSO)[22],它借鉴了鸟群在外出寻找食物时表现出的互相通信和存储路径信息的原理,是一种现代智能优化算法。粒子群算法首先给空间中所有的备选解“粒子”分配初始的随机速度和随机位置,从随机解开始,通过持续地迭代搜索得出最优解。其中每个需要解决的问题都被视作一个粒子,众多粒子在空间中寻找最优解。所有的粒子通过适应度函数判断当前位置的优劣,并且可以记忆搜寻到

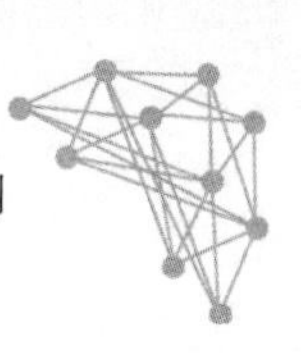

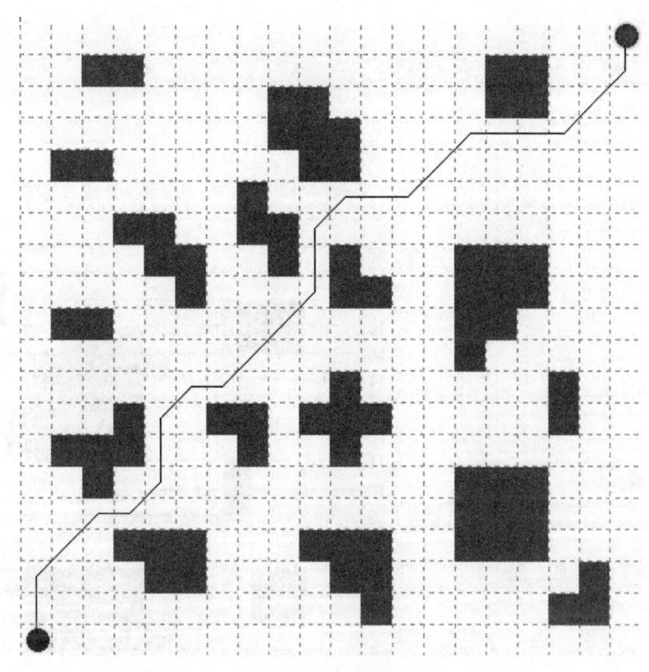

图 7-18　遗传算法与路径机器人导航

的最佳路径，粒子群算法正是通过群体间的通信和记忆功能实现了对空间的全局搜索[23]。

设搜索空间是 D 维，空间中粒子总数是 m，第 i 个粒子位置表示为 $x_i=(x_{i1}, x_{i2}, \cdots, x_{iD})$，第 i 个粒子到目前位置搜索到的最优位置为 $p\text{Best}_i=(p_{i1}, p_{i2}, \cdots, p_{iD})$，整个粒子种群到目前位置搜索到的最优位置是 $g\text{Best}_i=(g_1, g_2, \cdots, g_D)$，第 i 个粒子的位置变化率即速度为 $v_i=(v_{i1}, v_{i2}, \cdots, v_{iD})$。粒子的变化公式如下：

$$v_{id}(t+1)=v_{id}(t)+c_1\times\text{rand}()\times[p_{id}(t)-x_{id}(t)]+c_2\times\text{rand}()\times[g_d(t)-x_{id}(t)] \tag{7-25}$$

$$x_{id}(t+1)=x_{id}(t)+v_{id}(t+1)\qquad 1\leqslant i\leqslant n,\ 1\leqslant d\leqslant D \tag{7-26}$$

式中，c_1、c_2 是正常数，称为加速因子。c_1 调节粒子飞行自身最好位置方向的步长，c_2 调节粒子飞向全局最好位置飞行的步长。rand()是随机函数，生成[0,1]的随机数。粒子在探索过程中可能会离开探索空间，为了避免这种情况发生，将第 d 维的位置变化限定在位置的最大值与最小值之间，速度变化限定在最大速度的正负值边界值之间。粒子种群随机产生粒子的初始位置和速度，计算每个粒子的适应值，然后将每个粒子的适应值与其经历过的最好位置 $p\text{Best}_i$ 的适应值进行比较，若高，则将最好位置的适应值替换成当前粒子的适应值；同理，再将每个粒子的适应值与全局经历的最好位置 $g\text{Best}$ 的适应值作比较，之后按式(7-24)和式(7-25)进行迭代，直至找到最满意的解。粒子群算法流程图如图 7-19 所示。

作为一种优化算法，粒子群算法一般不直接用于移动机器人路径规划，而是同其他的算法结合用于路径规划。图 7-20 是粒子群算法与 Dijkstra 算法结合用于移动机器人路径规划的结果[24]。

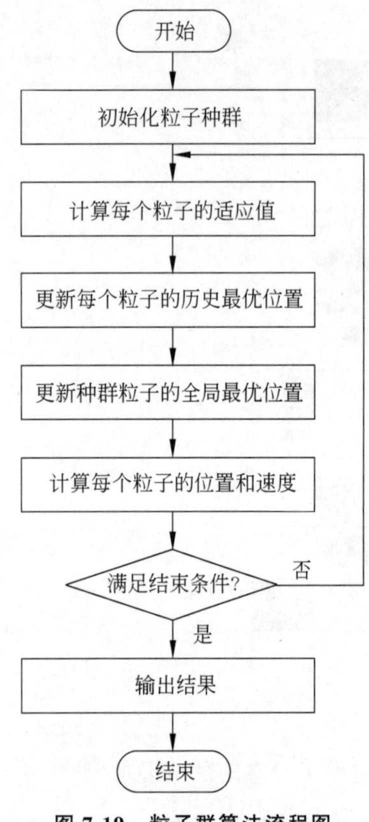

图 7-19　粒子群算法流程图

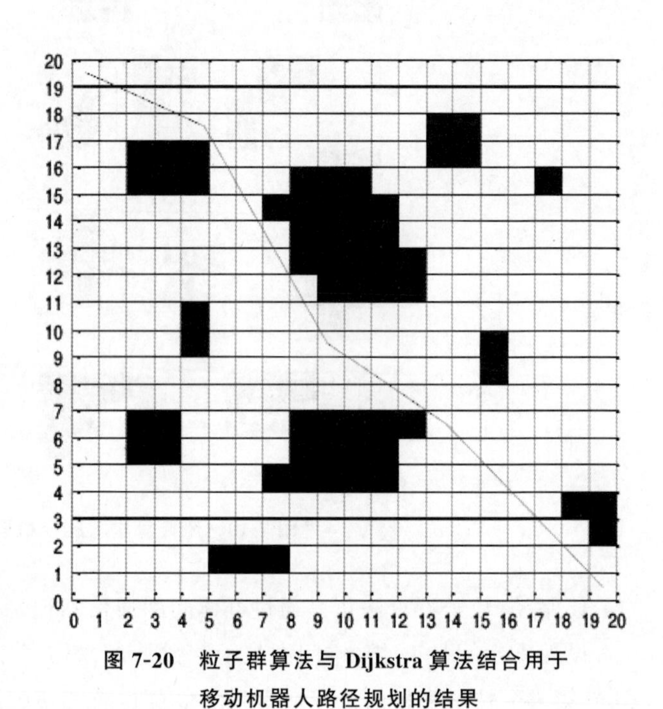

图 7-20　粒子群算法与 Dijkstra 算法结合用于移动机器人路径规划的结果

与蚁群算法和遗传算法相比，粒子群算法结构简单，原理更简单，参数更少，实现更容易。但是，粒子群算法也有弊端，如只能应用于连续性问题等。三种现代智能路径规划算法的比较见表 7-7。

表 7-7　三种现代智能路径规划算法的比较

相 同 点	不 同 点
① 都是仿生算法； ② 都是全局优化算法，算法在全局解空间内进行搜索； ③ 都是随机搜索算法，隐含并行性，不受函数约束的限制； ④ 面对高维度复杂问题，可能会早熟收敛或者收敛性较差，无法保证收敛到最优点	① 粒子群算法和蚁群算法都具有记忆性，能保存好的解，而遗传算法随着种群的迭代，初始的知识会被破坏； ② 粒子群算法中的粒子仅通过当前搜索到最优点共享信息，可以理解成一种单项信息共享机制，而遗传算法中的染色体之间信息是共享的，使得整个种群都向最优区域移动，蚁群算法中每个个体都只能感知局部信息，不能直接使用全局信息； ③ 相比于蚁群算法和遗传算法，粒子群算法中粒子只是通过内部速度更新，原理更简单、参数更少、实现更容易； ④ 粒子群算法主要应用于连续问题，而遗传算法和蚁群算法还可以应用在离散问题上

参 考 文 献

[1] Hsu C, Chen Y, Lu M, et al. Optimal path planning incorporating global and local search for mobile robots[C]. The 1st IEEE Global Conference on Consumer Electronics 2012. Tokyo, Japan: IEEE, 2012: 668-671.

[2] Cormen, Thomas H, Leiserson, et al. Introduction to Algorithms[M]. 2nd ed. United States: MIT Press and McGraw-Hill, 2001: 595-601.

[3] Benjamin Z F, Noon Charles E.Shortest Path Algorithms: An Evaluation Using Real Road Networks [J]. Transportation Science, 1998, 32(1): 65-73.

[4] Nilsson I M, Lamme S. On Acquired Hemophilia A[J]. Acta Medica Scandinavica, 1980(208): 5-12.

[5] Nilsson, Nils J. The Quest for Artificial Intelligence[M]. Cambridge: Cambridge University Press, 2009: 216-220.

[6] Fusic S J, Ramkumar P, Hariharan K. Path planning of robot using modified dijkstra Algorithm[C]. 2018 National Power Engineering Conference (NPEC). Madurai, TamilNadu, India: IEEE, 2018: 1-5.

[7] Fox D, Burgard W, Thrun S. The dynamic window approach to collision avoidance[J]. IEEE robotics and automation magazine: A publication of the IEEE Robotics and Automation Society, 1997, 4(1): 23-33.

[8] Quinlan S, Khatib O. Elastic bands: connecting path planning and control[C].[1993] Proceedings IEEE International Conference on Robotics and Automation. Atlanta, GA, USA:IEEE, 1993(2): 802-807.

[9] Kavraki L E, Svestka P, Latombe J-C, et al. Probabilistic roadmaps for path planning in high-dimensional configuration spaces[J]. IEEE Transactions on Robotics and Automation, 1996,12? (4): 566-580.

[10] LaValle, Steven M. Rapidly-exploring random trees: A new tool for path planning[R]. TR98-11, Ames, USA: Iowa State University. Department of Computer Science, 1998.

[11] 闫文健. 动态场景下基于采样的移动机器人路径规划算法研究[D]. 黑龙江：哈尔滨工业大学,2019.

[12] LaValle, Steven M, Kuffner Jr, et al. Randomized Kinodynamic Planning[J]. The International Journal of Robotics Research (IJRR), 2001,20(5): 378-400.

[13] Fahad I, Jauwairia N, Usman M, et al. RRT * -Smart: Rapid convergence implementation of RRT * towards optimal solution[C]. Proceedings of IEEE International Conference on Mechatronics and Automation (ICMA). Chengdu, China: IEEE, 2012: 1651-1656.

[14] Colorni A, Dorigo M, Maniezzo V. Distributed Optimization by Ant Colonies[C]. Actes de la Première Conférence Européenne sur la vie Artificielle. Paris, France: Elsevier Publishing, 1991: 134-142.

[15] Dorigo M. Optimization, Learning and Natural Algorithms[D]. Italy: Politecnico di Milano System and Information Engineering, 1992.

[16] Gao M, Xu J, Tian J. Mobile Robot Global Path Planning Based on Improved Augment Ant Colony Algorithm[C]. Stephanie Kawada:2008 Second International Conference on Genetic and Evolutionary Computing. Hubei: IEEE Computer Society, 2008:273-276.

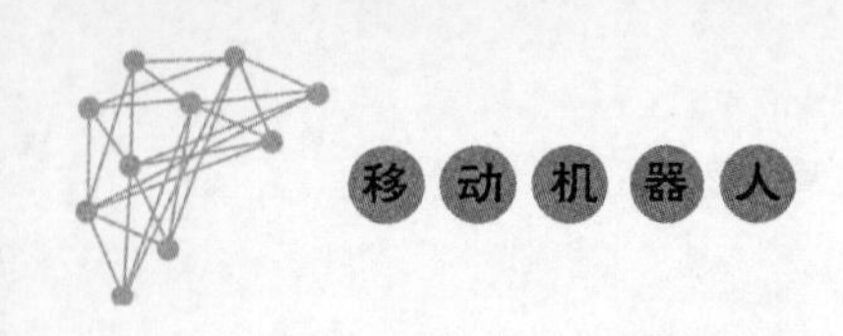

[17] 王飞. 基于改进蚁群算法的移动机器人路径规划研究[D].安徽：安徽工程大学，2019.

[18] David E Goldberg. Genetic Algorithms in Search，Optimization and Machine Learning[M]. MA，United States：Addison-Wesley Longman Publishing Co.，Inc，1989：38-75.

[19] Melanie M. An Introduction to Genetic Algorithms. Cambridge[M]. MA：MIT Press，1996：115-117.

[20] Woong-Gie Han，Seung-Min Baek，Tae-Yong Kuc. Genetic algorithm based path planning and dynamic obstacle avoidance of mobile robots[C]. 1997 IEEE International Conference on Systems，Man，and Cybernetics. Computational Cybernetics and Simulation. Orlando，FL，USA：IEEE，1997(3)：2747-2751.

[21] 朱天宇. 移动机器人路径规划的研究[D].重庆：重庆大学，2014.

[22] Kennedy J，Eberhart R. Particle Swarm Optimization[C]. IEEE Neural Networks Council：Proceedings of IEEE International Conference on Neural Networks. IV. Perth，Western Australia：IEEE，1995：1942- 1948.

[23] Shi Y，Eberhart R C. A modified particle swarm optimizer[C]. Proceedings of IEEE International Conference on Evolutionary Computation. Anchorage，AK，USA：IEEE，1998：69-73.

[24] 刘紫丹. 基于粒子群算法和人工势场法的 AGV 路径规划研究与应用[D]. 深圳：深圳大学，2018.

习　题

1. 在移动机器人路径规划中主要考虑哪三个问题？

2. 移动机器人路径规划算法，按照地图知识可分为哪两种？具体是什么？

3. 移动机器人导航规划层可以分为哪几层？每层的作用分别是什么？

4. TEB 算法的约束有哪些？

5. 概率路图法两个阶段的作用分别是什么？

6. 常用的现代仿生智能路径规划算法有哪些？

7. 在移动机器人路径规划中，基于蚁群的路径规划算法的步骤有哪些？

8. 遗传算法有哪些特点？

9. 在移动机器人路径规划中，蚁群算法、遗传算法以及粒子群算法三种仿生智能算法的相同点是什么？

第8章 移动机器人人机交互

对于移动机器人，尤其是服务类的移动机器人，其接受程度取决于良好的人机交互方式。移动机器人的人机交互(Human-Computer Interaction，HCI)，是指通过计算机输入、输出设备，允许用户以一种简单、自然的方式与机器人进行通信和交互。在不同的应用环境下，智能机器人以不同的功能形式，实现语音识别、视觉识别等多种模态的人机交互，并在相关应用领域完成其特定的功能，成为智能机器人进一步发展的核心。本章着重介绍移动机器人中语音识别技术、人体运动检测与跟踪、人脸识别和表情识别、手势识别等几种典型的人机交互方式。

8.1 语音识别

语音识别(Automatic Speech Recognition，ASR)是指将人说话的语音信号转换为可被计算机识别的信息。语音识别一方面完成对词汇的转换，另一方面有助于移动机器人对人的语音指令做出相应动作或语音的回应。目前，语音识别广泛应用于客服质检、机器人导航、智能家居等领域。

语音识别技术实现了用户以自然语言发出自己的命令之后机器人能够执行相应的任务或以自然语言进行相应的回复，改变了传统的人机接口方式，使人机交流更加便捷。图8-1为百度研发的智能问答机器人小度。小度机器人是国内语音识别机器人中比较典型的一例，它集成了自然语言处理、对话系统、语音视觉等技术，拥有非常强大的学习功能，可以根据与用户的不断交流完善自己，能够自然流畅地与用户进行信息、服务、情感等多方面的交流[1]。

图8-1 小度机器人

语音识别大体上包含预处理、特征提取和解码器三个模块。

预处理包括语音转码、高通滤波、端点检测等。语音转码是将输入的数据格式转换成所需要的格式，由于声音采集的时候难免会有噪声，高通滤波器可以改善这种情况，达到去噪作用；端点检测可检测出转码后的有效语音，可以在一定程度上改善解码速度和识别率。

将经过预处理之后的数据送入特征提取模块，进行声学特征提取，例如线性预测系数PLC、倒谱系数CEP等特征。

解码器对特征提取模块得到的声学特征计算声学模型得分

和语言模型得分，将总体输出分数最高的词序列作为识别结果。其中，声学模型主要用来构建输入语音和输出声学单元之间的概率映射关系，即在给定文字的前提下得出这段语音发生的概率；语言模型用来描述不同字词之间的概率搭配关系，表示某一词序列发生的概率，一般采用链式法则，把一个句子的概率表示为其中每个词的概率之积。

目前，语音识别技术还存在很多不足，如对于强噪声、多语种、大词汇等场景下的识别能力和识别精度还需要提高等。具有代表性的语音识别方法主要有动态时间规整技术、隐马尔可夫模型、矢量量化、人工神经网络等。

动态时间规整(Dynamic Time Warping，DTW)算法的思想是，通过非线性归一化函数调整或弯曲其中一个模式的时间轴，与另一个模式的时间轴到达最大程度的重叠，从而消除不同时空模式间的时间上的差别，主要用于识别两段语音是否表示同一个单词。利用动态时间规整算法进行语音识别时，首先将已经预处理和分帧过的语音测试信号和参考语音模板进行比较。如图 8-2(a)所示，A 表示被测试对象，B 表示测试的模板语音，弯曲对角线表示其对应的映射关系。通过比较得出两者对应的特征点。图 8-2(b)中的上下两条实线代表语音测试信号和语音模板两个时间序列，时间序列之间的虚线代表两个时间序列之间的相似的特征点。通过反复计算相似点之间的距离的和，即归整路径距离(Warp Path Distance)衡量两个时间序列之间的相似性并搜索两者之间的最优路径匹配。此方法解决了不同人对不同音素发音长短不一的模板匹配问题。

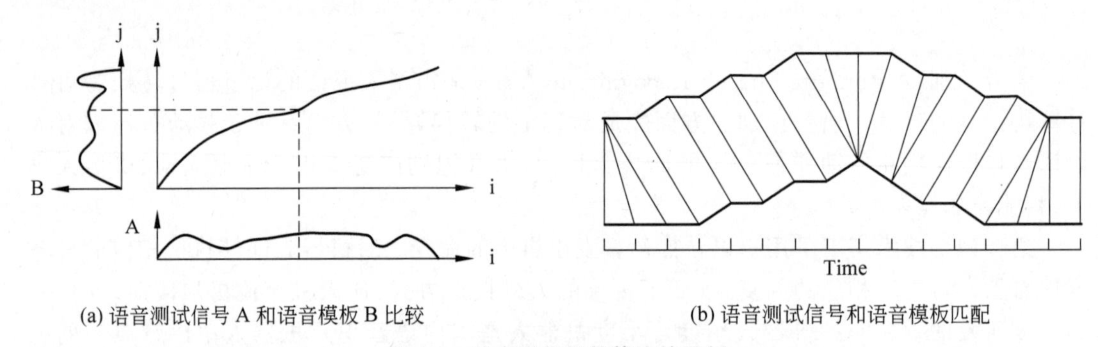

(a) 语音测试信号 A 和语音模板 B 比较　　(b) 语音测试信号和语音模板匹配

图 8-2　动态时间规整算法的思想

隐马尔可夫模型(Hidden Markov Model，HMM)是关于时序的概率模型，由马尔可夫链演变来的，是语音信号处理中的一种统计模型。隐马尔可夫模型描述了由一个隐藏的马尔可夫链随机生成不可观测的状态随机序列，称为状态序列；再由各个状态生成一个可观测的随机序列的过程，称为观测序列，如图 8-3 所示。每个观测向量由一个具有相应概率密度分布的状态序列产生。隐马尔可夫模型将语音信号看作不可观测的马尔可夫链，识别时用观测序列观测信号的随机变化过程，找出与其对应的最大概率模板。隐马尔可夫模型在大词汇量的非特定人语音识别中优势明显，广泛应用于语音识别、词性自动标注、音字转换等自然语言处理应用领域。

矢量量化(Vector Quantization，VQ)是一种重要的信号压缩方法，它将若干个采样信号分成一组，即构成一个矢量，然后对此矢量在多维空间进行量化，以量化的失真度作为识别准则。矢量量化算法把矢量空间分成若干个小区域，每个小区域有一个代表矢量，量化时落

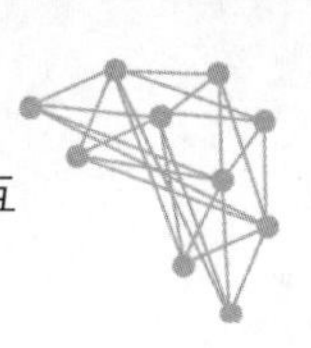

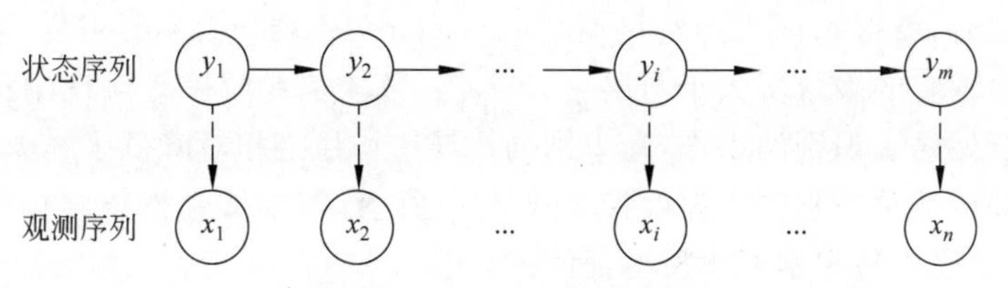

图 8-3　隐马尔可夫模型

入小区域的矢量就用此代表矢量代替，寻找一个具有最小失真度的空间的划分以及每个小空间代表矢量。图 8-4(见彩插)为二维空间的 VQ 算法实例，图中的红点表示代表矢量，蓝色线代表空间的划分。除此之外，还有其他多种降低复杂度的方法，包括无记忆的矢量量化、有记忆的矢量量化和模糊矢量量化方法等。

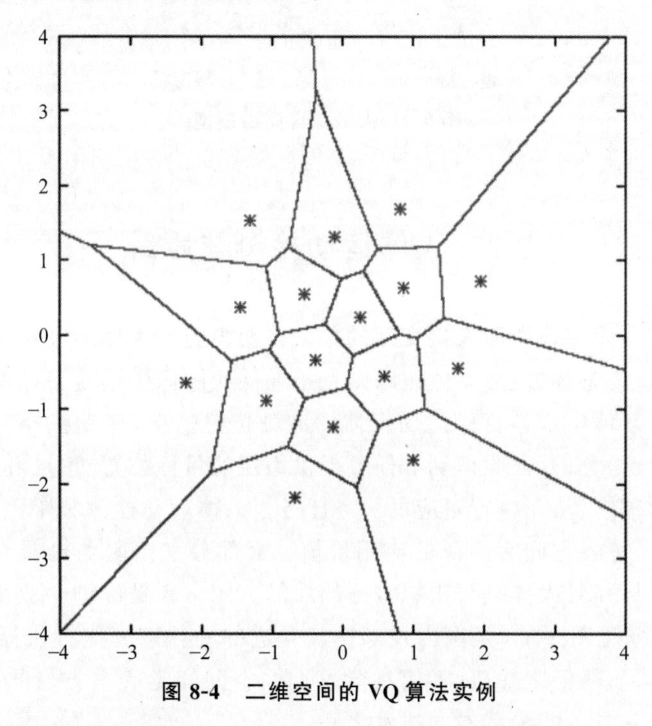

图 8-4　二维空间的 VQ 算法实例

20 世纪 80 年代，人工神经网络(Artificial Neural Network，ANN)成功应用在语音识别中[2]，其以网络拓扑知识为理论基础，本质上是一个自适应非线性动力学系统，是模拟人脑的神经系统对复杂信息的处理机制的一种数学模型，可以高效地自主学习。人工神经网络由大量的节点(或称神经元)相互连接构成，如图 8-5 所示，一般分为输入层、隐含层和输出层。人工神经网络中的每个节点代表一种特定的输出函数，称为激活函数(Activation Function)，每两个节点间的连接代表权重(Weight)。在利用网络进行识别时，输入待识别的语音信号，网络经过学习便可输出识别的结果，人工神经网络具有学习的能力是通过改变权重实现的，节点之间相互连接、相互影响。网络学习的结果输出取决于网络的结构、网络的连接方式、权重和激活函数。人工神经网络具有自适应性、并行性、鲁棒性、容错性和学习特性，提高了语音识别的鲁棒性和准确率，但算法复杂度高。当简单的人工神经网络中的隐含层扩展出多层时，就得到深度神经网络(Deep Neural Networks,DNN)，深度神经网络中的"深度"二字表示它的隐含层大于两层。2011年，微软学者俞栋等实现用深度神经网络和隐马尔可夫结合做语音识别的工作，让识别词错误率均稳定相对降低了30%[3]，使得深度学习在语音识别领域被重视起来。深度神经网络可通过深层非线性网络结构实现复杂函数逼近，并展现从少数样本集中学习本质特征的强大能力。

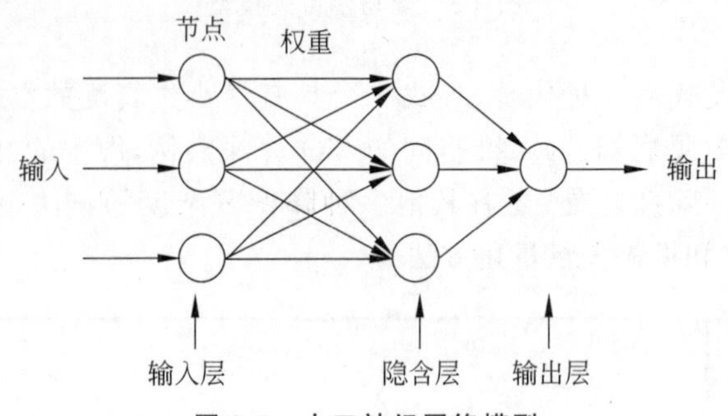

图 8-5　人工神经网络模型

8.2　人体运动检测与跟踪

人体运动检测与跟踪是智能人机交互的一个重要内容。人体运动检测是指在视频图像中确定人体的位置、姿态等过程，人体跟踪则是指在视频图像中确定各帧间人体的对应关系的过程。在复杂的环境中找到目标运动人体的准确位置信息，移动机器人可扩展更进一步的能力，如为人体行为分析、人脸识别等任务提供稳定的目标位置、速度和加速度等信息，进行人的识别和行为理解，从而执行对应的服务任务。人体运动检测和跟踪技术在视频监控、安防、室内外机器人等各方面有广泛的应用价值。大部分室内服务机器人都须具备在室内环境下检测人体目标并对人体进行跟踪服务的功能。图8-6是深圳企业优必选的一款大型仿人机器人Walker(见图8-6)，是国内技术比较先进的一款家庭服务机器人[4]。Walker机器人全身有36个自研的伺服舵机，拥有视觉、听觉、空间知觉等全方位的感知，而人体运动检测与跟踪技术是其具备的最基本的技术之一。

图 8-6　Walker 机器人

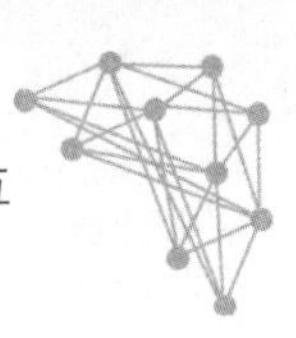

8.2.1　人体运动检测

人体运动检测的方法主要有：帧间差分法、背景减除法、光流法和基于统计学的方法。

帧间差分法是指将相邻两帧图像的像素值相减得到亮度差，若差值大于某一阈值，就判断为出现运动目标。若视频图像中出现人体运动，亮度差就会出现较大差异，以此分析有无人体运动。帧间差分法框架如图 8-7 所示，图像二值化步骤使得前后未变化的地方对应 0，变化的地方对应 1。其主要优点是算法实现简单，对场景光线的变化不太敏感。

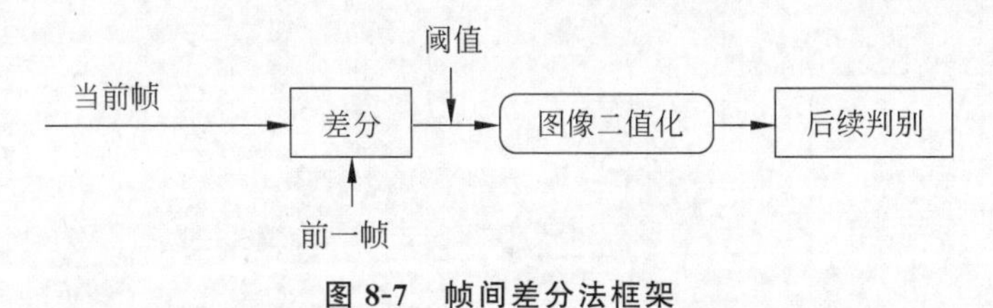

图 8-7　帧间差分法框架

背景减除法与帧间差分法的原理类似，只不过是将前一帧的输入改变成背景图像的输入，将每一帧图像与背景图像相减并进行阈值化，相减的结果直接给出运动目标的位置、大小、形状等信息。背景减除法效果如图 8-8 所示[5]。背景减除法的检测速度快，准确并易于实现，但为了与实际环境保持相近，背景帧需要不断进行更新。

(a) 原图

(b) 背景减除法效果图

图 8-8　背景减除法人体运动检测图

光流法中的光流（Optical Flow 或 Optic Flow）是指物体在图像中的像素运动的瞬时速度在二维平面上的投影，如图 8-9 所示。光流法通过计算帧间像素的位移提取人的运动。它的优点是，不需要预先知道场景的任何信息，就可以准确地检测识别运动目标的位置，且在摄像机处于运动的情况下仍然适用，缺点是计算时间长，无法满足实时的要求，并且受噪声的影响比较大。

基于统计学的方法是基于像素的统计特性从背景中提取运动信息，一般来说，基于统计的方法计算量大，对现有的硬件设备要求较高。

人体运动检测的检测效果直接影响后期的目标识别、跟踪及行为理解等工作，因此，人体运动检测技术是计算机视频图像处理中最基础的技术，对运动检测算法的进一步研究具有深远的意义。

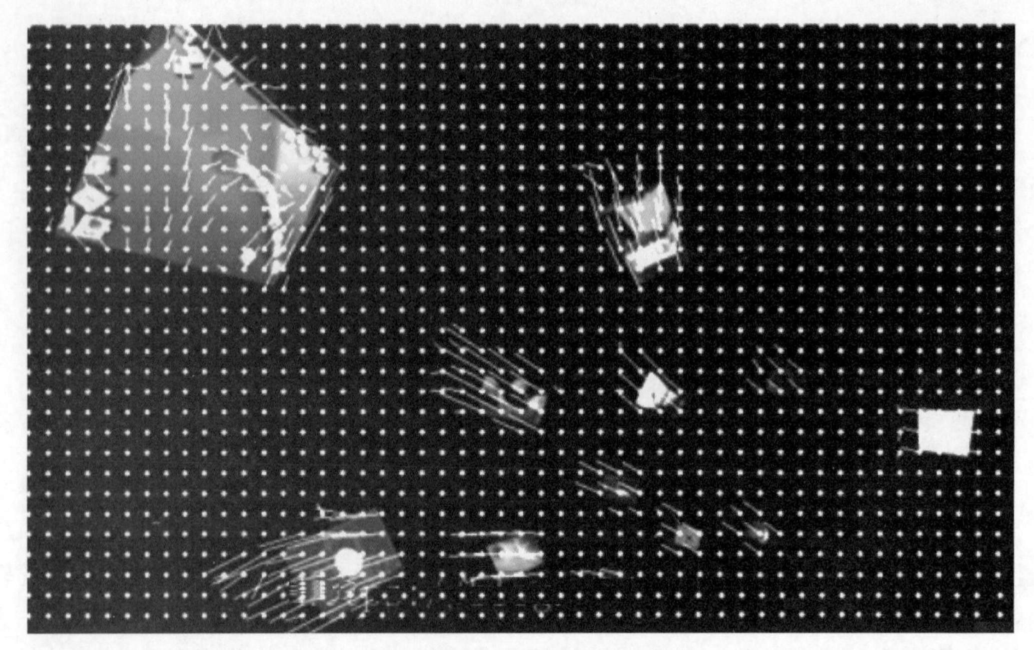

图 8-9　光流场

8.2.2　人体运动跟踪

人体运动跟踪方法分为四类，分别是基于模型的跟踪、基于区域的跟踪、基于活动轮廓的跟踪和基于特征的跟踪。

利用基于模型的跟踪方法(Model-based Tracking)对人体进行跟踪时，通常有三种形式的模型：线图(Stick Figure)模型、二维模型和三维模型。线图模型将人体骨骼化，用直线代表人的各个部分。二维模型将人体投影到二维的平面区域。三维模型利用球、椭球、圆柱等三维模型描述人体结构。基于模型的跟踪能够比较准确地描述人的运动，能够较容易地解决遮挡问题。

基于区域的跟踪(Region-based Tracking)是对运动对象相应区域进行跟踪，它将人体划分为不同的小块区域，通过跟踪小块区域完成人的跟踪。基于区域的跟踪首先要得到包含目标的模板，模板可以是略大于目标的矩形，也可以是不规则形状，然后在序列图像中运用相关算法跟踪目标。基于区域的跟踪在当目标未被遮挡时，跟踪精度比较高，但比较费时，区域的合并和分割存在不准确性，并且目标的形变不能太大。

基于活动轮廓的跟踪(Active Contour based Tracking)是利用曲线或表面表达运动目标，并且此轮廓可以自动更新，以便实现对目标的连续跟踪。此算法的优点是计算量小，缺点是初始化困难，并且在阴影下效果欠佳。

基于特征的跟踪(Feature-based Tracking)算法通过抽取特征和匹配特征实现，该方法利用了特征位置的变化信息跟踪目标，通常分为三步：特征提取、特征匹配和运动信息计算。基于特征的跟踪算法关键在于特征的检测、表达和相似性度量，算法通常不考虑运动目标的整体特征，只通过对目标的显著特征进行跟踪，这种方式的优点是，即使目标的某一部

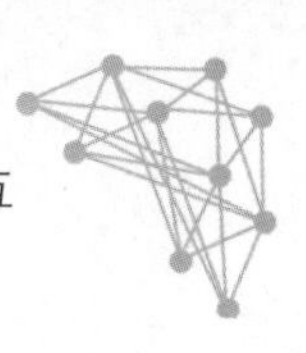

分被遮挡，但如果有另一部分特征仍可以被看到，就可以完成跟踪任务。另外，它对运动目标的亮度等变化不敏感。它的缺点是对噪声和图像比较敏感。

8.3　手势识别

手势是人与人之间非语言交流的重要方式，也是人与移动机器人交互的重要方式之一。手势是指手指、手掌或者手掌连同手臂产生的各种动作或姿势。本章主要讨论基于视觉的手势识别。

手势灵活、多变，很容易被人们控制，对于行动不便的残障人士和空巢老人、自闭症儿童、聋哑人来说，非常友好和便利；并且在高空作业等危险情况下，可使用手势远程控制提高安全性。在手势识别方面有一款名为“凝眸一号”的AI手语识别机器人，它是上海追求人工智能科技有限公司团队与上海交通大学、上海灵至科技有限公司联合开发的。“凝眸一号”在2019年世界人工智能大会上亮相，当时被称为世界首台能看懂手语并能实时将手语翻译成语音和文字的AI机器人[6]，如图8-10所示。目前，它支持多个版本的手语（上海手语及全国通用手语），识别率达到92%以上。这款机器人具有三大特点：一是手语识别不受周边环境因素（如背景、灯光）的干扰；二是做手语识别时不受肤色与服装的干扰；三是在断网和断电的情况下仍能继续工作。

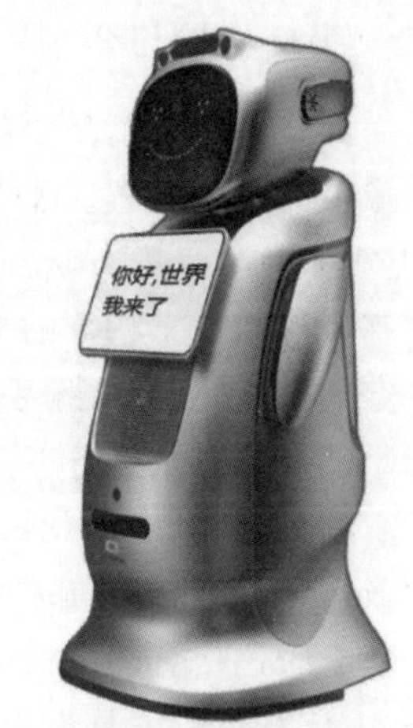

图8-10　“凝眸一号”的AI手语识别机器人

基于视觉的手势交互使用手势识别方法实现人与机器人交互的整体流程框图如图8-11所示。

(1) 采集数据。通过一台或多台摄像头采集人体手部视频。

(2) 手部检测与分割。检测输入视频中是否有手，若有手，则检测手的具体位置，并将手部分割出来。

(3) 特征提取。根据所选手势模型对分割出的手势图像进行特征提取。

(4) 手势识别。选择适当的分类器对手势进行识别。

(5) 输出手势类型控制机器人运动。将识别结果发送给机器人控制系统，从而控制机器人实现特定运动。

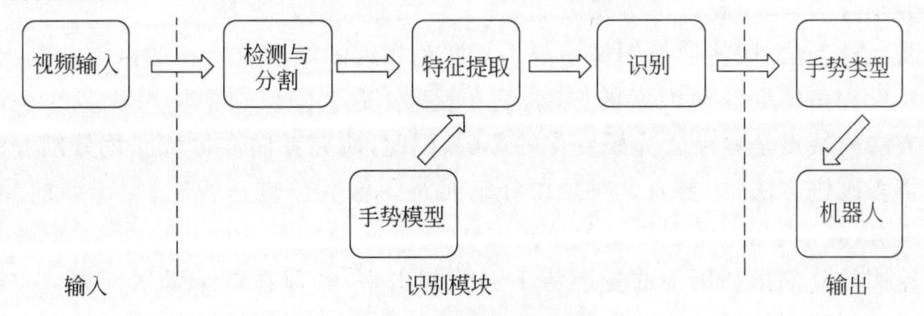

图8-11　手势识别模块

在手势识别中，根据手势的时变性可将手势分为静态手势和动态手势。静态手势是指在某个时间点上人手做出的特殊形状或姿势，即仅通过手的形状或姿势表明操作者的意图。静态手势的识别一般基于手势图像属性，如结构、边界、图像特征向量、区域直方图特征等，即只需要识别一幅图像中的相关内容。动态手势则关注某个时间段内人的手势序列，由此时间段范围内的一系列静态手势构成，其特征是增加了时间信息和动作特征，需要使用随时间变化的空间特征表述，对于动态手势识别，需要识别整个手势序列，其模型主要建立在图像的变化或运动轨迹的基础上。

8.3.1 手部检测与分割

手部检测与分割是手势识别的基础。手部检测指检测图像数据是否有手，并找出手部在图像中的具体位置。常见的手部检测方法大致分为以下几类：基于形状信息特征的方法、基于肤色信息的方法和基于运动信息的方法。

基于形状信息特征的方法的思想是，由于人的各种各样的手部形状和其他物体形状存在一定的差异，因此根据手的形状特征进行手部检测是一个有效的方法。基于形状信息特征的手部检测方法充分考虑了手部的多种几何特征，如手的轮廓特征、手指连接模式、手指和手掌的长度、宽度以及长宽比等。该方法通常首先会融合肤色信息或运动信息进行肤色分割或运动目标分割等一些预处理，以便后期能够提取到较精确的手部轮廓。

基于肤色信息的方法的思想是，人体肤色是人手表面与外界背景相比非常显著的一个特征，人体肤色特征具有天然的平移不变性及旋转不变性，对平移、旋转等具有非常强的鲁棒性，并且对拍摄视角、人体姿势等的依赖性较小。因此，基于肤色信息的方法由于计算量较小，运算速度较快，在手势检测阶段被广泛应用。然而，不同种族、人种，甚至个体间的肤色会有或大或小的差异，光照条件的变化会影响肤色，以及人体其他区域存在肤色相同的问题，都会对其效果产生干扰。

基于运动信息的方法的思想是，运动信息可将运动中的手部与背景进行分割，作为检测手部的一种方法，但使用运动信息检测手部时对手势者或背景常做一些假设，如手势者的动作不能太快，手势者相对背景静止或运动量很小、场景光照条件变化不大等，常用的基于手部运动信息的检测方法和人体运动检测方法类似，有光流法、帧间差分法和背景差分法。

手部分割指将手部区域从图像中分割出来，去除背景的干扰，便于后续操作，有利于减少计算量。手部检测和手部分割一般同时进行。传统的基于视觉的手部分割方法主要有基于肤色的分割方法、基于轮廓的分割方法、基于运动的分割方法等。

基于肤色模型法，即将原始图像中与手部肤色相近的像素点所在的区域分割出来，这种方法不受尺度和角度等其他因素的影响，简单高效，是手势识别中使用较多的手势分割方法。但此方法的缺点是容易受光照变化的影响，因此，研究者们在传统肤色分割方法的基础上采取了很多改进方法，主要有三种：在分割前对图像颜色进行校正；提出新的颜色空间；结合运动差分、轮廓、几何特征等其他分割方法。

基于轮廓的分割指利用手的轮廓将手部分割出来，其存在两个棘手问题：一是由于手部旋转或弯曲等因素使得初始轮廓的获取较难；二是由于手势的形状本身存在深度凹陷区域，而轮廓对此类区域往往无法收敛，改进模型所增加的迭代次数和计算量的代价使得实时性能下降。

基于运动的分割方法主要分为帧间差分法和背景差分法。众多实验发现，在运动中产生的光影变化，以及背景的动态变化都会对分割结果产生影响。

8.3.2　手势模型

手势模型可分为两类：表观手势模型和三维手势模型。

表观手势模型通过手部外在形态进行建模，如图 8-12(a)所示。基于表观的手势模型建立在手(臂)图像的表观之上，它通过分析手势在图像(序列)里的表观特征给手势建模。

基于表观的手势模型分为四类：第一类基于表观的手势模型使用二维灰度图像本身建立手势模型，例如，把人手的完整图像序列作为手势模板。第二类基于表观的手势模型建立在手(臂)的可变形二维模板的基础上，可变形二维模板是物体轮廓上某些点的集合，一般把它用作插值节点近似物体轮廓，模板由平均点集合、点可变性参数，以及所谓的外部变形构成；平均点集合描述了某一组形状的"平均"形状，点可变性参数描述了允许的形变，通常称这两组参数为内部参数；外部变形或者外部参数描述了一个可变形模板的全局运动，如旋转、平移等。第三类基于表观的手势模型建立在图像属性的基础上，把从图像属性抽取的参数统称为图像属性参数，包括轮廓、边界、图像矩、图像特征向量以及区域直方图特征等。第四类基于表观的手势模型通过计算图像的运动参数，抽取手势模型参数，这类表观模型主要用在动态手势识别里。

基于三维模型的手势建模方法考虑了手势产生的中间媒体(手和臂)，一般遵循两步建模过程：首先给手和臂的运动以及姿态建模，然后从运动和姿态模型参数估计手势模型参数。三维手势模型包含三维纹理模型、三维骨架模型和三维几何模型。三维纹理模型包含手部皮肤表面和骨架的信息，如图 8-12(b)所示。三维骨架模型包含基本骨架信息，如图 8-12(c)所示，但包含的皮肤信息相对较少。三维几何模型使用几何形状(如球体、圆柱体等)近似手指、手掌等部位，模型较简单。

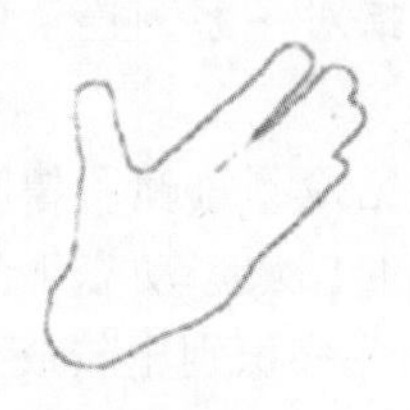

(a) 二维轮廓模型

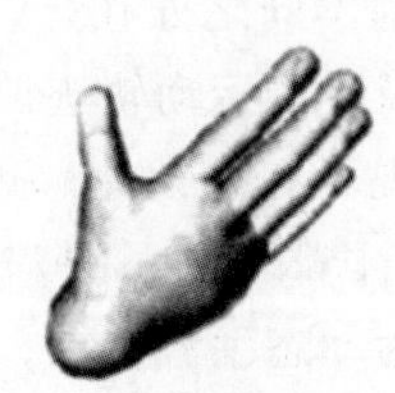

(b) 三维纹理模型

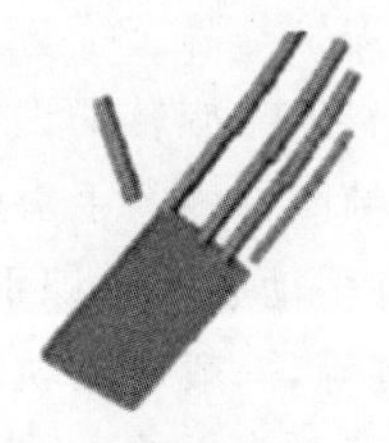

(c) 三维骨架模型

图 8-12　表观手势模型

表观手势模型的建模方法简单直观、适应性强、运算速度快、容易实时实现，应用较广，但需要考虑光线及身体其他部位颜色等的影响，识别的手势种类有限。三维手势模型的建模方法精度较高，但模型复杂、对设备的计算能力要求较高、实时性较差，且三维模型的参数空间维数较高，获取模型参数较困难。

8.3.3 手势识别与分类

手势识别是手势交互的关键技术，是对分割后的手部区域进行特征提取和手势识别的过程，也可以理解为将模型参数空间的点（或轨迹）分类到该空间的某个子集的过程，其中，静态手势对应模型参数空间点，动态手势对应模型参数空间的一条轨迹。

1）静态手势识别

静态手势识别是指对静态图片中手的形状和姿势进行识别，主要包括手势分割、手势特征提取和手势识别等模块。常用的算法有基于指尖检测的方法、模板匹配法、基于几何特征的方法和人工神经网络法等。

基于指尖检测的方法的思想是，通常一些静态手势可以通过检测指尖的个数、方向和位置等识别出来。常用的方法有基于区域分析的指尖检测和基于轮廓的指尖检测。基于区域分析的方法定义了一个指尖模板，通过匹配实现指尖的检测；基于轮廓的方法通过比较曲率的大小判断指尖的位置。

模板匹配法的核心思想是将原始的输入数据和已经存储的模板进行匹配，然后计算两个模板之间的相似度，从而达到识别的目的。相似度的计算方法有：欧几里得距离、Hausdorff 距离、夹角余弦等。模板匹配方法的优点是简单快速，不受光照、背景、姿态等影响，但分类准确率不高，可识别手势种类有限，适用于小样本、外形等变化不大的情况。

基于几何特征的方法是使用几何特征判断展开手指个数的手势识别方法，一般来说，根据手指的展开个数便可区分大部分手势的含义，手指展开个数可利用圆或直线与手势轮廓的交点等方法计算得出。

人工神经网络法在手势识别过程中，用已经建好的代表手势的特征数据库训练网络，然后用训练好的网络识别和理解这些手势的含义。神经网络自身固有的优点可提高手势识别的鲁棒性，但在实际操作中可能存在中间层神经元的个数会很庞大，学习时间太长等缺点。

2）动态手势识别

动态手势识别与静态手势识别的不同之处在于，它是指对一系列连续的手势动作进行识别，包括手的形变、旋转的识别以及手的运动轨迹识别。

由于连续帧图像中的手势的出现具有连续性，为了避免检测每帧图像时重复执行手势分割的操作，许多动态手势识别系统中都增加了跟踪手势的模块。动态手势特征有手的形状、角度和轨迹等，一般选用轨迹作为动态手势特征。动态手势识别中较成熟的算法有基于统计的方法和基于模板的方法。

在基于统计的方法中，隐马尔可夫模型最常见。隐马尔可夫模型非常适合描述序列模型，适合连续手势识别，尤其适合复杂的涉及上下文的手势。使用隐马尔可夫模型训练时，每种手势对应一个隐马尔可夫模型，识别时取概率最大的那个马尔可夫模型。对于手势识别来说，隐马尔可夫模型的优点是其适用于时间序列的建模，具有较强的灵活性和扩展性，易于添加或修改手势库，但隐马尔可夫模型训练和识别的计算量很大，对于此问题，一般手势识别系统中采用离散隐马尔可夫模型进行改进。

基于模板的方法中，模板匹配方法是最简单的方法，其他还包括动态时间规整算法等。其中，模板匹配方法指将已经建好的模板与每个手势动作的特征数据进行比较，根据两者的

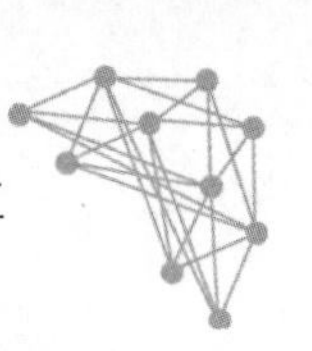

相似度判别手势。动态时间规整算法消除了不同时空模式间的时间上的差别，使用动态时间规整算法时，首先将输入手势时间轴非线性地映射到模板手势的时间轴上，再进行模板匹配。动态时间规整算法计算相对较少，但受限于样本库容量大小、识别效果和稳定性较差，尤其是在大数量、复杂手势和组合手势的情况下 。实际上，动态时间规整算法是隐马尔可夫模型算法的简化，在相对简单的时间序列下，二者是等价的。动态时间规整允许测试模式和参考模式间存在充分的弹性，以便实现正确的分类。

手势分类是指通过特定的方法将手势的特征信息归为某一类别，实现手势的分类。手势分类则可使用一些常用的分类方法，如 k-近邻分类器、支持向量机、人工神经网络等。其中，k-近邻分类器因静态识别率高而流行。

8.4　人脸相关技术

在移动机器人领域中，人脸相关技术有很多，本节主要介绍人脸检测、人脸跟踪、人脸识别和人脸表情识别技术。

人脸检测和人脸识别让移动机器人能够自动识别出是否有人以及操作者的身份等，使得人机交互更加友好。人脸识别是一种非接触的符合人类习惯的交互方法，可进一步扩展人机交互的手段，提高计算机的智能水平。人脸识别技术的应用场景包括某些家庭服务机器人需要识别操作者的身份，监视机器人、安防机器人可完成对人物的识别，以及其他用途的移动机器人等。

中科院模式识别国家重点实验室研发的小加机器人是主打精细目标识别功能的一款机器人，它能够同时捕捉到人脸的全局结构特征和局部细微差异，人脸识别精度最高可达99%，在帮助公安部门寻找走失儿童、老人等公益性领域中发挥了极大的作用，如图 8-13 所示[7]。此外，小加不仅可以对人脸进行识别，其精细的目标识别功能还可精确地识别动物的脸（如狗的脸），因此它迅速走进大众的视野。

NAO 机器人是法国 Aldebaran Robotics 公司旗下的机器人，它具有一定的智商和情感，不但可以区分不同的主人，还可以识别并分辨这些人的表情以及情感和行为，另外，它还可以表现出愤怒、恐惧、悲伤、幸福、兴奋和自豪等情感，是一个应用遍及全球教育市场的双足人形机器人，如图 8-14 所示[8]。

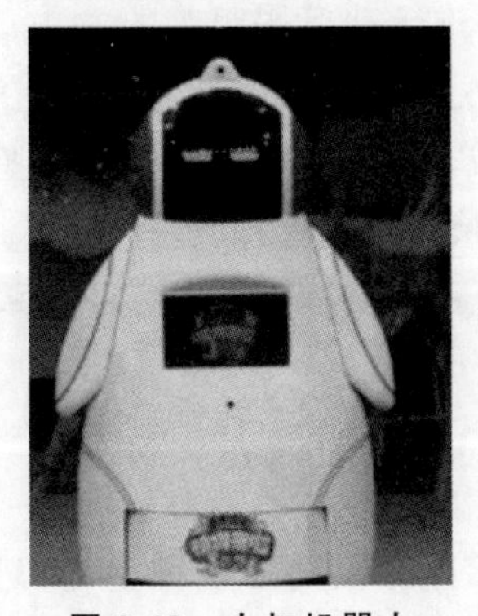

图 8-13　小加机器人

图 8-14　NAO 机器人

8.4.1 人脸检测

人脸检测的目的是从输入的图像信息中找出人脸的位置，通常由一个矩形框或椭圆框将人脸框起来，并输出图像中包含人脸的几何框的位置坐标。人脸检测技术一般分为四类：基于知识的方法、基于特征不变的方法、基于模板匹配的方法和基于外观的方法。

基于知识的方法利用经典脸部的构成，把所需的人脸的基本特征提取出来。常见的特征有灰度特征、结构特征、肤色特征、轮廓特征等。灰度特征是从人脸的灰度值分布特征入手，灰度值反映了人脸图像的亮度信息，通过灰度特征建立某些规则，利用这些规则判断图像中有无人脸。结构特征是指人脸的五官构成的特征，例如，人脸五官的对称结构产生的对称性就是一个明显的人脸结构特征。此外，人脸各器官分布的其他规律也可用来描述人脸的特征信息并判断图像中的人脸是否存在。肤色特征是指人脸肤色的不同造成的肤色特征差异，通过获取肤色模型对人脸进行检测。轮廓特征指人脸轮廓或五官轮廓，包括人脸轮廓、虹膜轮廓、嘴唇轮廓等。

基于特征不变的方法主要使用人脸固有的不变特征（如肤色、纹理和边缘等信息）检测人脸，对姿态和光照变化具有鲁棒性。

基于模板匹配的方法有固定模板匹配和可变模板匹配。固定模板匹配是将人脸五官位置的比例关系做成固定模板，计算该模板与输入图像的各区域在人脸的相关程度，若相关程度超出预先设定的阈值，则说明检测到人脸，否则为非人脸图像。可变模板匹配是指参数可调的器官模板，应用此模板和一些先验知识，计算以图像灰度信息为主的能量函数，根据能量函数检测是否为人脸。

基于外观的方法通过大量具有代表性的人脸样本训练分类器并对输入图像进行全局扫描以检测人脸，是基于统计分析和机器学习的方法。基于外观的方法有特征空间法、人工神经网络方法等。特征空间法通过寻找人脸图像的低维特征空间的分布规律进行人脸检测。人工神经网络方法通过训练神经网络找出人脸图像区域。这类方法虽然鲁棒性较好，但计算复杂度高。

8.4.2 人脸跟踪

人脸跟踪是检测到人脸的前提下，在后续帧中继续捕获人脸的相关信息的过程。常用的人脸跟踪方法主要有基于人脸检测的方法和基于运动目标跟踪的方法。

基于人脸检测的方法，在未知人脸位置的情况下，首先检测人脸，再在后续帧中根据人脸的检测结果预测当前帧中人脸可能存在的区域，并在该区域中检测人脸。此方法通常基于人脸肤色特征，实时性较好，且对人脸部分遮挡等具有较高的鲁棒性。

基于运动目标跟踪的方法，把人脸看成普通运动目标，在运动目标跟踪过程中检测人脸。其中差分法及光流法较典型。

8.4.3 人脸识别

人脸识别技术是基于人的脸部特征信息进行身份识别的一种生物识别技术，也叫作人像识别、面部识别，如图 8-15 所示。

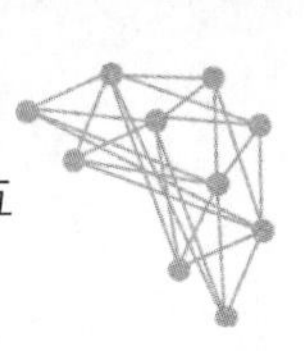

图 8-15　人脸识别

人脸识别技术有以下几种方法：基于几何特征的方法、基于模板的方法、基于子空间的方法、基于机器学习的方法等。

基于几何特征的方法将人脸用几何特征向量表示，根据模式识别中层次聚类的思想设计分类器达到识别目的，其中几何特征是以人脸器官的形状和几何关系为基础的特征矢量，通常包括人脸指定两点间的欧几里得距离、曲率、角度等。

基于模板的方法是将待识别的人脸与模板库中人脸的特征相匹配，分为静态和弹性两种。静态的模板匹配是将人脸的整体灰度图像或者局部灰度图像与待识别的样本特征进行匹配。弹性的模板匹配算法的主要思想是将人脸看作一个二维的网格拓扑，通过模板库中人脸模板与待识别的人脸图像对应的特征向量对比匹配，找出匹配度最高的人脸图像。

基于子空间的方法主要是对人脸进行整体的特征提取。对于线性子空间，把人脸图像中的人脸表情、姿态及光照等复杂因素进行线性化。对于非线性不可分的情况，通过非线性映射将原空间样本映射到高维特征空间(也称核空间)中，使核空间中的样本变得线性可分，然后利用线性方法进行处理。

基于机器学习的方法是目前应用比较多的方法，主要有人工神经网络、支持向量机、深度学习(Deep Learning)等。人工神经网络方法主要是通过不断的学习训练得出人脸的规律和隐性的表达。支持向量机是一种结构风险最小化的二分方法，通过机器学习对高维空间人脸数据进行线性可分。深度学习是机器学习的分支，是一种基于对数据进行表征学习的算法，深度学习方法的主要优势是不需要设计对不同类型的类内差异(如光照、姿势、面部表情、年龄等)稳健的特定特征，而是可以从训练数据中学到它们。

8.4.4　人脸表情识别

通过对从传感器采集来的信号进行分析和处理，从而得出人当时的情感状态，这种行为叫作情感识别。情感识别使得服务机器人可以针对人的情感变化更好地服务人类，可以广泛应用在教育、医疗、娱乐等多个领域，为人类提供更加高效、积极的服务。情感识别包括人脸表情的情感识别、语音信号的情感识别、肢体动作的情感识别和生理信号的情感识别等，其中，人脸表情是最直接、最有效的情感识别模式，机器人通过人脸表情的识别判断人的喜怒哀乐等情绪，并根据人的情绪做出相应正确的反应，以实现人机情感交互，为人类提供更好的服务。

自动人脸表情识别系统框架主要由三部分组成：人脸检测、表情特征提取、表情分类，如图8-16所示。表情特征提取是表情识别系统中最关键的一个环节。人脸表情体现在面部特征：眉毛、眼睛、眼角和嘴部的运动，具有高效且鲁棒性的特征表达是表情识别精度的基础。

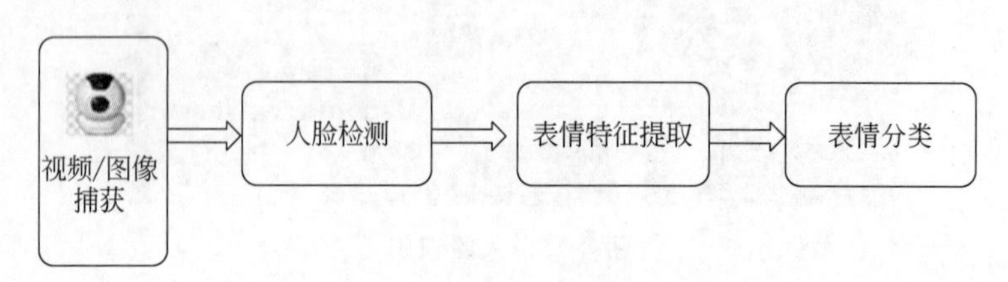

图8-16　自动人脸表情识别系统框架

1）表情特征提取

特征提取的效果因提取算法计算的目标和过程而异，其主要思想是，在各种应用环境中保持人脸特征区域的基本属性，且获得不同表情的可分性信息。典型的表情特征提取方法有以下五种：

（1）基于几何形状的特征提取。根据人面部的各部分形状和位置（包括嘴、眼睛、眉毛、鼻子）提取特征矢量，使用此特征矢量代表人脸的几何特征。基于几何形状的特征提取算法主要有ASM（Active Shape Model）、FAU（Facial Action Unit）等。

（2）基于统计特征提取的方法。基于图像的整体灰度特征，通过对整幅图像或特别区域进行变化，以此获取人脸各种表情的特征，具有代表性的方法是主成分分析（Principal Component Analysis，PCA）。

（3）基于频率域特征提取的方法。将图像从空间域转换到频率域提取其特征（较低层次的特征），主要方法有Gabor小波变换。

（4）基于运动特征的特征提取。提取动态图像序列的运动特征，主要方法有光流法。

（5）基于模型的方法。以图像中人脸对象的形状和纹理结构为基础建立二维或三维模型，以此模型的参数化变形适配人脸图像中的人脸部分，相关方法有点分布模型（Point Distribution Model，PDM）。

2）表情分类

表情分类的目的是判断待识别人脸表情特征对应的表情类别。常用的面部表情分类的方法一般可以归为以下四类：

（1）基于模板匹配的方法。为每种表情建立一个模板，将待测表情与相应模板进行匹配，取匹配度最高的模板代表的表情。这种方法计算量小，易于实现，但识别率不高。

（2）基于人工神经网络的方法。人脸表情的变化没有直观和显性的描述规则，而人工神经网络通过反复学习和训练可以一定程度上解决此问题。其缺点在于，当识别很多无限制的混合表情时，对分类器的训练将会比较困难。

（3）基于概率模型的方法。这类方法估计表情图像的参数分布模型，分别计算被测表情属于每个类的概率。具有代表性的方法是隐马尔可夫模型。

（4）基于支持向量机的方法。支持向量机将训练样本变换到高维空间中寻找最优分界

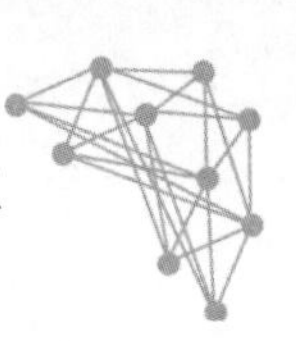

面进行分类，适用于小样本情况，当样本较大时，计算量和存储量都很大，识别器的学习也很复杂。

8.5　交互型机器人

交互型机器人更加注重人的特定需求，更加重视机器人与人之间的联系，通过不同形式的交互，以便为人类提供更好的服务。现有交互型机器人的类型有很多种，未来其种类会随着相关技术的发展以及为了满足人类更多的需求形式而继续增加，下面介绍几种较典型的交互型机器人。

1. 社交机器人(Social Robot)

社交机器人作为一种具有社会智能的服务机器人，其最终目的是能够在人类环境中与人进行自然有效的人机交互，并赋予其情感化和人性化的特征。社交机器人融合了多种技术达到可以理解人类手势、面部表情、语言、情感等，能够对人类的语言和非语言暗示做出适当的感知、解释和反应。它们可以完成人类的姿势，如指向、耸耸肩、握手或给予拥抱等，完成与人类对话、跳舞等一系列复杂的活动，同时，社交机器人的外形也可以被设计成其他的生物模样，如狗、海豹等，以满足不同人的需求。

由优必选联合腾讯叮当共同研发的便携式智能机器人"悟空机器人"，动作灵敏，拥有丰富的表情，具备舞蹈运动、语音互动、人脸识别、物体识别、智能拍照等功能，如图 8-17 所示[9]。索尼公司研发的 AIBO 机器狗外形可爱，可沿着 22 个轴灵活移动，做出摇尾巴等流畅自然的动作，能够分辨出表扬的话语、微笑、头部和背部的挠痒、抚摸等动作，并且随着版本的更新，将会拥有更多的功能，如图 8-18 所示[10]。这些社交机器人在各种场景(如教育、健康、娱乐、交流和团队合作以及制造、搜索和救援等)中有积极的效果，因此拥有广阔的应用前景。

图 8-17　悟空机器人

图 8-18　AIBO 机器狗

2. 社交辅助机器人(Socially Assistive Robotics)

社交辅助机器人是一种能感知、处理感官信息并执行动作的机器，可以根据特定的辅助环境提供帮助。它具备激励、社会、教学和治疗能力，通过适当的情感、认知和社会暗示等鼓励个人的发展、学习或治疗。其广泛的应用可以改善具有大量人口需求的个性化护理、培训和康复服务等方面，提高他们的生活质量，类型包括助老助残机器人、情感慰藉与精神辅助治疗机器人等。社会研究表明,对于需要个性化护理的儿童、老年人、残疾人和其他特殊需要的人群,社交辅助机器人有很好的治疗前景。

3. 可穿戴机器人(Wearable Robots)

可穿戴机器人能够在人体上产生力(力反馈),同时保持使用者运动的高度自然状态。根据功能的不同,可将可穿戴机器人分为三类:假肢、矫形器、外骨骼机器人。

假肢是一种为弥补截肢者或肢体不完整而设计的人造装置,用来代替人体失去的部分功能,可通过穿戴者的意愿,选择不同类型的传感器。例如,图 8-19 所示的 Bebionic 假手是德国 Ottobock 公司研制的生肌电控制的智能仿生肌电手,每个手指皆由单独的电动机驱动,能够自然地实现各种动作和包括复杂物体的各种物体抓握[11]。

矫正器是一种用于稳固人类肢体、可修复或者加强那些活动功能已经丧失或比较脆弱的人的活动能力而设计的外形机械设备。这类可穿戴机器人可以改善使用者肌肉虚弱、关节僵硬等情况。例如,图 8-20 所示的引力平衡腿部矫形器由美国特拉华州大学研制,可通过调节在腿部移动和引力之间实现一种平衡,用于帮助佩戴者在不受引力影响下走路。借助这种设备,轻偏瘫患者可以重获力量和控制能力[12]。

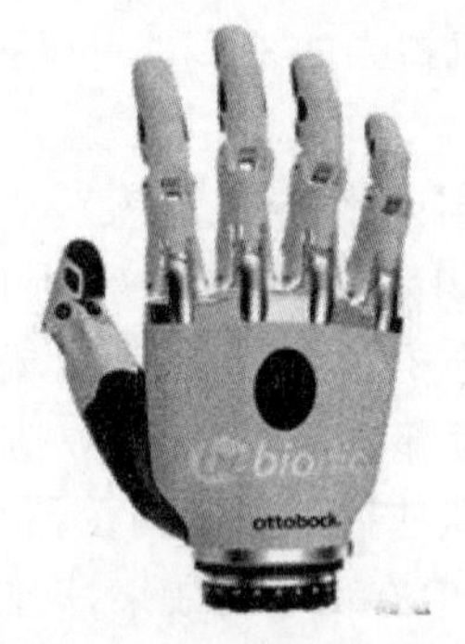

图 8-19 Bebionic 假手

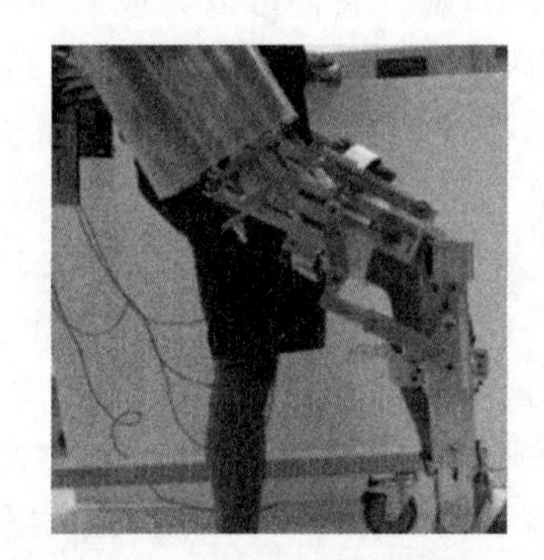

图 8-20 引力平衡腿部矫形器

外骨骼机器人是一类模仿人体生理构造、能被人穿戴、协同穿戴者运动的智能机械装置。它可以为穿戴者提供支撑保护,并为人体提供额外的动力和感知能力。外骨骼机器人通过多种传感器实时感知穿戴者的运动状态和运动意图,并进行实时分析,快速做出反应,以实现人机多自由度、多运动状态的运动辅助,同时可以对穿戴者的行为运动进行放大,提升人体机能。外骨骼机器人与一般机器人最大的区别是,它是与人体实时、高度结合、交互的,可以提高人们在行走耐久性、负重能力等特定方面的体能。由日本 Cyberdyne 公司和筑波大学联合研制的新型外骨骼机器人套装系统 HAL,如图 8-21 所示,具有能按照穿着者的意志而动作的随意制御功能以及机械性的自律制御功能[13]。HAL 系统可以通过采集皮肤上的生物电识别用户的意图,进而驱动外骨骼系统做相应的动作,可以帮助佩戴者完成站立、步行、攀爬、抓握等几乎日常生活中的一切活动。由上海傅里叶智能科技有限公司自主研发的下肢康复机器人 Fourier X1,如图 8-22 所示,该机器人能够通过传感器感知使用者的脑电、肌肉电、姿势变化等信号,经过系统进行分析后,输出信号给运动部件,可识别患者走路的意图,从而动态调整步态轨迹[14]。

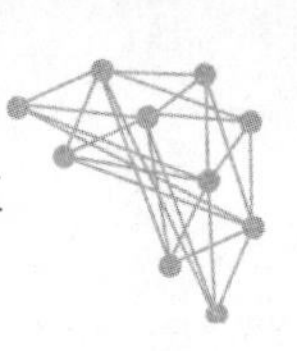

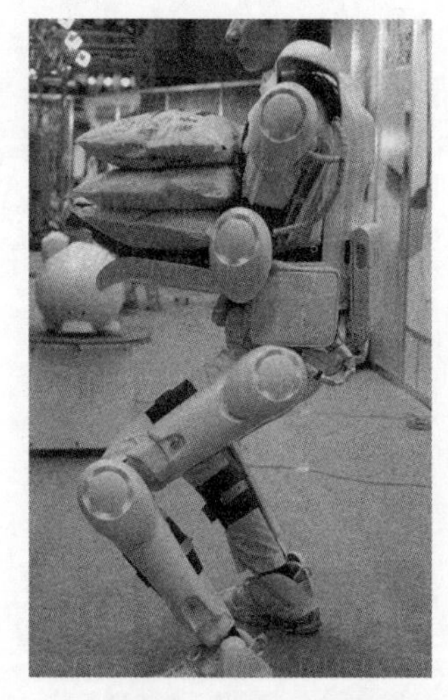

图 8-21　外骨骼机器人套装系统 HAL

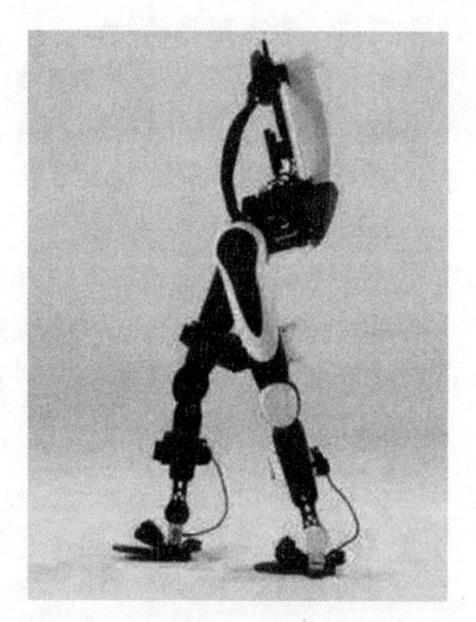

图 8-22　下肢康复机器人 Fourier X1

参 考 文 献

[1]　陈超. 面向服务机器人控制系统的关键技术研究[D]. 深圳大学机电与控制工程学院，2016：7.

[2]　何湘智. 语音识别的研究与发展[J]. 计算机与现代化，2002(03)：3-6.

[3]　吴俊峰. RNN-DNN 语音识别系统研究及其应用[D]. 华南理工大学电子与信息学院，2018：4.

[4]　文怡. 2019 世界机器人大会:人工智能为生活带来新生态[J]. 今日科技，2019(08)：55-60.

[5]　李翠君. 视频监控中柔性目标的检测与跟踪[D]. 燕山大学信息科学与工程学院，2012：19-20.

[6]　上海交通大学自动化系. 我系苏剑波教授团队参与研发的手语机器人亮相世界人工智能大会. [EB/OL]. [2020-05-31]. http://automation. sjtu. edu. cn/Show. aspx? info_lb = 610&info_id = 2753&flag=101.

[7]　中科院院网中科院院机关网站. 王金桥研究院携 AI 机器人“小加”助阵《正大综艺・动物来啦》. [EB/OL]. [2020-05-31]. http://www. ia. cas. cn/xwzx/mtsm/202001/t20200103_5482160. html.

[8]　马文涛. 一种面向 NAO 机器人的语音识别系统研究[D]. 重庆交通大学机电与车辆工程学院，2018：66-67.

[9]　深圳优必选科技有限公司. 悟空智能教育机器人[EB/OL]. [2020-05-31]. https://www. ubtrobot. com/cn/alphamini.

[10]　何俚秋. 老年人娱乐电子产品交互设计研究[D]. 河北科技大学艺术学院，2019：3-4.

[11]　赵佳佳. “人工智能与假肢”英汉翻译实践报告[D]. 天津理工大学外国语学院，2019：152-154.

[12]　谢兴旺. 世界十大机器外骨骼:救援机器人 T52 上榜[J]. 科技传播，2010(18)：24-25.

[13]　陈炫瑞. 一种履步康复机器人的设计与研究[D]. 合肥工业大学机械与汽车工程学院，2019：3-4.

[14]　甘地. 基于动态基元与强化学习算法的下肢外骨骼康复机器人步行研究[D]. 华南理工大学自动化科学与工程学院，2018：6-7.

习　　题

1. 什么是人机交互?

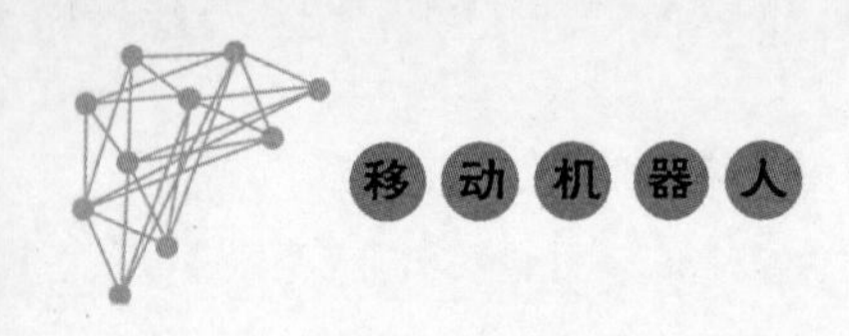

2. 语音识别一般有哪些模块？
3. 人体运动检测和人体运动跟踪技术分别有哪些常用方法？
4. 基于视觉的手势识别有哪些模块？
5. 手部检测和手部分割分别有哪些常用方法？
6. 手势模型有哪些？
7. 简述静态手势识别和动态手势识别的区别。
8. 什么是人脸检测？什么是人脸识别？
9. 可穿戴型机器人分为哪些？分别有什么作用？